大学生公共基础课系列教材

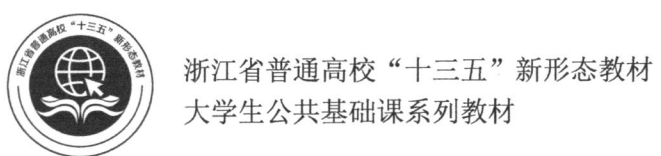

C 语言程序设计（第 3 版）

易晓梅　主　编

卢文伟　楼雄伟　副主编

电子工业出版社

Publishing House of Electronics Industry

北京·BEIJING

内 容 简 介

　　C 语言是一门通用计算机编程语言，很多高校将其作为学习程序设计的入门课程。本书主要内容包括 C 语言概述；基本数据类型、运算符及表达式；算法和流程图；程序的控制结构；数组；函数；变量的作用域与存储类别；编译预处理；指针；结构体；文件。附录部分提供了常用字符的 ASCII 码、C 语言中的关键字、运算符的优先级与结合性、常用标准库函数等内容，以方便读者查阅。

　　本书教学内容编排合理，重点突出，案例典型且丰富，案例的讲解遵循从易到难、循序渐进的顺序，案例包括任务描述、任务分析、代码、运行结果、指点迷津等部分，全方位地对知识进行讲解和分析。本书有配套 PPT 和习题参考答案，重点知识和例题均配套相应授课视频，适合高等院校计算机与非计算机专业作为教材，也可作为计算机等级考试二级 C 语言程序设计类别的自学教材或参考用书，还可作为广大计算机爱好者学习 C 语言程序设计的参考用书。

图书在版编目（CIP）数据

C 语言程序设计/易晓梅主编. --3 版. —北京：电子工业出版社，2021.6

ISBN 978-7-121-41282-0

Ⅰ. ①C…　Ⅱ. ①易…　Ⅲ. ①C 语言—程序设计—高等学校—教材　Ⅳ. ①TP312.8

中国版本图书馆 CIP 数据核字（2021）第 107424 号

责任编辑：康　静

印　　刷：北京捷迅佳彩印刷有限公司
装　　订：北京捷迅佳彩印刷有限公司
出版发行：电子工业出版社
　　　　　北京市海淀区万寿路 173 信箱　邮编 100036
开　　本：787×1 092　1/16　印张：19.5　字数：499.2 千字
版　　次：2011 年 1 月第 1 版
　　　　　2021 年 6 月第 3 版
印　　次：2023 年 3 月第 4 次印刷
定　　价：58.00 元

前 言

  C 语言是通用的计算机程序设计语言，既可用于开发系统软件，又可用于开发应用软件，它简洁紧凑、灵活方便、运算符丰富、数据结构丰富、功能强大、可移植性好，结合了高级语言的基本结构、语句及低级语言的实用性，应用非常广泛。因此，C 语言已成为大多数高校计算机专业和非计算机专业的必修课程之一，其地位不言而喻。

  本书从实际案例出发，在案例的解决过程中引出知识点，对相应知识点进行讲解、分析后，举一反三。本书的重点知识和例题均配套相关讲解视频，让读者以循序渐进的方式，由易到难逐步学习、掌握 C 语言。

  本书内容包括 C 语言概述；基本数据类型、运算符及表达式；算法和流程图；程序的控制结构；数组；函数；变量的作用域与存储类别；编译预处理；指针；结构体；文件。

  第 1 章　C 语言概述，主要介绍 C 语言及 C 语言程序的基本结构和开发步骤。通过本章的学习，读者能基本了解 C 语言，并在此基础上使用 C 语言开发第一个应用程序。

  第 2 章　基本数据类型、运算符及表达式，主要讲解 C 语言中字符集与关键字、标识符的概念和使用规则；常量的使用方法；基本数据类型及运算符与表达式使用方法。

  第 3 章　算法和流程图，主要讲解算法和流程图的基本知识，重点介绍算法基本概念；用自然语言、流程图、N-S 图、伪代码、计算机语言表示算法的方法；结构化程序设计的方法。

  第 4 章　程序的控制结构，主要介绍 C 语言的顺序结构、选择结构及循环结构的使用方法及其应用。

  第 5 章　数组，主要介绍一维数组、二维数组及字符数组的定义、初始化、引用、输入/输出及其他应用的操作方法。

  第 6 章　函数，主要介绍函数的分类与应用；自定义函数的定义和使用；函数的嵌套和递归调用；数组作为函数的参数等相关知识。

  第 7 章　变量的作用域与存储类别，主要介绍变量的类别，涉及变量的作用域及存储类别等相关知识。

  第 8 章　编译预处理，主要介绍宏定义、文件包含和条件编译等知识。

  第 9 章　指针，主要介绍指针的基本知识及运算的概念，以及指针与数组、指针与字符串、指针与函数、多级指针、内存动态管理等的使用方法和应用。指针作为 C 语言的核心内容，是最难学习的部分，读者须仔细阅读学习。

  第 10 章　结构体，主要介绍结构体、共用体及枚举类型的定义、引用和操作方法。

  第 11 章　文件，主要介绍文件的打开、读/写操作及关闭操作。

  本书由易晓梅任主编，由卢文伟、楼雄伟任副主编。本书具体编写分工如下：第 1 章由易晓梅、吴鹏编写；第 2 章由尹建新编写；第 3 章由易晓梅、卢文伟编写；第 4 章由易晓梅、赵吟吟编写；第 5 章由易晓梅编写；第 6 章由卢文伟编写；第 7 章由于芹芬编写；

第 8 章由易晓梅编写；第 9 章由陈磊编写；第 10 章由黄美丽编写；第 11 章由楼雄伟编写。全书由易晓梅、卢文伟、楼雄伟提出编写思路并完成统稿。

本书在编写的过程中，得到了浙江农林大学信息工程学院多位老师的帮助，在此表示感谢，特别感谢浙江农林大学赵吟吟、邱树素、施芝霖、叶俊棋、杨汪耀等为本书的付出。由于编者水平有限、时间仓促，书中难免会有不妥之处，请发送电子邮件：yxm@zafu.edu.cn 与我们取得联系，敬请读者及同人提出批评和指正！

编 者

2021 年 4 月

目　　录

第1章　C语言概述 ··· 1
　1.1　C语言简介 ··· 1
　1.2　C语言程序的基本结构 ··· 5
　1.3　C语言程序的开发 ·· 8
　1.4　本章小结 ··· 13
　习题 ··· 14
第2章　基本数据类型、运算符及表达式 ·· 16
　2.1　字符集与关键字、标识符 ·· 16
　2.2　常量 ··· 17
　2.3　数据类型 ··· 21
　2.4　运算符与表达式 ··· 31
　2.5　本章小结 ··· 38
　习题 ··· 39
第3章　算法和流程图 ··· 41
　3.1　算法基础 ··· 41
　3.2　算法的表示 ·· 42
　3.3　结构化程序设计方法 ·· 47
　3.4　本章小结 ··· 47
　习题 ··· 48
第4章　程序的控制结构 ··· 49
　4.1　顺序结构 ··· 49
　4.2　选择结构 ··· 60
　4.3　循环结构 ··· 73
　4.4　本章小结及常见错误 ··· 104
　习题 ··· 107
第5章　数组 ·· 110
　5.1　一维数组 ·· 111
　5.2　二维数组 ·· 125
　5.3　字符数组 ·· 131
　5.4　本章小结及常见错误 ··· 139

习题 ·· 140

第 6 章　函数 ·· 145

6.1　函数与 C 程序的结构 ·· 145

6.2　函数的分类与应用 ·· 146

6.3　自定义函数的定义与调用 ·· 148

6.4　函数的嵌套与递归调用 ·· 155

6.5　数组作为函数的参数 ·· 156

6.6　应用举例 ··· 157

6.7　本章小结及常见错误 ·· 159

习题 ·· 160

第 7 章　变量的作用域与存储类别 ·· 164

7.1　变量的作用域 ·· 164

7.2　变量的存储类别 ··· 167

7.3　本章小结及常见错误 ·· 170

习题 ·· 171

第 8 章　编译预处理 ·· 174

8.1　宏定义 ··· 174

8.2　文件包含 ·· 178

8.3　条件编译 ·· 179

8.4　本章小结及常见错误 ·· 181

习题 ·· 182

第 9 章　指针 ·· 184

9.1　引入指针 ·· 184

9.2　指针与数组 ··· 196

9.3　指针与字符串 ·· 205

9.4　指针与函数 ··· 210

9.5　多级指针 ·· 216

9.6　内存动态管理 ·· 221

9.7　综合实例 ·· 225

9.8　本章小结及常见错误 ·· 228

习题 ·· 229

第 10 章　结构体 ·· 238

10.1　结构体类型定义 ·· 239

10.2　结构体变量的定义和使用 ··· 242

10.3　结构体数组 ··· 246

10.4　结构体和指针 ·· 253

10.5　单向链表 ·· 256

10.6　共用体 ··· 266

10.7　枚举类型 ·· 269

10.8　使用 typedef 声明新类型名 ·· 271

10.9　应用举例 ……………………………………………………………………… 272

10.10　本章小结与常见错误 ……………………………………………………… 275

习题 ………………………………………………………………………………… 276

第 11 章　文件 ……………………………………………………………………… 282

11.1　文本文件和二进制文件 ……………………………………………………… 282

11.2　文件操作原理 ………………………………………………………………… 283

11.3　文件的打开与关闭 …………………………………………………………… 283

11.4　文件的读/写 ………………………………………………………………… 284

11.5　本章小结及常见错误 ………………………………………………………… 289

习题 ………………………………………………………………………………… 290

附录 A　常用字符的 ASCII 码 …………………………………………………… 293

附录 B　C 语言中的关键字 ……………………………………………………… 295

附录 C　运算符的优先级与结合性 ……………………………………………… 296

附录 D　常用标准库函数 ………………………………………………………… 298

参考文献 …………………………………………………………………………… 303

第1章 C语言概述

C 语言简介

1.1 C 语言简介

C 语言是一种面向过程的结构化语言，通过函数实现的模块化程序设计方式，十分有利于程序的调试，通过非常丰富的运算符和数据类型，可以轻易完成各种数据结构的连接，通过指针类型更可对内存直接寻址及对硬件进行直接操作，既可作为系统设计语言开发系统软件，又可作为应用程序设计语言开发应用软件，在经过多次优化后，C 语言几乎可以应用到程序开发的任何领域。

1.1.1 程序设计语言

程序设计语言是用于编写计算机程序的语言，也可以叫作编程语言。计算机程序设计语言的发展可分机器语言、汇编语言、高级语言 3 个阶段。

1. 机器语言

机器语言是第一代计算机语言，由二进制的 0、1 构成，能被计算机直接识别，它是计算机的设计者通过计算机的硬件结构赋予计算机的操作功能，将二进制数据中的 0、1 转换为低、高电压，这样计算机的电子器件就受到驱动，进行运算。每一个 CPU 都有自己的机器指令集，即规则，也叫作机器语言。一条机器指令就是机器语言的一条语句，它是一组有意义的二进制代码。每条机器指令一般由操作码和地址码两部分构成，其中操作码用于说明指令的含义，地址码用于说明操作数的地址。

早期程序员使用 0、1 数字来编写程序代码并打在纸带或卡片上，一般记为 1 打孔，0 不打孔，再将程序通过纸带机或卡片机输入计算机，从而进行运算，如某机器指令 1000100111011000 的功能为把寄存器 BX 的内容送到 AX。

用机器语言进行程序设计比较烦琐，程序的开发周期长、效率低、可靠性差、可读性差，不易交流和维护；机器语言是计算机最直接、最原始的语言，它完全依赖于某种特定的计算机指令集，因此可移植性差、重用性差；需要人为分配内存，机器语言程序和它在运行过程中所要用到的所有参数需要存放在内存中，但具体存放的内存地址，需要程序员根据计算机系统和程序的具体情况来人为确定，增加了编程难度，程序员需要经过长期的训练才能胜任。机器语言这些弊端甚至限制当时计算机应用的推广范围，于是就有了汇编语言。

2. 汇编语言

汇编语言是第二代计算机程序设计语言，用助记符代替机器指令的操作码，用地址符号或标号代替指令或操作数的地址，如在某计算机中，汇编语言指令"ADD A, B"表示将 A 加 B 的和存入 A 中；"MOV AX, BX"功能为把 BX 的内容送到 AX。

在不同的设备中，汇编语言对应不同的机器语言指令集。计算机不能直接识别用汇编语言编写的程序，必须通过汇编程序将汇编语言翻译成机器语言，汇编程序把汇编语言翻译成机器语言的过程称为汇编。特定的汇编语言和特定的机器语言指令集是一一对应的，不同平台之间不可直接移植。

汇编语言程序经汇编得到的目标代码小，运行速度快，因此它常用来编写系统软件和过程控制软件；汇编语言和机器语言都与具体的 CPU 有关，它们都称为面向机器的语言，被统称为低级语言，因此通用性差，程序不易移植。使用汇编语言编程时，仍需要手动分配存储器，编程的难度仍然很大，这些仍然限制了计算机应用的推广范围，因此，又有了高级语言。

3. 高级语言

高级语言是第三代计算机程序设计语言。高级语言面向用户、基本脱离了机器的硬件系统，形式上接近于算术语言和自然语言，用人们更易理解的方式编写程序。例如，C 语言表达式 "a=b" 的功能为将 b 的值存入 a 中，显然更接近人类的自然语言。使用某种高级语言编写的程序，需要对应的解释程序或编译程序对其进行翻译，然后才能在计算机上直接运行。

高级语言是从人类的逻辑思维角度出发的程序设计语言，易学、易掌握；使用高级语言设计的程序可读性好，可维护性强，可靠性高，高级语言程序可移植性好；高级语言编写的程序需要 "翻译" 为计算机能直接执行的机器语言指令后才能执行，因此其执行时间较长，执行效率低，且目标代码大，对硬件的可控性弱。

1.1.2　C 语言的起源与发展

1960 年，图灵奖获得者 Alan J.Perlis 发表了 "算法语言 ALGOL 60 报告"，确定了程序设计语言 ALGOL 60，它是计算机语言的鼻祖。

C 语言的起源与发展

1963 年，英国剑桥大学在 ALGOL 60 的基础提出了 CPL 语言（Combined Programming Language），相比 ALGOL 60 更接近于计算机硬件，但规模比较大，难以实现。

1967 年，剑桥大学的 Martin Richards 对 CPL 语言进行了简化，于是产生了 BCPL（Basic Combined Programming Language）语言。

1970 年，美国贝尔实验室的 Ken Thompson 修正了 BCPL 语言，将其命名为 B 语言（是无类型的），并用 B 语言写了第一个 UNIX 操作系统。

1972，贝尔实验室的 Dennis MacAlistair Ritchie 在 B 语言的基础上设计出了 C 语言。C 语言保持了 B 语言的优点（精练、接近硬件），又克服了它的缺点（过于简单，数据无类型）。

1978 年，里奇和布朗一同出版了 *C Programming Language*，从而使 C 语言成为世界上应用最广泛的高级程序设计语言，这个版本的 C 语言被称为 K&R C。

1983 年，美国国家标准化学会（ANSI）对 C 语言制定了新标准，称为 ANSI C，对于标准的 C 有了很大的发展，任何 C 语言的编译器都可在 ANSI C 的基础上进行扩充。诸如 Turbo C 等语言都将 ANSI C 作为它的子集并在此基础上进行了扩充，使之更加方便、完美。

1987 年，美国国家标准化学会（ANSI）公布了新标准——87 ANSI C。

1990 年，国际标准化组织（ISO）接受 87 ANSI C 作为 ISO C 的标准。

1999 年，ISO 发布了新的 C 语言标准，修订并命名为 ISO/IEC9899:1999，即 C99。

2011 年，ISO 正式发布 C 新的国际标准 ISO/IEC9899:2011，即 C11。

目前流行的 C 语言编译大多是以 ANSI C 为基础进行开发的，但不同版本的 C 语言编译器所完成的语言功能和语法规则又略有差异。

1.1.3　C 语言的特点

C 语言自诞生以来能经历多年经久不衰，仍然是世界上最流行、最广泛使用的高级语言之一，因其有着自己独特的优点。

C 语言的特点

C 语言是结构化语言，以函数作为模块来组织程序，它有以下 9 种控制语句：

```
if( )~else~            //选择结构
switch                 //选择结构
for( )~                //循环结构
while( )~              //循环结构
do~while( )            //循环结构
continue               //结束当前循环，进入下一循环
break                  //结束循环
goto                   //跳转
return                 //返回
```

（1）C 语言简洁、紧凑，书写形式方便、灵活，ANSI C 标准 C 语言共有 32 个关键字。

（2）C 语言运算符丰富，ANSI C 共提供了 34 种运算符。

算术运算符：+　-　*　/　%　++　--

关系运算符：<　<=　==　>　>=　!=

逻辑运算符：!　&&　||

位运算符：<<　>>　~　|　^　&

赋值运算符：= 及其扩展

条件运算符：?:

逗号运算符：,

指针运算符：*　&

求字节数：sizeof

强制类型转换：（类型）

分量运算符：.　->

下标运算符：[]

其他运算符：()　-

（3）C 语言数据结构丰富，数据类型有整型、字符型、实型、枚举类型、数组、结构体、共用体、指针类型、空类型，另外用户还能根据需要自己扩充数据类型。

（4）C 语言允许对位、字节和地址这些计算机功能中的基本成分进行操作，但另一方面它又具有高级语言的灵活性。

（5）C 语言程序可移植性好。可移植性表示为某种计算机编写的程序可以用到另一种机器上去。

TIOBE 排行榜[TIOBE 排行榜是根据互联网上有经验的程序员、课程和第三方厂商的数量，并使用搜索引擎（如 Google、Bing、Yahoo!、Wikipedia、Amazon、YouTube）统计出排名数据]显示，截至 2018 年，Java、C 两门编程语言已经在 TIOBE 的前三排待了有 16 年之久，且正在延续，如图 1-1、图 1-2 所示。

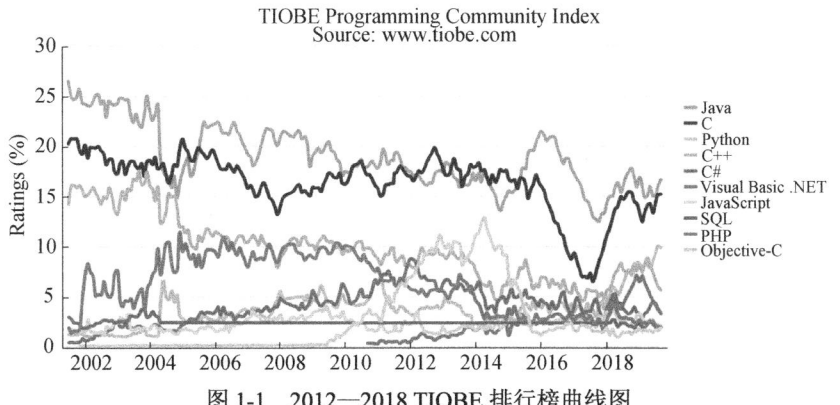

图 1-1　2012—2018 TIOBE 排行榜曲线图

Sep 2019	Sep 2018	Change	Programming Language	Ratings	Change
1	1		Java	16.661%	-0.78%
2	2		C	15.205%	-0.24%
3	3		Python	9.874%	+2.22%
4	4		C++	5.635%	-1.76%
5	6	^	C#	3.399%	+0.10%
6	5	v	Visual Basic .NET	3.291%	-2.02%
7	8	^	JavaScript	2.128%	-0.00%
8	9	^	SQL	1.944%	-0.12%
9	7	v	PHP	1.863%	-0.91%
10	10		Objective-C	1.840%	+0.33%
11	34	⋩	Groovy	1.502%	+1.20%
12	14	^	Assembly language	1.378%	+0.15%
13	11	v	Delphi/Object Pascal	1.335%	+0.04%
14	16	^	Go	1.220%	+0.14%
15	12	v	Ruby	1.211%	-0.08%
16	15	v	Swift	1.100%	-0.12%
17	20	^	Visual Basic	1.084%	+0.40%
18	13	⋩	MATLAB	1.062%	-0.21%
19	18	v	R	1.049%	+0.03%
20	17	v	Perl	1.049%	-0.02%

图 1-2　2018.9 与 2019.9 TIOBE 排行榜前 20 名次对比图

1.1.4　编译型语言与解释型语言

编译型语言与
解释型语言

高级语言按照程序的执行方式，可以分为编译型和解释型两种。

1. 编译型语言

编译型语言是指使用专门的编译器，针对特定平台（操作系统）将某种高级语言源代码，一次性"翻译"成可被该平台硬件执行的机器语言（包括机器指令和操作数），并包装成该平台所能识别的可执行程序的格式，以后执行这个程序的时候，就不用再进行翻译了。这个转换过程称为编译（Compile），C/C++语言就属于编译型语言。

2. 解释型语言

解释型语言是指使用专门的解释器，运行时将源程序逐行解释成特定平台的机器代码并立即执行的语言，每次执行用解释型语言编写的程序都需要进行一次编译，所以运行速度相对于编译型语言要慢，如 Python 属于解释型语言。

编译型语言和解释型语言的对比如图 1-3 所示。

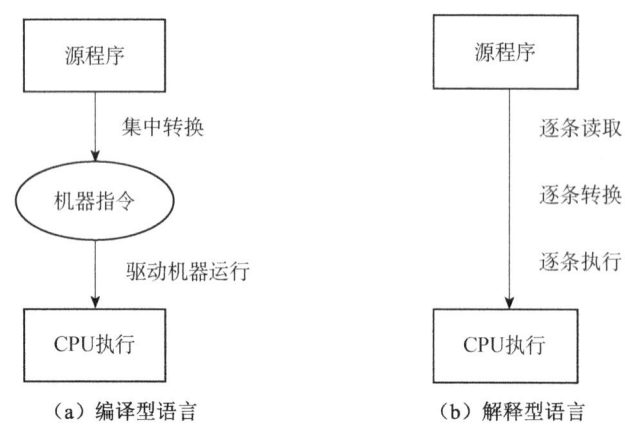

图 1-3　编译型语言和解释型语言的对比

从图 1-3 中看出，编译型语言中，编译操作高级语言程序需要一次性将其翻译为机器指令，产生机器代码后由计算机执行，源程序被翻译后，就可以重复运行；而解释型语言中，高级语言程序每次运行，都需要借助源程序和解释器进行解释。

1.2　C 语言程序的基本结构

C 语言程序及
函数的组成

1.2.1　C 语言程序及函数的组成

C 语言程序属于结构化程序设计语言，函数是 C 语言程序的基本组成单位。

1. C 语言程序的组成

C 语言程序由函数、编译预处理及注释三部分组成。

（1）函数：程序中由函数来完成 C 语言程序的功能，是程序的主体部分，一个 C 语言源程序中有且仅有一个 main()函数，除 main 函数之外可以有若干个其他函数，每个函数可以实现某一特定的操作。main()函数是程序执行的入口，其他函数的工作通过 main()函数的调用来完成。被调函数可以是 C 语言函数库中存在的函数，也可以是用户根据需要自己编写的函数。因此，函数是 C 语言程序的基本单位。

（2）编译预处理：预处理主要是处理以#开头的命令，如#include <stdio.h>等。预处理命令要放在所有函数之外，而且一般都放在源文件的前面。当对一个源文件进行编译时，系统将自动调用预处理程序对源程序中的预处理部分作处理，处理完毕自动对源程序进行编译。

（3）注释：注释的内容不参与程序执行，编写程序时，应该多使用注释，这样有助于对代码的理解。

2. C 语言函数的组成

C 语言函数包括两部分：函数首部和函数体。

（1）函数首部包括函数类型、函数名、函数形式参数表，格式如下：

函数类型　函数名（参数类型　参数 1，…，参数类型　参数 n）

如：int sum(int x, int y)

（2）函数体：包含在 { }中的内容，包括说明部分和执行部分。说明部分用来定义变量的类型，执行部分是函数体内的主要内容，一般由多条实现函数的功能语句构成，但也可为空。

```
{
    float c;          —— 局部变量的定义
    c=(a+b)/2.0;
    return c;         ┘—— 程序体
}
```

以下为函数完整结构：

```
float ave (int a,int b)—— 函数首部
{
    float c;          —— 说明部分
    c=(a+b)/2.0;
    return c;         ┘—— 执行部分
}
```

1.2.2　简单 C 语言程序实例

在以下经典的程序设计实例中，可以了解一些 C 语言的基本知识。

简单的 C 语言实例

【例 1-1】【任务描述】

输出 hello world!

【代码】

```
/*This is the first C program*/  //注释信息
#include <stdio.h>               //预处理命令

int main()                       //主函数
{                                //左括号标志函数体开始
    printf("Hello world!\n");    //调用 printf 函数，输出"Hello world!"并换行
    return 0;                    //函数返回值为 0
}                                //右括号标志函数体结束
```

【运行结果】

```
Hello world!
```

【指点迷津】 在这个 C 语言程序中，第 1 行是注释信息。在 C 语言中有两种注释方式：

一种注释是以"/*"开始、"*/"结束的块注释（Block Comment），"/*"与"*/"内放置注释内容，但要注意的是，注释不能嵌套，如"/*定义整型/*变量 a*/且赋初值为 1*/"是错误的注释。如下是正确的注释使用方法：

```
/*
    定义整型变量 a
    且赋初值为 1
*/
```

另一种注释是以"//"开始至本行结尾的单行注释（Line Comment）。"//"后放置注释内容，如：

```
// 定义整型变量 a，且赋初值为 1
```

第 2 行的"#include <stdio.h>"称为预处理命令，C 语言中预处理命令都以"#"开头。"stdio.h"为实现标准输入/输出的头文件，由于本程序中的第 6 行使用了 printf 函数，因此必须用此预处理命令将 stdio.h 包含进来。"stdio.h"中"stdio"意为"standard input and output"，"h"意为"head"，预处理命令相关知识在后面的编译预处理章节中会详细说明。

第 3 行为空行，C 语言中，可以插入若干空行，它常用来增加程序的可读性，不会影响程序的执行。

第 4 行的"int main()"表示 main()函数的类型为 int 类型，意味着其将返回一个整数值，main()函数又称主函数，在一个完整的 C 语言程序中，必须有且仅有一个 main 函数，可以写在程序的任意位置，是程序执行的入口，也是出口；"int main()"中的()内部用来填写参数，本例中()为空说明本函数为无参函数，这在后面章节将会有详细介绍。

第 5 行及第 8 行中用一对大括号括起的部分称作函数体。

第 6 行调用 printf 函数，printf 为函数名，后面跟着"( )"，此处的括号用来包含函数的参数，其功能为向屏幕输出内容"Hello world!"并换行。本程序中双引号内的内容可分为两类："Hello world!"原样输出，而"\n"是转义字符，起回车换行的作用。要使用 printf 函数，必须将其 printf( )的正确原型说明引入作用域（第 2 行中的#include <stdio.h>便完成此功能），否则编译器会报错。C 语言规定，语句必须以";"结尾，初学者必须要注意。

第 7 行中的"return 0;"称为函数返回语句，在本程序中，函数返回值为 0，return 后的

返回值类型要与第 4 行中 main 的类型一致（本例中 int main( )说明了函数类型为 int 类型，与 return 后的 0 一致），以 ";" 结尾。

【例 1-2】【任务描述】

输入两个整数，计算它们的和并输出。

【代码】

```
//This is the secend C program
#include <stdio.h>
int main()
{
    int x,y,sum;                         //定义 x、y、sum 为整型变量
    printf("请输入第一个数的值：\n");      //打印提示信息 1
    scanf("%d",&x);                       //接收 x 值的输入
    printf("请输入第二个数的值：\n");      //打印提示信息 2
    scanf("%d",&y);                       //接收 y 值的输入
    sum=x+y;                              //计算 sum 的值
    printf("sum=%d\n",sum);               //按格式输出 sum 的值
    return 0;
}
```

【指点迷津】 在这个 C 语言程序中，第 5 行为定义变量的语句，int 表示变量类型为整型，x、y、sum 为三个变量的名字，语句以分号结尾。

第 7 行用于接收键盘输入的整数，并将其送往整型变量 x 中。scanf()是 C 语言输入/输出库提供的标准输入函数，与标准输出函数 printf()相似，要使用此函数，必须有编译预处理命令#include<stdio.h>。引号中的 "%d" 指定了变量要按照十进制整数的形式输入，"&x" 表示变量 x 在内存中的地址。

第 9 行功能与第 7 行类似。

第 10 行语句 "sum=x+y;" 的功能为计算表达式 x+y 的值后赋值给 sum。"=" 为赋值运算符，其作用为将右边表达式的值赋值给左边的变量。

第 11 行语句 "printf("sum=%d\n", sum);" 将在屏幕上显示两个数的和，其值已经存入变量 sum 中。此处 printf 函数调用时，带有两个参数：第一个参数为字符串，第二个参数为变量 sum，两参数间以逗号隔开。printf 的功能为将第一个参数的值显示于屏幕，因此程序运行时输出 "sum="，但是 "%d" 并没有输出。其实，"%d" 是一格式控制符，输出时，要用一个整数来代替，这个整数的值为第二个参数（sum）的值。其后的 "\n" 表示回车换行。

【运行结果】

```
请输入第一个数的值：
1
请输入第二个数的值：
2
sum=3
```

C 语言程序的
基本语法知识

1.2.3 C 语言程序的基本语法知识

通过上述例题，读者已经初步了解 C 语言程序，现对其特点总结如下：

（1）C 语言变量必须先定义，后使用，否则编译会出错。

（2）C 语言程序语句必须以分号结尾，否则编译会出错。

（3）C 语言程序中严格区分字母的大小写，一般使用小写字母或者小写和大写字母的组

合作为函数名、变量名等，而使用大写字母作为常量名。

（4）C 语言程序中，可包含预处理命令，通常放在源文件或源程序的最前面。

（5）C 语言程序中可使用空行和空格，不影响程序的执行。

（6）C 语言程序书写格式自由，一行可以写多条语句，也可将一条语句写在多行，但这样会降低程序的可读性。

（7）可以对 C 语言程序的关键语句加上必要的注释来说明程序段的功能，以帮助阅读，增加程序的可读性。

（8）为使得 C 语言程序便于阅读，最好以缩进的格式书写程序（若不遵守，也不影响程序运行）。

1.3　C 语言程序的开发

1.3.1　C 语言程序的运行过程

C 语言程序的开发

一般运行一个 C 语言程序，要经过编辑、编译、连接和运行这 4 个步骤。

1. 编辑：输入源程序并存盘（.c）

编辑的目的是得到 C 语言程序的源程序，生成磁盘文件并保存在磁盘上，文件的扩展名为.c。

2. 编译：将源程序翻译为目标程序（.obj）

C 源程序不能被机器直接识别，必须把编辑好的 C 源程序转换成机器语言表示的可重定位的二进制目标程序，生成的目标程序文件主名与源程序主名相同，扩展名为.obj。编译的另外一个重要功能是检测源程序的语法错误，并给出提示信息。

3. 连接：将目标程序生成可执行目标程序文件（.exe）

目标程序虽能被机器直接识别，但还不能直接执行，必须用连接器将目标程序与其他代码（如程序中用到的系统库函数或者其他目标程序）连接起来，生成可执行目标程序。可执行目标程序文件主名与源程序主名相同，扩展名为.exe。

4. 运行：执行.exe 文件，得到运行结果

运行即执行，需要利用上述 3 个步骤生成的可执行目标程序文件，程序的运行结果正确可结束 C 语言程序的开发任务，若运行结果错误，则需重新检查源程序，修改后重新进行编译、连接、运行。

1.3.2　C 语言集成开发环境

目前，程序开发的工具有很多，这些工具能支持多种语言的开发，以下将对几种常用的 C 语言开发工具做简单介绍。

C 语言的集成
开发环境

1. Visual Studio

Microsoft Visual Studio（简称 VS）是美国微软公司开发的系列产品之一，是目前最流行的 Windows 平台应用程序的集成开发环境。最新版本为 Visual Studio 2019 版本，支持 C/C++、C#、VB.net、F#等多种程序语言的开发。

2. Code::Blocks

Code::Blocks 是一个开源的全功能的跨平台开发工具，支持 Windows 和 GNU/Linux。Code::Blocks 具有强大的配置功能、支持语法彩色醒目显示、支持插件等多项优点，故深受

程序员们的喜爱。

3. Visual C++

Visual C++ 6.0 是微软公司为编程人员提供的功能强大的、基于 Windows 操作系统可视化集成开发环境（Integrated Development Environment，IDE）的软件开发工具。其应用程序开发主要有两种模式：一种是 WIN API 方式，另一种为 MFC。它支持 C/C++ 等程序语言的开发。

4. Dev C++

Dev C++ 是 Windows 环境下 C/C++ 的集成开发环境（IDE），使用 MingW64/TDM-GCC 编译器，遵循 C++11 标准，同时兼容 C++98 标准。开发环境包括多页面窗口、工程编辑器及调试器等，在工程编辑器中集合了编辑器、编译器、连接程序和执行程序，提供高亮度语法显示，以减少编辑错误，还有完善的调试功能，Dev C++ 功能简洁，适合于在教学中使用。

使用 Dev C++
运行程序

1.3.3　使用 Dev C++ 运行程序

Dev C++ 是一款免费开源的 C/C++ 集成开发环境，内嵌 GCC 编译器（GCC 编译器的 Windows 移植版）。Dev C++ 的优点是体积小（只有几十兆）、安装卸载方便、学习成本低等。Dev C++ 官方下载地址为 https://sourceforge.net/projects/dev-cpp/files/latest/download。

下载完成直接安装即可，若安装时选择了英文环境，在安装完成后也可以修改为中文，方法如下：选择 "Tools" → "Enviroment"，在打开的对话框的 "General" 选项卡中，设置 "Language" 为 "简体中文/Chinese"，单击 "OK" 按钮，如图 1-4 所示。

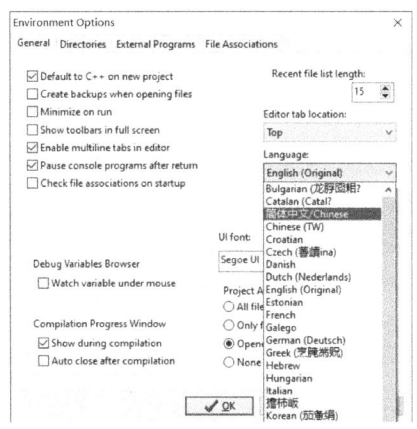

图 1-4　设置语言环境

1. C 源程序的编辑

（1）新建文件。

① 新建一个源文件。Dev C++ 支持单个源文件的编译，如果程序只有一个源文件（初学者基本都是在单个源文件下编写代码的），则无须创建项目，操作方法如下：选择 "文件" → "新建" → "源代码" 命令，如图 1-5 所示。将会出现如图 1-6 所示窗口，用户可以在编辑窗口中输入源程序。

② 新建一个项目。上面介绍的是最简单的情况：一个程序只包含一个源文件。如果一个程序包含多个源文件，则需要建立一个项目文件，编译时，系统会对项目文件中的每个文件进行编译，将所得到的目标文件和系统的相关资源连接成一个整体，生成可执行文件后，执行此文件。操作方法如下：选择 "文件" → "新建" → "项目" 命令，新建一个项目，如图 1-7 所示。

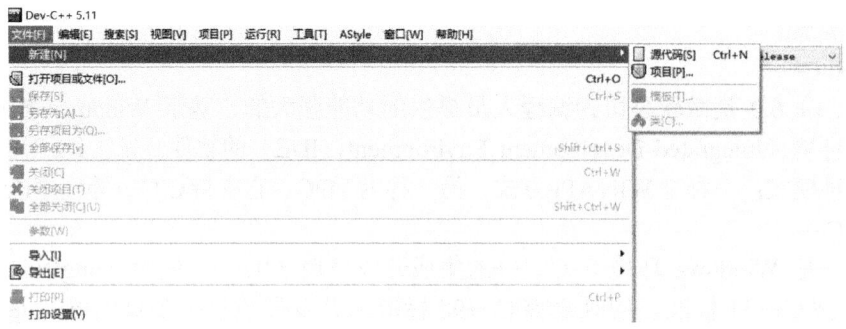

图 1-5　"源代码"命令

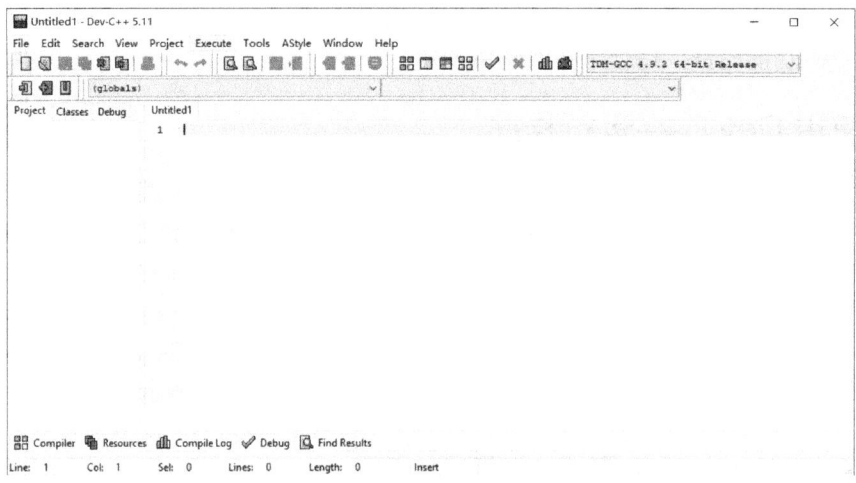

图 1-6　编辑窗口

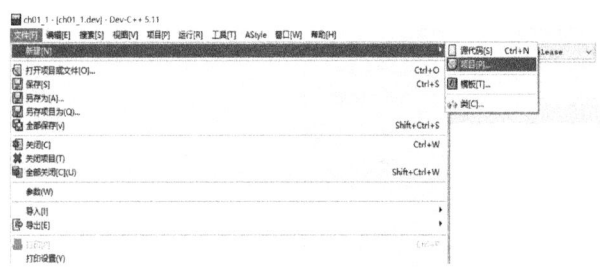

图 1-7　新建项目

在打开的对话框中选择"Basic"为"Console Application"，选中"C 项目"单选项，在"名称"栏中输入自定义名称，单击"确定"按钮，如图 1-8 所示。

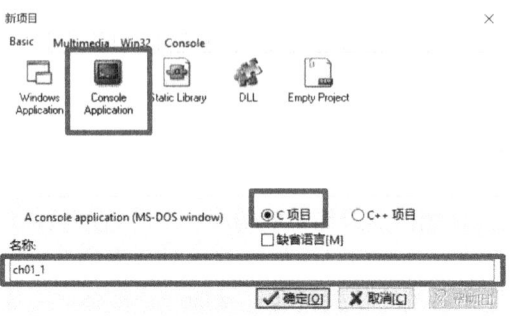

图 1-8　"新项目"对话框

在弹出的"另存为"对话框中，设置保存路径、文件名等相关选项，单击"保存"按钮，如图 1-9 所示。

图 1-9　"另存为"对话框

新建项目完成后，会默认新建 main.c 文件。

（2）打开文件。若需要打开已经编辑的文件，选择"文件"→"打开"命令，在出现的对话框中选择指定文件的路径和文件名，如图 1-10 所示，单击"打开"按钮后系统会打开文件。

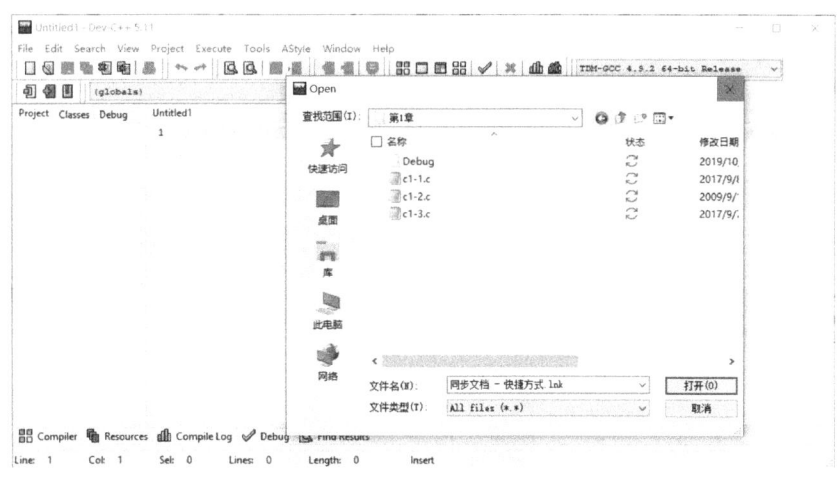

图 1-10　"Open"对话框

（3）保存文件。为避免突发事件（如死机、断电等）造成的数据丢失，应养成良好的保存习惯。一般在编译程序前，应先将当前程序保存到磁盘中。

● 选择"文件"→"保存"命令，在弹出的"保存为"对话框中选择指定文件的路径并输入其文件名，单击"保存"按钮后系统会将文件载入内存中。

● 若想保存为另一文件名，则选择"文件"→"另存为"命令，在弹出的"保存为"对话框中进行操作。

2．程序的编译和连接

选择"运行"→"编译"命令，或按下快捷键 F9，或单击工具栏中的"编译"按钮，都可以执行源文件的编译工作，如图 1-11 所示。

若程序有错，则会在"编译日志"窗口中看到错误提示信息，如图 1-12 所示，此时需借助错误提示信息修改程序，重新编译直到编译通过。

图 1-11　编译

图 1-12　编译出错

若程序没有错误，会在下方的"编译日志"窗口中看到编译成功的信息，如图 1-13 所示。在用户存储源程序的文件夹中会生成扩展名为".exe"的文件，这就是最终生成的可执行目标程序文件。

图 1-13　编译成功

之所以没有看到扩展名为".obj"的目标文件，是因为 Dev C++将编译和连接这两个步骤合二为一了，将它们统称为"编译"，并且在连接完成后删除了目标文件。

3．程序的执行

选择"运行"→"运行"命令，或按快捷键 Ctrl+F10，或单击工具栏中的"Run"按钮，若出现错误结果，修改源文件后重新编译、连接、运行直到运行结果正确，运行界面如图 1-14 所示。

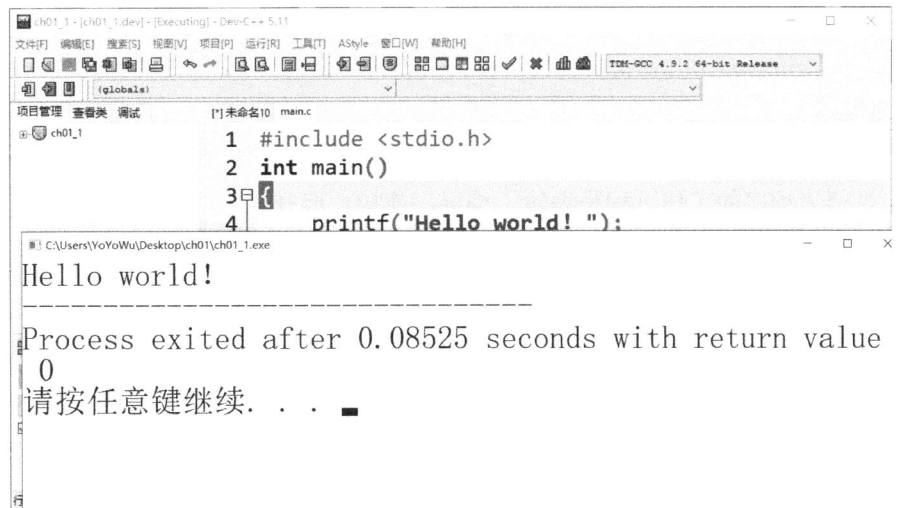

图 1-14　运行结果界面

也可以通过双击扩展名为 ".exe" 的可执行目标程序文件来运行程序，但运行时只能看见窗口快速闪过后就消失了，这是因为程序运行后即快速结束了，窗口会自动关闭，时间非常短暂；另外在某些环境中（如 VS 等）开发 C 语言时，运行程序结束后窗口会自动消失。读者想要在运行界面暂停，可采用如下方法。

方法 1：在 return 语句前加上语句 "getchar();"，调用 getchar() 函数获取一个字符，在输入字符前，让程序停止在运行界面。

方法 2：在程序头部添加 #include <stdlib.h>，main() 函数尾部加上语句 "system ("pause");"（不能在 return 后，否则没有执行时机），调用 system 函数，当程序执行到该语句便会暂停，如：

```c
#include <stdio.h>
#include <stdlib.h>
int main()
{
    printf("本进程执行过程中的第一处暂停位置！\n");
    system("pause");
    printf("本进程执行过程中的第二处暂停位置！\n");
    system("pause");
    return 0;
}
```

4. 退出

选择 "文件" → "退出" 命令，即可退出 Dev C++。

1.4　本章小结

本章介绍了 C 语言的发展史、C 语言的产生及发展过程、C 语言的特点。通过实例介绍了 C 语言的基本结构和语法知识，最后对 C 语言的开发步骤进行了介绍和说明。C 语言是编译型的程序设计语言，运行一个 C 语言程序要经过编辑、编译、连接和运行这 4 个步骤。

通过本章的学习，读者对 C 语言已经有了初步认识，并了解如何开发一个 C 语言程序，为后续程序开发奠定基础。

习题

一、选择题

1. 下列关于 C 语言的说法中错误的是（　　）。
   A. C 语言程序的工作过程是编辑、编译、连接、运行
   B. C 语言不区分大小写
   C. C 语言程序的三种基本结构是顺序、选择、循环
   D. C 语言程序从 main()函数开始执行

2. 系统默认的 C 语言源程序扩展名为.c，需经过（　　）之后，生成.exe 文件，才能运行。
   A. 编辑、编译　　　　　　　　　　　　B. 编辑、连接
   C. 编译、连接　　　　　　　　　　　　D. 编辑、改错

3. C 语言程序从 main()函数开始执行，这个函数一般写在（　　）。
   A. 程序文件的开始　　　　　　　　　　B. 程序文件的最后
   C. 它所调用的函数的前面　　　　　　　D. 程序文件的任何位置

4. 下列关于 C 语言程序的运行流程描述中，（　　）是正确的。
   A. 编辑目标程序、编译目标程序、连接源程序、运行可执行目标程序
   B. 编译源程序、编辑源程序、连接目标程序、运行可执行目标程序
   C. 编辑源程序、编译源程序、连接目标程序、运行可执行目标程序
   D. 编辑目标程序、编译源程序、连接目标程序、运行可执行目标程序

5. 一个 C 语言源程序文件的扩展名是（　　）。
   A. CPP　　　　　　　B. C　　　　　　　C. OBJ　　　　　　　D. EXE

6. 一个 C 目标程序文件的扩展名是（　　）。
   A. CPP　　　　　　　B. C　　　　　　　C. OBJ　　　　　　　D. EXE

7. 一个 C 可执行目标程序文件的扩展名是（　　）。
   A. CPP　　　　　　　B. C　　　　　　　C. OBJ　　　　　　　D. EXE

8. C 语言程序语句都是以（　　）结尾的。
   A. .　　　　　　　　B. 。　　　　　　　C. ;　　　　　　　　D. 无

二、填空题

1. 汇编语言要使用（　　　　　　）将汇编语言翻译成机器语言。
2. 高级语言按照程序的执行方式，可以分为（　　　　　　）和解释型两种。
3. （　　　　　　）是 C 语言程序的基本组成单位。
4. C 语言函数包括两部分：（　　　　　　）和（　　　　　　）。
5. C 语言程序开发过程基本步骤为：源程序的编辑、（　　　　　　）、（　　　　　　）和运行。
6. 每个 C 语言程序中必须有且仅有 1 个（　　　　　　）函数，它是程序执行的入口和出口。
7. 计算机唯一能直接识别的语言是（　　　　　　）。

三、简答题

1. 简述程序设计语言的发展。
2. 列举 C 语言的 5 个特点。
3. 列举 5 种程序设计语言。

四、编程题

1. 编写程序，实现在屏幕上输出："This is my first C program."。
2. 输入两个整数，求它们的平方和并输出。
3. 输入两个整数，交换值并输出。
4. 输入矩形的长和宽（均为整数），求其面积并输出。
5. 输入圆柱体的底面半径和高（均为单精度类型），求体积并输出。

第2章 基本数据类型、运算符及表达式

C语言是一门计算机语言，如同我们的中文、英语一样。因此，从一门语言的角度来看，有其语法基础，本章将要学习的数据类型、运算符及表达式，即是C语言的语法基础，掌握这些语法基础是学好C语言的根基。

数据类型、运算符与表达式

2.1 字符集与关键字、标识符

字符是C语言源程序最基本的元素，可用于构成标识符和表达式，最终形成源程序。

2.1.1 字符集

C语言的字符集包括字母、数字、空白符、标点和特殊字符。

（1）字母：小写字母a～z共26个，大写字母A～Z共26个。

（2）数字：0～9共10个。

（3）空白符：空格符、水平制表符和换行符等统称为空白符。空白符只在字符常量和字符串常量中起作用，在其他地方出现时只起间隔作用，编译程序对它们忽略不计。因此，在源程序中使用空白符与否，对程序的编译不产生影响，但在程序中适当的地方使用空白符可以增加程序的清晰性和可读性，形成良好的编程风格。

（4）标点和特殊字符：主要有，.; ？""! /\～$%^&*<>-+(){}[]#等。

2.1.2 关键字

C语言关键字即是C语言编译系统已赋予其严格的特定含义、系统明确保留的标记，ANSI C标准C语言共有32个关键字，区分大小写。

1. 数据类型关键字（20个）

（1）基本的数据类型：void、char、int、float和double。

（2）类型修饰关键字：short、long、signed、unsigned。

（3）复杂类型关键字：struct、union、enum、typedef和sizeof。

（4）存储级别关键字：auto、static、register、extern、const和volatile。

2. 流程控制关键字（12个）

（1）跳转结构：return、continue、break和goto。

（2）分支结构：if、else、switch、case和default。

（3）循环结构：for、do和while。

2.1.3 标识符

C语言的标识符有预定义标识符和用户自定义标识符两类。

1. 预定义标识符

预定义标识符是C语言中预先定义并具有特殊含义的标识符。预定义标识符包括系统标

准库函数名、编译预处理命令、头文件中定义的标识符等。例如，printf、scanf、main 等都属于预定义标识符。预定义标识符允许用户对它们重新定义，但重新定义后会用新定义的含义替换它们原来的含义。

2. 用户自定义标识符

用户自定义标识符常简称为标识符，指的是用户根据需要而自定义的变量名、函数名、数组名、数据类型名及宏名等。命名用户自定义标识符时须遵守下面的命名规则：

（1）标识符只能由英文字母、下划线及数字组成，不能包含空白字符（即换行符、空格、制表符）。

（2）第一个字符必须是英文字母或下划线，而不能是数字。操作系统和 C 语言标准库里的标识符一般约定俗成以下划线开头，所以应该避免用下划线作为用户自定义标识符的开头。

（3）标识符中英文字母区分大小写，如 sum 和 Sum 是两个不同的标识符。

（4）不能用关键字来给自定义的标识符命名。

（5）不同的 C 编译系统所能识别的标识符长度不同。ANSI C 可以识别标识符的前 31 个字符。

（6）命名的标识符应尽量有相应的意义，以便阅读理解，做到"见名知义"。

2.2　常量

数据是程序处理的对象，有两种基本表示形式，在程序中以常量和变量出现。

常量是指在程序运行过程中，其值不会发生变化的量，其类型根据常量的书写形式识别。常量分为以下三大类：数值型常量（整型常量和实型常量）、字符型常量、符号常量，具体包括整型常量、实型常量、字符常量、字符串常量、符号常量。

常量

1. 整型常量

整型常量是指直接使用的整型常数，如 123、−456 等，也可以在数值后加后缀（L 或 l 表示长整型、U 或 u 表示无符号整型），如 321L。在 C 语言中常用的整型常量有八进制、十六进制和十进制 3 种。

（1）八进制整型常量：以 0 前缀开头，由数字 0～7 组成。例如，034、0123 等都是合法的八进制整数，而 234（无前缀 0）、0459（包含非法数字 9）都是不合法的八进制整数。

（2）十进制整型常量：数值部分由数字 0～9 组成，没有前缀。例如，39、−478L 都是合法的十进制整数。

（3）十六进制整型常量：以 0X 或 0x 为前缀开头，由数字 0～9、A～F 或 a～f 组成。例如，0X125、0x38 都是合法的十六进制整数。

整型数据在内存中以二进制的形式存放，数值以补码表示。一个正数的补码与其原码形式相同，一个负数的补码是将该数绝对值的二进制形式，按位取反再加 1。例如，十进制数 13 在内存中的存储形式如图 2-1 所示。若是−13，在内存中要先将其绝对值的二进制形式求出，即将图 2-1 所示的形式进行取反操作，取反后的结果如图 2-2 所示。

| 0 | …… | 0 | 0 | 0 | 0 | 0 | 0 | 0 | 0 | 0 | 0 | 0 | 0 | 1 | 1 | 0 | 1 |

图 2-1　十进制数 13 在内存的存储形式

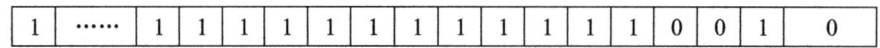

图 2-2　取反操作

进行取反之后还要进行加 1 操作，如图 2-3 所示为−13 在计算机内存中的存储。

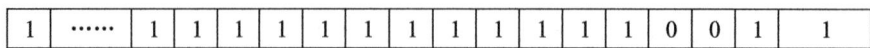

图 2-3　取反后加 1 操作

注意：对于有符号整数，4 字节，其在内存中最高位表示符号位，即左边第一位为 0，表示该数为正；若为 1，表示该数为负（图中的省略号表示 15 个二进制信息位 0 或 1）。

【例 2-1】整型常量的三种表现形式。

```
#include <stdio.h>
int main()
{
printf("%d, %d, %d\n",30,030,0x30);      //分别以十进制形式输出 30,030,0x30
printf("%d, %o, %x\n",30,030,0x30);      //分别以十进制、八进制、十六进制
return 0;                                //输出 30,030,0x30
}
```

【运行结果】

```
30, 24, 48
30, 30, 30
```

【指点迷津】

"printf("%d, %d, %d\n",30,030,0x30);" 的含义是用十进制整数的形式在屏幕上输出 30，030，0x30 三个常量，数据之间用逗号分开。

"printf("%d, %o, %x\n",30,030,0x30);" 的含义是分别以十进制、八进制、十六进制形式在屏幕上输出 30，030，0x30 三个常量，数据之间用逗号分开。

2. 实型常量

实型常量也称为实数或浮点数。实型常量由数字、小数点和常量后缀构成（也可以不加后缀）。在 C 语言中规定实数只用十进制数表示，且都按双精度 double 型处理。但是，常量后缀 f 或 F 用于强制转换为单精度实数，而 l 或 L 则明确指定为双精度实数。

实型常量有两种表示形式：十进制小数形式和指数形式。

（1）十进制小数形式：由数字 0～9 和小数点组成，如 0.125、3.25、−0.123、12.345F、5.4789L 均为合法实数。

（2）指数形式：由十进制数加上阶码标志 "e" 或 "E" 及阶码组成，如 2.5E3（或 2.5e3），即 2.5×10^3。

C 语言语法规定，字母 e 或 E 之前必须要有数字，且 e 或 E 后面的指数必须为整数。例如，e3、5e3.6、.e、e 等都是非法的指数形式。

注意：在字母 e 或 E 的前后及数字之间不得插入空格。

3. 字符常量

（1）一般字符常量。即用单引号括起来的一个字符称作字符常量，如'b', 'y', '? '。字符常量储存在计算机的储存单元中时，是以其代码（一般采用 ASCII 代码）储存的。

使用字符常量需要注意以下几点：

① 字符常量只能用单引号括起来，不能使用双引号或其他括号。

② 字符常量中只能包括一个字符，不能是字符串。例如，'A'是正确的字符常量，而

'And'是错误的。

③ 字符常量是区分大小写的。例如，'A'与'a'是不同的字符常量。

④ 单引号只是定界符，不属于字符常量中的一部分，字符常量只能是一个字符，不包括单引号。

⑤ 单引号里面可以是数字、字母等 C 语言字符集中除 "'" 和 "\" 以外所有可显示的单个字符，但是数字被定义为字符之后则不能参与数值运算。例如，'7'是数字字符常量，而 7 是数值常量。

（2）特殊字符常量。在 C 语言中还存在一种特殊的字符常量，它是以反斜线 "\" 开头的，后跟一个或几个字符，称为转义字符。转义字符具有特定的含义，不同于字符原有的意义，故称转义字符。例如，在前面程序中出现的 printf 函数中用到的 "\n" 就是一个转义字符，其意义是回车换行。转义字符主要用来表示那些用一般字符不便于表示的控制代码。

常用的转义字符如表 2-1 所示。

表 2-1　常用的转义字符及其含义

转义字符	转义字符的意义	ASCII 代码
\n	回车换行	10
\t	横向跳到下一制表位置	9
\b	退格	8
\r	回车	13
\f	走纸换页	12
\\	反斜线符"\"	92
\'	单引号符	39
\"	双引号符	34
\a	鸣铃	7
\ddd	1～3 位八进制数所代表的字符	
\xhh	1～2 位十六进制数所代表的字符	

从表 2-1 可以看出，C 语言字符集中几乎任何一个字符均可用转义字符来表示。表中的 \ddd 和 \xhh 正是为此而提出的。ddd 和 hh 分别为八进制和十六进制的 ASCII 代码。如 \101 表示字母"A"，\102 表示字母"B"，\134 表示反斜线，\XOA 表示换行等。

【例 2-2】转义字符的使用。

```
#include <stdio.h>
int main()
{
    printf("  aB.  c\tde\rf\n");
    printf("hijk\tL\bM\n");
    return 0;
}
```

【运行结果】

```
f aB.  c      de
hijk    M
```

【指点迷津】

"printf(" aB．c\tde\rf\n");" 在第一个制表位输出列中输出 aB．c，执行转义字符'\t'，光标定位到第二个制表位，输出 de，执行转义字符'\r'（回车，没有换行），光标定位到同行的第一列，输出 f，执行转义字符'\n'，换行，光标定位在下一行的第一列。

"printf("hijk\tL\bM\n");" 在光标所在位置输出 hijk，执行转义字符'\t'，光标定位到第二个制表位，输出 L，执行转义字符'\b'，退格，输出 M（原来的 L 被刷新），执行转义字符'\n'，换行，光标定位在下一行的第一列。

（3）字符常量的存储。虽然程序中字符常量写在一对定界符的单引号内，但在内存中不存储定界符，只存储定界符内的字符对应的 ASCII 码值，每个字符占一个字节。例如，字符'a'的 ASCII 码为 97，在内存中存储'a'实际上只需一个字节，这个字节用来存储十进制的 97，即二进制形式的 01100001。

（4）字符常量的操作运算。在 C 语言中允许字符以 ASCII 码值参与算术运算。

【例 2-3】 字符常量的运算。

```
#include <stdio.h>
int main()
{
    printf("%d\n",'A'+'B');/* 'A'和'B'的 ASCII 值分别为 65、66，相加以十进制形式
输出*/
    printf("%d\n",'a'+3); /* 'a'的 ASCII 值分别为 97,加 3 等于 100,以十进制形式输
出*/
    printf("%c\n",'a'+3);/*  以字符形式输出 ASCII 值为 100 对应的字符'd'*/
    return 0;
}
```

【运行结果】

```
131
100
d
```

4. 字符串常量

字符串常量是用定界符双引号括起来的 0 个或多个字符序列，如"hello world!"。当双引号中包含 0 个字符时，即" "称为空串。

字符常量占一个字节的内存空间，字符串常量占的内存字节数等于字符串中的字符个数加 1，增加的一个字节用来存放字符'\0'，它是编译系统自动为字符串添加的结束标志。例如，"hello"字符串存放形式，系统会自动在后面加结束标志。

h	e	l	l	o	\0

字符常量'a'和字符串常量"a"虽然都只有一个字符，但在内存中的情况是不同的。字符常量'a'在内存中占 1 字节，可表示为 | a | 。

与字符常量'a'不同，字符串常量"a"在内存中占 2 字节，可表示为 | a | \0 | 。

5. 符号常量

在 C 语言中，将程序中的常量定义为一个标识符，这个常量就叫符号常量。符号常量必须定义后才能使用，其一般形式为：

```
#define 标识符 常量
```

其中，#define 是一条预处理命令（预处理命令都以"#"开头），称为宏定义命令（在后面预处理程序中将进一步介绍），其功能是把该标识符定义为其后的常量值。一经定义，以后在程序中所有出现该标识符的地方均代之以该常量值。习惯上符号常量的标识符用大写字母表示，变量标识符用小写字母表示，以示区别。

【例 2-4】 定义一个符号常量 PI 表示圆周率，然后使用此符号常量来计算圆的周长。

```
#include <stdio.h>
#define PI 3.1415926            /*定义符号常量，其值为 3.1415926*/
int main ()
{
    float r,l;                  /*r 表示半径，l 表示周长*/
    r=7.0;                      /*半径 r 赋值为 7.0*/
    l=2*PI*r;                   /*计算周长 l*/
    printf("l=%f\n",l);         /*输出周长 l*/
    return 0;
}
```

【运行结果】

```
l=43.982296
```

采用符号常量具有以下几个好处：

（1）可以将复杂的常量定义为简明的符号常量，使得书写简单，而且不易出错。如例 2-4 中，符号常量 PI 被定义为 3.1415926，在程序中书写 PI，显然比书写 3.1415926 要简明，不会输错。

（2）采用符号常量会给修改程序带来方便。比如，在某个程序中使用了某个符号常量 10 次，若需要对这一常量的值进行修改，只需要在宏定义命令中对定义的常量值进行一次更改，而不需要在程序中去寻找每一处分别修改。

（3）增加可读性和移植性。

2.3 数据类型

数据类型

数据类型是按被定义变量的性质、表示形式、占据存储空间的多少、构造特点来划分的。在 C 语言中，数据类型可分为基本类型、构造类型、指针类型、空类型四大类，如图 2-4 所示。

（1）基本类型：基本类型最主要的特点是，其值不可以再分解为其他类型，也就是说，基本类型是自我说明的。

（2）构造类型：该类型是在已定义的数据类型的基础上按一定方式组合而成的。在 C 语言中，构造类型有以下几种：数组类型、结构体类型及共用体类型。

（3）指针类型：指针是一种特殊的并且具有重要作用的数据类型。其值经常用来表示某个变量在内存储器中的地址。

（4）空类型：C 语言程序中，在调用函数值后，通常应向调用者返回一个函数值。如果调用后并不需要向调用者返回函数值，这种函数可以定义为"空类型"，其类型说明符为"void"。

在本章中，我们先介绍基本类型中的整型、浮点型和字符型。其余的类型在后面各章中将陆续介绍。

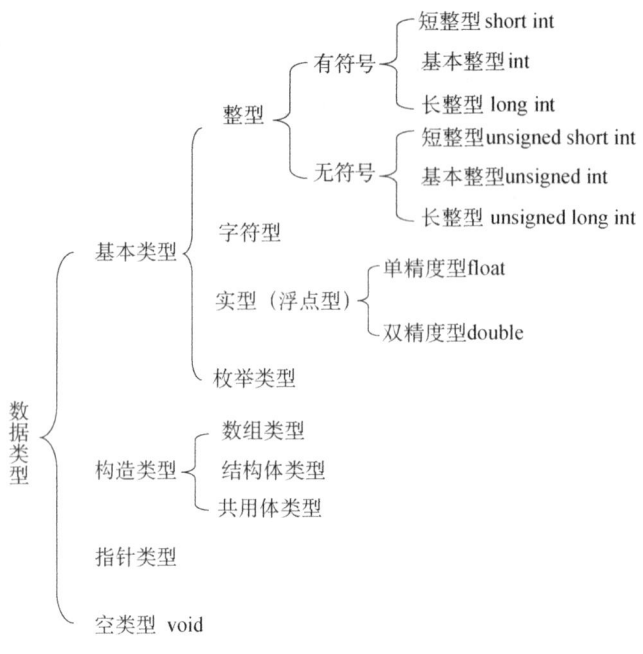

图 2-4　C 语言中的数据类型

2.3.1　变量

变量就是在程序运行过程中其值可能发生变化的量。实质上，变量是计算机语言中能储存计算结果或能表示值的抽象概念。

根据变量的数据类型的不同，系统为每一个变量在内存中分配相应的存储空间，每个变量都有一个名字，通过变量名可以对其存储空间中的内容进行改变或引用，而其存储空间的具体物理地址表示方式为"&变量名"，其中&为取地址运算符。

1. 变量的定义

变量需先定义后使用。变量定义，也叫变量声明或变量说明，就是说明变量的类型，系统根据变量类型分配变量的存储空间字节数（编译系统在对程序进行编译时，根据变量定义的类型为其分配逻辑空间，运行时分配物理的内存空间）。变量的类型决定了其存储数据的范围、精度和参与运算的种类等。

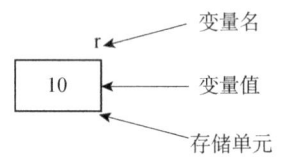

图 2-5　变量的示意图

在变量的使用过程中，变量名和变量值是两个不同的概念。如图 2-5 所示，程序中的变量具有变量名 r、变量值 10 和变量代表的存储单元三要素。

变量定义的一般格式如下：

类型标识符　变量名列表；

其中，类型标识符是指 C 语言允许使用的有效类型，变量名列表由一个或多个变量名组成，若一条语句中定义了多个变量，则变量之间用逗号分隔。

2. 变量的初始化

程序中常需要对一些变量预先设置初值，称为变量的初始化。C 语言允许在定义变量的同时使变量初始化。例如：

```
int a=5;              //定义 a 为整型变量，赋初值为 5
double b=3.1415;      //定义 b 为浮点型变量，赋初值为 3.1415
char c='a';           //定义 c 为字符变量，赋初值为'a'
```

也可以使被定义的变量的一部分进行初始化。例如：

```
int a,b,c=3;          //定义 a,b,c 为整型变量，但对变量 c 初始化为 3
```

如果对几个变量赋予同一个初始值，可以写成：

```
int a=3,b=3,c=3;
```

注意，不能写成"int a=b=c=3;"。

变量的初始化不是在编译阶段完成的，而是在程序运行时执行本函数时赋初值的，相当于执行了赋值语句。例如：

```
int a=3;
```

相当于：

```
int a;        //定义整型变量a
a=3;          //赋值语句，将 3 赋给 a
```

【例 2-5】变量的定义与内存分配。

```c
#include <stdio.h>
int main()
{
  int a,b;
  char c;
  float d;
  scanf("%d,%f",&a,&d);
  printf("各变量单元的地址: a:%p, b:%p, c:%p, d: %p\n",&a,&b,&c,&d);
  b=a;
  printf("各变量的值: a=%d,b=%d,c=%c , d=%f\n",a,b,c,d);
  printf("各变量存储: a—%d 字节; b—%d 字节, c—%d 字节, d—%d 字节\n",
sizeof(a),sizeof(b),sizeof(c),sizeof(d));
  return 0;
}
```

【运行结果】

```
1,1
各变量单元的地址：a:000000000062FE1C, b:000000000062FE18, c:000000000062FE17,
d: 000000000062FE10
各变量的值：a=1,b=1,c=  , d=1.000000
各变量存储：a-4 字节; b-4 字节, c-1 字节, d-4 字节
```

【指点迷津】

（1）变量在定义后获得系统分配的存储单元。

（2）变量在定义后若不赋初值：

① 有些编译器会编译错误。

② 部分编译器为变量指定一个默认值。

（3）当变量接收新的值后，将以新替旧；同时，变量的值可以取出并赋值给其他的量。

【例 2-6】交换两个变量单元的值。

```c
#include <stdio.h>
int main()
```

```
{
    int a,b,t;
    scanf("%d,%d",&a,&b);    //输入变量 a,b 的值
    printf("a=%d,  b=%d\n",a,b); //输出变量 a,b 的值
    t=a;                //变量 a 的值赋值给 t
    a=b;                //变量 b 的值赋值给 a
    b=t;                //变量 t 的值赋值给 b
    printf("a=%d,  b=%d\n",a,b);        //输出交换后变量 a,b 的值
    return 0;
}
```

【运行结果】

```
10,20
a=10,  b=20
a=20,  b=10
```

【指点迷津】

（1）程序中引入了变量 t，t 起临时存储作用。好比要将两个杯子中的牛奶与果汁进行交换，我们需要借用一个空杯子。

（2）如果不引入变量 t，也可以用语句"a=a+b; b=a-b;a=a-b;"实现，请分析这两种方式在执行过程中有何区别。

2.3.2 整型数据

为了控制取值范围和存储空间，C 语言有三种类型的整型：short int、int、long int，且都具有有符号和无符号两种形式。int 为基本整型，short int 表示相对较小的整型，long int 表示相对较大的整型。无符号整型是用所有位来表示数值的，且总为正数。将整数定义为 long 或 unsigned 可以增大所表示的取值范围。修饰符 signed 可以省略，整型默认为有符号形式，且以补码表示。

C 语言中，具体某个整型数据所占内存的字节数及取值范围取决于特定的计算机和编译器。通常，基本整型（即 int 型）占用一个字的存储空间。例如，如果计算机是 16 位的，基本整型用 16 位来表示，用其中的最高位表示符号位，另外 15 位表示数值。

整型数据在取值范围内都是精确存储的，常见的整型所占字节数和取值范围如表 2-2 所示。

表 2-2　常见的整型及其所占字节数和取值范围

名称		数据类型	所占字节数	取值范围
有符号整型	基本	[signed]int	2（16 位编译器） 4（32 位编译器）	$-32768 \sim 32767$（$-2^{15} \sim 2^{15}-1$） $-2147483648 \sim 2147483647$（$-2^{31} \sim 2^{31}-1$）
	短	short [int]	2	$-32768 \sim 32767$（$-2^{15} \sim 2^{15}-1$）
	长	[signed]long [int]	4	$-2147483648 \sim 2147483647$（$-2^{31} \sim 2^{31}-1$）
无符号整型	基本	unsigned [int]	2（16 位编译器） 4（32 位编译器）	$0 \sim 65535$（$0 \sim 2^{16}-1$） $0 \sim 4294967295$（$0 \sim 2^{32}-1$）
	短	unsigned short [int]	2	$0 \sim 65535$（$0 \sim 2^{16}-1$）
	长	unsigned long [int]	4	$0 \sim 4294967295$（$0 \sim 2^{32}-1$）

说明：本书实例调试环境为 Dev C++，基本 int 类型按 4 个字节处理。

下面以 unsigned short 和 short 为例说明整型数据在内存中的存储方式。

（1）unsigned short 类型数据占 2 个字节，16 位全部存储数值，例如：

1	0	0	0	0	0	0	0	0	0	0	0	0	1	1	1

数值大小为 $2^{15}+2^2+2^1+2^0=32768+4+2+1=32775$。

（2）short 类型数据以补码形式存放，占 2 个字节，最高位存储符号位，0 表示正数，1 表示负数。例如：

0	0	0	0	0	0	0	0	0	0	0	0	0	1	1	1

数值大小为 $2^2+2^1+2^0=4+2+1=7$。

而改变符号位后：

1	0	0	0	0	0	0	0	0	0	0	0	0	1	1	1

数值大小为-32761。

计算方法如下：

① 32761 的补码为 0111111111111001（正数的补码与其原码相同）。

② -32761 反码为 1000000000000110（原码的各位取反）。

③ -32761 补码为 1000000000000111（符号位保持不变，反码+1）。

【例 2-7】整型数据的溢出。

```c
#include <stdio.h>
int main()
{
    int a,b;
    a=2147483647;      //a 赋值为 int 型的最大数
    b=a+1;             //a+1 赋值给 b
    printf("a=%d, b=%d\n",a,b);      //输出 a,b
    a=-2147483648;     //a 赋值为 int 型的最小数
    b=a-1;             //a-1 赋值给 b
    printf("a=%d, b=%d\n",a,b);      //输出 a,b
    return 0;
}
```

【运行结果】

```
a=2147483647, b=-2147483648
a=-2147483648, b=2147483647
```

【指点迷津】

（1）a 为整型数据中的最大值 2147483647，其二进制形式为 01111111111111111111111111111111（31 个 1），a+1 后赋值给 b，4 字节变量 b 的二进制形式为 10000000000000000000000000000000（31 个 0）（补码），其对应的十进制数为-2147483648。

（2）同样道理可以分析执行语句 "a=-2147483648;b=a-1;" 后 a，b 的值。

注意：程序运行时发生溢出，系统不会报错。

2.3.3 实型数据

1. 实型数据在内存中的存放形式

实型数据在内存中存储时包括以下三个部分。

（1）符号位：0 代表正，1 代表负。

实型数据

（2）指数部分：用于存储指数形式中的指数数据。

（3）尾数部分：用于存储指数形式中的尾数部分。

例如，实数 3.14159 在内存中的存放形式如图 2-6 所示。

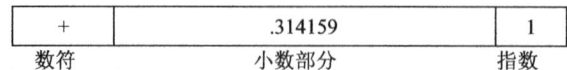

+	.314159	1
数符	小数部分	指数

图 2-6 实数 3.14159 在内存中的存放形式

图 2-6 中，为了直观性，实数是用十进制数来表示的，实际上计算机是用二进制来表示小数部分及 2 的幂次来表示指数部分的。

2. 实型变量的分类

实型数据也称浮点类型，一般情况下采用单精度类型（float）、双精度类型（double）和长双精度（long double）三种形式来存储。

尾数部分和指数部分所占位数的多少由各 C 语言编译系统自定。尾数部分占的位数越多，有效数的位数也就越多，精度也就越高；指数部分占的位数越多，则能表示的取值范围就越大。常见的实型数据所占字节数、有效位及取值范围如表 2-3 表示。

表 2-3 常见的实型所占字节数、有效位及取值范围

名称	数据类型	所占字节数	有效位	取值范围
单精度实型	float	4	6～7	$-3.4 \times 10^{-38} \sim 3.4 \times 10^{38}$
双精度实型	double	8	15～16	$-1.7 \times 10^{-308} \sim 1.7 \times 10^{308}$
长双精度实型	long double	16	18～19	$-1.2 \times 10^{4932} \sim 1.2 \times 10^{4932}$

【例 2-8】实型数据的舍入误差。

```c
#include <stdio.h>
int main()
{
    float a,b;
    a=1234567.888e5;
    b=a+30;
    printf("a=%f\n",a);
    printf("b=%f\n",b);
    return 0;
}
```

【运行结果】

```
a=123456790528.000000
b=123456790528.000000
```

【指点迷津】

（1）程序中语句 "b=a+30;" 理论上 b 的值应比 a 大 30，而程序的输出结果显示的是 a、b 是相同的值。原因是：a 的值比 30 大很多，a+30 的理论值是 12345788830，而一个 float 型变量只能保证的有效数字位数是 6～7 位，后面的数字是无意义的，因此并不能准确地表示该数。

（2）a、b 的输出结果均为 123456790528.000000，说明此编译器中，float 型数据只有前 7 位是有效的准确位。

因此，在以后的数据处理中要避免将一个很大的数和一个很小的数直接相加或相减，否则会丢失小的数。

【例 2-9】两个整数相除。

```c
#include <stdio.h>
int main()
{
    int a=8,b=3;
    float c,d;
    c=a/b;
    d=a*1.0/b;
    printf("a=%d,b=%d\n",a,b);
    printf("c=%f\n",c);
    printf("d=%f\n",d);
}
```

【运行结果】

```
a=8,b=3
c=2.000000
d=2.666667
```

【指点迷津】

（1）a、b 为两个整型变量，a/b 结果也为整型数据 2，截去了小数部分，而不是 2.666667；执行语句"c=a/b;"后，由于 c 是 float 型的，所以 c 的值为 2.000000。

（2）语句"d=a*1.0/b;"先将算式中的分子转换为实型，实型数据与整型数据相除，获得实型数据 2.666667 并赋值给 d。

（3）语句 printf 函数中的"%f"用于指定变量 c、d 以单精度浮点数格式输出，默认输出小数点后 6 位。

从以上结果看出，要慎用两个整数相除。

2.3.4 字符型数据

字符型数据

1. 字符型数据的定义

字符型数据常用于存放字符常量，只能存放一个字符，即用单引号括起来的一个字符，其数据类型说明符为 char。如语句：

```c
char c1,c2;          //定义两个字符型变量
c1='a';c2='b';       //将字符'a'赋值给变量 c1，字符'b'赋值给变量 c2
```

在所有的编译系统中都规定以一个字节来存放一个字符，即一个字符变量在内存中占一个字节。

2. 字符型数据在内存中的存放形式及使用

将一个字符常量存放到一个字符变量中，实际上并不是把字符本身放到内存单元中，而是将该字符的相应 ASCII 编码放到存储单元中。例如，语句"c1='A';"，'A'的 ASCII 值为 65（十进制数），在内存中变量 c1 的值如图 2-7(a)所示，实际上是以二进制形式存放的，如图 2-7(b)所示。

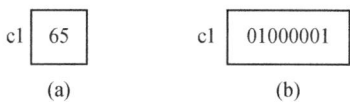

图 2-7 字符型数据在内存中的存放

既然字符型数据在内存中以 ASCII 值存储，它的存储形式与整数的存储形式类似，因

此，字符型数据与整型数据之间可以通用。一个字符型数据既可以以字符形式输出，也可以以整数形式输出；0～255 之间的整数也可以以字符形式输出。

【例 2-10】字符型数据与整型数据之间的通用。

【例 2-10】

```c
#include <stdio.h>
int main()
{
    int a,b,c;
    char c1,c2;
    a=97;
    b=a+3;
    c=128;
    c1='A';
    c2=c1+5;
    printf("b=%d, b=\'%c\'\n",b,b);
    printf("c2=%d, c2=\'%c\'\n",c2,c2);
    printf("c=%d, c=\'%c\' \n",c,c);
    return 0;
}
```

【运行结果】

```
b=100, b='d'
c2=70, c2='F'
c=128, c='€'
```

【指点迷津】

（1）语句"printf("b=%d, b=\'%c\'\n",b,b);"分别以输出格式%d（整型）、%c（字符型）输出 b 的值，b 的值为 100，ASCII 值为 100 对应的字符为'd'。

（2）语句"c2=c1+5;"中 c1 为字符'A'，其 ASCII 值为 65，字符变量 c1 以其 ASCII 值参与运算，得到值 70，c2 获得值 70。

（3）语句"printf("c2=%d, c2=\'%c\'\n",c2,c2);"分别以输出格式%d（整型）、%c（字符型）输出 c2 的值，c2 的值为 70，ASCII 值为 70 对应的字符为'F'。

2.3.5 数据类型之间的转换

数据类型之间
的相互转换

数据类型转换有自动（隐式）类型转换和强制（显式）类型转换。

C 语言在以下 4 种类型中会进行隐式转换：

- 赋值表达式中，右边的值自动隐式转换为左边变量的类型后赋值。
- 算术表达式中，低类型向高类型转换后再进行运算。
- 函数调用参数传递，系统隐式地将实参转换为形参的值。
- 函数有返回值，系统隐式地将返回表达式类型转换为返回值类型。

1. 赋值表达式中隐式转换

当赋值运算符两边的运算对象类型不同时，编译器自动将赋值运算符右侧表达式的类型转换为左侧变量的类型，具体转换规则如下。

（1）实型与整型。将实型数据（单、双精度）赋值给整型变量时，舍弃实型的小数部分，只保留整数部分。例如，执行语句"int a=3.45;"后变量 a 得到的值为 3。

将整型数据赋值给实型变量时，整型数据的数值大小不变，只是把形式改为实型形式，即小数点后面加若干个 0，然后赋值。

（2）单、双精度实型。float 型数据赋值给 double 型变量时只是在尾部加 0 将其延长为 double 型数据，然后赋值。double 型数据赋值给 float 型变量时，通过截尾数来实现，截断前要进行四舍五入操作。

（3）char 型与 int 型。int 型数据赋值给 char 型变量时，只保留其最低 8 位，舍弃其他位。 char 型数据赋值给 int 型变量时，通常 int 型变量得到的是其 ASCII 值，而有一些编译程序在转换时，若 char 型数据的 ASCII 值大于 127，就做负数处理。

（4）int 型和 long 型。假若 int 型占两个字节，long 型数据赋值给 int 型变量时，将低 16 位值赋值给 int 型变量，而将高 16 位截断舍弃。将 int 型数据赋值给 long 型变量时，其数值大小不变，只是把形式改为 long 型再赋值。

假若 int 型占 4 个字节，int 类型与 long 类型之间的相互赋值，不受影响。

（5）无符号整数。将一个 unsigned 型数据赋值给一个长度相同的整型变量时，原值照赋，内部的存储方式不变，但外部值却可能发生改变。将一个 signed 整型数据赋值给长度相同的 unsigned 型变量时，内部存储形式不变，但外部表示时总是无符号的。

2. 算术表达式中的类型转换

算术表达式中的类型转换在编译时由编译程序按照一定规则自动完成，不需人为操作。在混合运算中，C 语言要求参与同一运算的对象的数据类型必须相同。因此，在表达式中如果有不同类型的数据参与同一运算时，编译器就在编译时自动按照规定的规则将其转换为相同的数据类型，转换规则如图 2-8 所示。

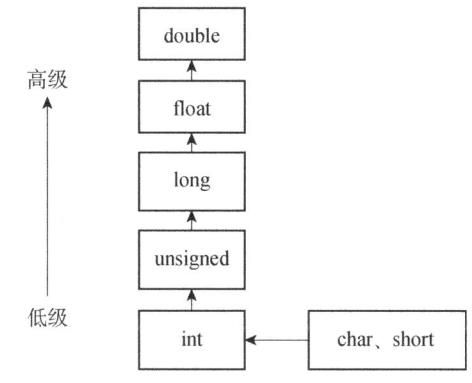

图 2-8　数据类型自动转换规则

说明：

①图中横向箭头表示必须要进行的转换，纵向箭头表示当运算符两边的运算数为不同类型时的转换，如一个 long 型数据与一个 int 型数据一起运算，需要先将 int 型数据转换为 long 型，然后两者再进行运算，结果为 long 型。

②当较低类型的数据转换为较高类型的数据时，一般只是形式上有所改变，而不影响数据的实质内容，而较高类型的数据转换为较低类型的数据时则有些数据可能丢失。

③所有这些转换都是由系统自动进行的，使用时只需从中了解结果的类型即可。当然，C 语言也提供了以显式的形式强制转换类型的机制。

④char 型和 short 型参与运算时，必须先转换成 int 型。

⑤在赋值运算中，赋值号两边量的数据类型不同时，赋值号右边量的类型将转换为左边量的类型。

如果右边量的数据类型长度大于左边量时，将丢失一部分数据，这样会降低精度，丢失的部分按四舍五入向前舍入。

例如，已有如下定义：

```
int i;
float f;
double d;
long e;
```

有如下式子"100-'a'+i/f-d*e"，计算机在执行时从左至右扫描，运算顺序为：

①进行 100-'a'运算，先将'a'转换为 97，运算结果为 3。故表达式变为 3+i/f-d*e。

②由于"3+i/f"中"/"的优先级比"+"高，因此先进行 i/f 运算。先将 i 与 f 都转成 float 型，运算结果为 float 型。

③整数 3 与 i/f 的商相加。先将整数 3 转换为 float，再相加，结果为 float 型。

④进行 d*e 运算。将变量 e 转换为 double 型，积结果为 double 型。

⑤将③的结果与④的结果相减，结果为 double 型。

上述的类型转换是由系统自动完成的。

3. 强制类型转换

强制类型转换的方法是在被转换对象（或表达式）前加类型标识符，其格式是：

（类型标识符）运算对象

例如：（int）3.56 的运算结果为 3。

    float x=2.3;

    "（int）x;"的运算结果为 2。

无论是强制类型转换或是自动类型转换，都只是为了本次运算的需要对变量的数据长度进行的临时性转换，并不改变数据的原始类型。如前面语句"(int)x;"中 x 的类型依然为 float 类型。

【例 2-11】数据类型转换举例。

```
#include <stdio.h>
int main()
{
  int a,b;
  float c=3.8,e=2.7;
  double d=2.5;
  a=(int)c+1.5;
  b=c+d;
  printf("a=%d, b=%d\n",a,b);
  printf("a+c=%f,分配的内存空间:%d 字节\n",a+c,sizeof(a+c));
  printf("a+c+d=%f,分配的内存空间:%d 字节\n",a+c+d,sizeof(a+c+d));
  printf("c+e=%f,分配的内存空间:%d 字节\n",c+e,sizeof(c+e));
  return 0;
}
```

【运行结果】

```
a=4, b=6
a+c=7.800000,分配的内存空间:4 字节
a+c+d=10.300000,分配的内存空间:8 字节
c+e=6.500000,分配的内存空间:4 字节
```

【指点迷津】

（1）语句"a=(int)c+1.5;"中浮点型变量 c 强制类型转换，获得结果 3，3 加 1.5 获得 4.5，由于 a 为 int 型，赋值类型转换，a 获得结果为 4，数据类型为整型。

（2）语句"printf("a+c=%f,分配的内存空间:%d 字节\n",a+c,sizeof(a+c));"中整型数据与浮点型数据相加，获得浮点型数据，所以系统分配给 a+c 的字节数为 4。

（3）语句"printf("a+c+d=%f,分配的内存空间:%d 字节\n",a+c+d,sizeof(a+c+d));"中整型 int、浮点型 float 与双精度 double 类型的混合运算，运算结果为 double 型，所以系统分配给 a+c+d 的字节数为 8。

（4）语句"printf("c+e=%f,分配的内存空间:%d 字节\n",c+e,sizeof(c+e));"中两个浮点型 float 数据相加，结果为 float 型，所以系统分配给 c+e 的字节数为 4。

注意：sizeof()为判断数据类型长度符的关键字，其作用就是返回一个对象或者类型所占的内存字节数。

运算符与表达式

2.4 运算符与表达式

C 语言的主要特点之一就是运算符非常丰富，它把除了控制语句和输入/输出以外的几乎所有的基本操作都作为运算符处理。C 语言的运算符主要分为以下几类。

（1）算术运算符：包括+、-、*、/、%、++、--。

（2）关系运算符：包括>、<、==、<=、>=、!=。

（3）逻辑运算符：包括&&、||、!。

（4）位操作运算符：包括&、|、~、^、<<、>>。

（5）赋值运算符：包括简单赋值（=）、复合算术赋值（+=，-=，*=，/=，%=）和复合位运算赋值（&=，|=，^=，>>=，<<=）。

（6）条件运算符：?:。

（7）逗号运算符：,。

（8）指针运算符：包括*和&。

（9）求字节数运算符：sizeof。

（10）强制类型转换运算符：()。

（11）分量运算符：包括.和->。

（12）下标运算符：[]。

（13）其他：例如，函数调用运算符()。

2.4.1 算术运算符与算术表达式

1. 基本算术运算符

（1）加法运算符或正值运算符"+"：例如，a+b，4+8，+89，+9。

（2）减法运算符或负值运算符"-"：例如，7-5，-62。

（3）乘法运算符"*"：例如，8*5。

（4）除法运算符"/"：例如，9/3。

（5）模运算符"%"：例如，8%5。

说明：

（1）"/"运算符可以作用于整型数据或者实型数据。

● 当"/"运算符作用于整型数据（包括整型、字符型、枚举型等）时，表示整除。它将第一操作数除以第二操作数，整除所得结果会去除所有的小数部分，只保留整数部分的值。例如，5/2 结果为 2。

● 当"/"运算符作用于实型数据时，表示除法，也就是说计算结果是一个实型数据。例如，5.0/2 结果为 2.5。

（2）"%"运算符只能作用于整型数据。例如，7%5 的运算结果为 2。不能够作用于实型数据，也就是说，"%"运算符不能用于 float、double 和 long double 型数据。

2. 自增和自减运算符

C 语言提供了两个与众不同的变量自增、自减运算符，它们依然属于算术运算符。自增运算符"++"对操作数执行加 1 操作；而自减运算符"--"则对操作数执行减 1 操作。自增自减运算符的运算对象只能是变量，它们的运算优先级高于双目的基本算术运算符，其结合性为自右向左。

自增自减运算符有以下 4 种基本形式。

● ++i：表示 i 自增 1 后再参与其他运算。

● --i：表示 i 自减 1 后再参与其他运算。

● i++：表示 i 参与其他运算后，i 自增 1。

● i--：表示 i 参与其他运算后，i 自减 1。

【例 2-12】 自增自减运算符举例。

```c
#include <stdio.h>
int main()
{
  int a,i=7;                          /*i 初值为 7*/
  a=++i;                              /*i 加 1 后赋值给 a,a=8,i=8*/
  printf("a=%d,i=%d\n",a,i++);        /*先输出 a、i 的值 8,i 自增 1 */
  printf("a=%d,i=%d\n",a,i);          /*输出 a、i 的值 8、9*/
  a=i--;                              /*先将 i 的值 9 赋值给 a，i 再自减 1（为 8） */
  printf("a=%d,i=%d\n",a++,++i);      /*先输出 a 值（为 9）、再自增（为 10）；
                                         i 先自增，再输出其值（为 9） */
  printf("a=%d,i=%d\n",a,i);          /*输出 a、i 的值 10、9*/
  printf("a+i=%d\n",++i+a++);         /*i 自增 1 后，与 a 相加，输出其和 20，再
                                         a 自增 1 后值为 10 */
  printf("i=%d\n",i--);              /*输出 i 为 10 后再减 1（为 9）*/
  printf("i=%d\n",-i++);            /*输出-9 后再加 1（为 10）*/
  printf("i=%d\n",i);
  return 0;
}
```

【运行结果】

```
a=8,i=8
a=8,i=9
a=9,i=9
a=10,i=9
a+i=20
i=10
i=-9
i=10
```

3. 算术表达式和运算符的优先级与结合性

C 语言表达式是由常量、变量、函数和运算符组合起来的式子。一个表达式包含一个值和一种类型，它们等于计算表达式所得结果的值和类型。表达式求值按运算符的优先级和结合性规定的顺序进行，单个常量、变量、函数可以看作是表达式的特例。

算术表达式是用算术运算符和括号将运算对象（又称操作数）连接起来的、符合 C 语法规则的式子。例如，下面是一些合法的算术表达式：

```
a+b
(b+3*a+4*i)/c
```

```
(x+y)*23-(a1+b1)／89
++i
sin(x)+sin(y)
(++i)-(j++)
```

类似数学中的"先乘除后加减"规则，在 C 语言中，各个运算符的优先级不同。二元运算符"+"（加）和"-"（减）具有相同的优先级，但其优先级比运算符"*""/""%"低。运算符"*""/""%"的优先级又比一元运算符"+"（正）和"-"（负）低。二元运算符（双目运算符）的结合规则（结合性）是从左向右（即从左边开始向右边匹配），而一元运算符（单目运算符）的结合性是自右向左。

算术表达式类似数学上的公式，但不能把算术表达式误写成对应的数学公式。C 语言算术表达式的书写规则如下：

（1）运算符不能缺省。例如，数学公式 3a+2b，正确的 C 语言表达式为 3*a+2*b。

（2）写在同一行，数学中的求算术平方根、以自然对数 e 为底数的指数函数等要调用函数 sqrt()、exp()。

（3）多层括号一律使用圆括号，而不能用中括号或大括号。

（4）C 语言基本字符集之外的字符不能出现在表达式中，如 π、ζ、α 等。

例如，公式 $\dfrac{-b+\sqrt{b^2-4ac}}{2a}$*，合法的 C 语言表达式为（-b+sqrt（b*b-4*a*c））／（2*a）。

2.4.2　赋值运算符与赋值表达式

赋值运算符与赋值表达式

赋值运算符的功能为计算赋值号右边表达式的值，将计算所得结果赋给左边的变量，若其两侧的类型不一致但都是可以相互转换的类型（数值型、字符型），则在赋值前将进行数值转换。

1. 赋值运算符与赋值表达式

C 语言中将赋值操作归为一种运算。赋值运算符记为"="。由"="连接的式子称为赋值表达式。它的作用就是将一个数据赋给一个变量，或者将一个表达式的值赋给一个变量。其一般形式为：

变量=表达式

赋值表达式的求解过程：先计算赋值运算符右边表达式的值，再将该值赋给左边的变量，同时整个赋值表达式的值就是表达式的值。实际过程是将赋值运算符右边的表达式的值存放到左边变量名标识的存储单元中。

例如，"a=52"就是把常数 52 的值赋给 a；"b=45*3"是先计算表达式"45*3"的值为"135"，然后赋给变量"b"。

赋值运算符具有右结合性。例如，a=b=c=3 可理解为 a=(b=(c=3))。

在 C 语言中，凡是表达式可以出现的地方均可出现赋值表达式。例如，a=(b=3)+(c=5)是合法的。计算过程是把 3 赋值给 b，5 赋值给 c，b 与 c 之和赋给 a，故 a 的值为 8，b 的值为 3，c 的值为 5。

注意：赋值表达式中，赋值运算符左边必须是变量，右边可以是常量、变量、函数调用或常量、变量函数调用组成的表达式。赋值符号"="不同于数学中的等号，它没有任何相等的含义。例如，x=a+b、w=sin(a)+sin(b)、y=i+++--j 都是合法的赋值表达式。

＊　注：为了与程序中的变量保持正斜体一致，正文中的变量也用正体表示，下同。

2. 复合赋值运算符及复合表达式

在赋值运算符"＝"之前加上其他双目运算符可构成复合赋值运算符。C 语言规定可以使用 10 种复合赋值运算符，即+=，-=，*=，／=，%=，<<=，>>=，&=，^=，|=。前 5 种是算术运算符与赋值运算符结合而成的，后 5 种是位运算符与赋值运算符结合而成的。

构成复合赋值表达式的一般形式为：

变量　复合赋值运算符　表达式

它的求值过程为：

（1）求出右边表达式的值。

（2）右边表达式的值与左边的变量值进行运算。

（3）将（2）中的运算结果赋值给左边的变量。

例如：

```
a+=5;      /*等价于 a=a+5*/
x*=y+7;    /*等价于 x=x*(y+7)*/
r%=p;      /*等价于 r=r%p*/
```

复合赋值符这种写法，对初学者可能不习惯，但十分有利于编译处理，既可以简化程序，使程序精练，又能提高编辑效率。

同时，赋值表达式也可以包含复合赋值运算符，并且也是右结合性的。例如，a+=a-=a*=a，相当于 a+=(a-=(a*=a))。

2.4.3 关系运算符与关系表达式

1. 关系运算符

C 语言中，比较两个数，并根据它们的关系做出某些判断时，就需要用关系运算符来实现。比较两个量的运算符称为关系运算符。

C 语言总共支持 6 种关系运算符，如表 2-4 所示。

关系运算符与
关系表达式

表 2-4　关系运算符

运 算 符	含 义	备 注
<	小于	优先级相同
<=	小于等于	
>	大于	
>=	大于等于	
==	等于	优先级相同、其优先级低于前 4 个
!=	不等于	

关系运算符都是双目运算符，其结合性均为左结合。关系运算符的优先级低于算术运算符，高于赋值运算符。如果在关系运算符的一侧有算术表达式，那么就要首先计算算术表达式，然后再将结果进行比较。

2. 关系表达式

含有关系运算符的表达式，称为关系表达式。关系表达式的一般形式为：

表达式 1　关系运算符　表达式 2

关系表达式的运算结果是一个逻辑值，即为 1（表示"真"）或 0（表示"假"）。

【例 2-13】关系运算符举例。

```
#include <stdio.h>
int main()
{
    int a=5,b=2,c=3,d=8;
    int x1,x2,x3;
    x1=a>c>b;
    x2=d-5<a-3;
    x3=a>(c>b);
    printf("%d,%d,%d\n",x1,x2,x3);
    return 0;
}
```

【运行结果】

```
0,0,1
```

【指点迷津】

（1）语句 "x1=a>c>b;" 中，先 a 与 c 作比较，结果为真，即值为 1，然后 1 与 b 作比较，结果为假，故值为 0。

（2）语句 "x2=d-5<a-3;" 中，算术运算符优先级高于关系运算符，故先计算 d-5，结果为 3，再计算 a-3，结果为 2，3 与 2 作比较，结果为假，故值为 0。

（3）语句 "x3=a>(c>b);" 中，先对括号中的 b 与 c 作比较，结果为真，值为 1；再比较 a 与 1，结果为真，值为 1。

2.4.4　逻辑运算符与逻辑表达式

1. 逻辑运算符

C 语言中提供了 3 种逻辑运算符：&&（与运算符）、||（或运算符）、!（非运算符）。&&（与运算符）和 ||（或运算符）为双目运算符，具有左结合性。!（非运算）为单目运算符，具有右结合性。

逻辑运算符与
逻辑表达式

三种运算符的优先级依次为 !（非运算）> &&（与运算）> ||（或运算）。

逻辑运算的结果只有 1 或 0，逻辑运算符的运算规则如表 2-5 所示。

表 2-5　逻辑运算符的运算规则

a	b	a&&b	a||b	!a
0	0	0	0	1
0	非 0	0	1	1
非 0	0	0	1	0
非 0	非 0	1	1	0

（1）与运算符 &&，参与运算的两个运算对象均为非 0 时，结果才为 1，否则为 0。例如，5>3 && 2>1，由于 5>3 逻辑运算结果为 1，4>2 逻辑运算结果为 1，逻辑与的结果为 1。

（2）或运算符 ||，参与运算的两个运算对象只要有一个为非 0，其结果就为 1。

（3）非运算符 !，参与非运算的运算对象为非 0 时，结果为 0；运算对象为 0，结果为 1。例如，!(2>1) 的结果为 0。

2. 逻辑运算表达式

有两个或多个关系表达式或逻辑量组合的表达式，称为逻辑表达式或复合关系表达式。

逻辑表达式的一般形式为：

[表达式1] 逻辑运算符 表达式2

【例2-14】 逻辑运算符举例。

```
#include <stdio.h>
int main()
{
    int a=5,b=3,c=8,d=6;
    int x1,x2,x3;
    x1=a>=b&&c<d;      //a>=b 值为1, c<d 值为0, 即 1 && 0
    x2=!a+b>c;         // !a 值为0, !a+b 值为3, 再比较 3 与 8, 值为0
    x3=a<b||d;         //a<b 值为0, 即 0||d (d等于 6, 非 0 数据)
    printf("%d,%d,%d\n",x1,x2,x3);
    return 0;
}
```

【运行结果】

```
0,0,1
```

2.4.5　逗号运算符与逗号表达式

在C语言中逗号"，"也是一种运算符，称为逗号运算符。逗号运算符的优先级是所有运算符号中最低的，其结合性为自左向右。

逗号运算符与逗号表达式

其功能是把两个表达式连接起来组成一个表达式，称为逗号表达式。其一般形式为：

表达式1，表达式2，……，表达式n

其求解过程是分别求解表达式1，表达式2，一直求到表达式n的值，整个逗号表达式的值是表达式n的值。例如：

```
i=0,j=0,k=0;
k=++i,j=++i;
```

程序中使用逗号表达式，通常要分别求逗号表达式内各表达式的值，并不一定要求整个逗号表达式的值。

【例2-15】 逗号运算符应用。

```
#include <stdio.h>
int main()
{
  int a=2,b=4,c=6,x,y;
  y=(x=a+b),(b+c);
  printf("y=%d,x=%d\n",y,x);
  printf("%d,%d,%d",(a,b,c+a),b,c);
  return 0;
}
```

【运行结果】

```
y=6,x=6
8,4,6
```

【指点迷津】

（1）程序中，"y=(x=a+b),(b+c)"是一个逗号表达式，x和y都赋值为6，但逗号表达式的值为10。

（2）最后一个 printf 函数的 3 个参数中的一个参数"（a,b,c+a）"是一个逗号表达式，它的值是 c+a 的值，等于 8。

2.4.6　条件运算符与条件表达式

条件运算符与
条件表达式

1. 条件运算符

C 语言中有一种特殊的运算符，即条件运算符，它由"？"和"："构成，它是唯一的三目运算符，即需要三个运算对象。

2. 条件表达式

由条件运算符和运算对象连接而成的表达式称为条件表达式，条件表达式可用来处理简单的选择问题。其一般形式为：

表达式 1？表达式 2：表达式 3

其求解过程为：先求表达式 1，若其值为真（非 0）则将表达式 2 的值作为整个表达式的取值，否则（若表达式 1 的值为 0）将表达式 3 的值作为整个表达式的取值。

例如，a=3,b=5，则语句"max=(a>b)?a:b;"中 max 的值为 5。分析：表达式 1（a>b）结果为假，故表达式 3 中 b 的值是整个条件表达式的值，赋值给 max。

说明：

（1）条件运算符的优先级高于赋值、逗号运算符，而低于其他运算符。例如：

b>0?a+b:a-b 表达式的值为输出 a+|b|值，等价于(b>0)?(a+b):(a-b)。

a>b?a:b 表达式的值为 a 与 b 的最大值，等价于(a>b)?a:b。

（2）条件运算符结合方向为自右向左。例如：

sizeof 运算符

a>b?a:c>d?c:d 等价于 a>b?a:(c>d?c:d)。

a>b?a:c>d?c:d>e?d:e 等价于 a>b?a:(c>d?c:(d>e?d:e))。

2.4.7　sizeof

长度运算符 sizeof 是单目运算符，它用于确定一个对象所需的存储空间的大小，即存储该对象所需的内存字节数，它的优先级为 2，结合方向为自右向左。用它构成的表达式的一般形式为：

Sizeof (数据类型名)或 sizeof (变量名)

【例 2-16】长度运算符 sizeof 举例。

```c
#include <stdio.h>
int main()
{
    int a=3;
    float f=2.35;
    double e=1;
    printf("sizeof(a)=%d,sizeof(int)=%d\n",sizeof(a),sizeof(int));
    printf("sizeof(f)=%d,sizeof(float)=%d\n",sizeof(f),sizeof(float));
    printf("sizeof(e)=%d,sizeof(double)=%d\n",sizeof(e),sizeof(double));
    printf("sizeof(char)=%d\n",sizeof(char));
    return 0;
}
```

【运行结果】

```
sizeof(a)=4,sizeof(int)=4
sizeof(f)=4,sizeof(float)=4
sizeof(e)=8,sizeof(double)=8
sizeof(char)=1
```

运算符的优先级
和结合性

2.4.8 运算符的优先级和结合性

运算符优先级就是当一个表达式中有多个运算符时，先计算谁，后计算谁。例如：3+2*4-6，先进行*计算，再进行+、-运算。

此外运算符还有"目"和"结合性"的概念。"目"就是运算对象，可以理解为"眼睛"，一个运算符需要几个数就叫"几目"。比如加法运算符（+），要使用这个运算符需要两个数，如 3+2。对加法运算符（+）而言，3 和 2 就像它的两只眼睛，所以这个运算符是双目的。那么"结合性"是什么呢？上面讲的优先级都是关于优先级不同的运算符参与运算时先计算谁后计算谁。但是如果运算符的优先级相同，那么先计算谁后计算谁呢？这个就是由"结合性"决定的。比如 1+2*3/4，乘和除的优先级相同，但是计算的时候是从左往右的，即先计算乘再计算除，所以乘和除的结合性就是从左往右。

C 语言中大多数的运算符都是双目的，也有单目和三目的。单目运算符比如逻辑非，它就只有一只"眼睛"，所以是单目的。整个 C 语言中只有一个三目运算符，即条件运算符 (? :)。

所有运算符中，逗号运算符的优先级最低。

C 语言中大多数运算符的结合性都是从左往右，只有三个运算符的结合性是从右往左，包括单目运算符、三目运算符及双目运算符中的赋值运算符（=）。双目运算符中只有赋值运算符的结合性是从右往左，其他的都是从左往右。运算符的"结合性"不要死记，在不断使用中就记住了。

例如，如下的条件语句：

```
if(x==10+15&&y<10)
```

优先级规则表明，加法运算符的优先级比逻辑运算符（&&）和关系运算符（==和<）更高。因此，先进行 10 加 15 的加法运算，就相当于：

```
if(x==25&&y<10)
```

下一步就是确定 x 是否等于 25，y 是否小于 10。假设 x 为 20，y 为 5，那么 x==25 为 FALSE，y<10 为 TRUE，最后可得到：

```
if(FALSE&&TRUE)
```

由于其中有一个条件为 FALSE，所以整个条件为假。

2.5 本章小结

本章首先介绍了 C 语言中的字符集、关键字及标识符，之后介绍了有关常量和变量的知识及如何对变量进行赋值，最后介绍了数据类型及数据类型的分类和运算符及表达式。通过本章的学习，读者对这些基本的概念有了一个初步了解，为后面知识的学习奠定基础。

习题

一、单项选择题

1. 以下（　　）是不合法的用户标识符。
   A. f2_G3　　　　　　B. If　　　　　　　C. 4d　　　　　　　D. _8

2. 以下选项中，不正确的 C 语言浮点型常量是（　　）。
   A. 160.　　　　　　B. 0.12　　　　　　C. 2e4.2　　　　　D. 0.0

3. 以下选项中，（　　）是不正确的 C 语言字符型常量。
   A. 'a'　　　　　　B. '\x41'　　　　　C. '\101'　　　　　D. "a"

4. 若变量已正确定义，以下（　　）是非法的表达式。
   A. a/=b+c　　　　　　　　　　　B. a%(4.0)
   C. a=1/2*(x=y=20,x*3)　　　　　D. a=b=c

5. 在 C 语言中，字符型数据在计算机内存中，以字符的（　　）形式存储。
   A. 原码　　　　　　B. 反码　　　　　　C. ASCII 码　　　　D. BCD 码

6. 若 x、i、j 和 k 都是 int 型变量，则计算下面表达式后，x 的值是（　　）。
   $$x=(i=4, j=16, k=32)$$
   A. 4　　　　　　　B. 16　　　　　　　C. 32　　　　　　　D. 52

7. 算术运算符、赋值运算符和关系运算符的运算优先级按从高到低依次为（　　）。
   A. 算术运算符、赋值运算符、关系运算符
   B. 算术运算符、关系运算符、赋值运算符
   C. 关系运算符、赋值运算符、算术运算符
   D. 关系运算符、算术运算符、赋值运算符

8. 设整型变量 m,n,a,b,c,d 的值均为 1，执行(m=a>b)&&(n=c>d)后，m，n 的值是（　　）。
   A. 0，0　　　　　B. 0，1　　　　　C. 1，0　　　　　D. 1，1

9. 设有语句"int a=3;"，则执行了语句"a+=a-=a*=a;"后，变量 a 的值是（　　）。
   A. 3　　　　　　　B. 0　　　　　　　C. 9　　　　　　　D. -12

10. 在以下一组运算符中，优先级最低的运算符是（　　）。
    A. *　　　　　　　B. !=　　　　　　　C. +　　　　　　　D. =

11. 设整型变量 i 的值为 2，表达式(i++)+(i++)+(++i)的结果是（　　）。
    A. 6　　　　　　　B. 10　　　　　　　C. 15　　　　　　D. 表达式出错

12. 若已定义 x 和 y 为 double 类型，则表达式"x=1,y=x+3/2"的值是（　　）。
    A. 1　　　　　　　B. 2　　　　　　　C. 2.0　　　　　　D. 2.5

13. sizeof (double)的结果是（　　）。
    A. 8　　　　　　　B. 4　　　　　　　C. 2　　　　　　　D. 出错

14. 设 a=1，b=2，c=3，d=4，则表达式"a<b? a : c<d? a : d"的结果为（　　）。
    A. 4　　　　　　　B. 3　　　　　　　C. 2　　　　　　　D. 1

15. 设 a 为整型变量，下列不能正确表达数学关系"10<a<15"的 C 语言表达式是（　　）。
    A. 10<a<15　　　　　　　　　　B. a= =11|| a= =12 || a= =13 || a= =14
    C. a>10 && a<15　　　　　　　　D. !(a<=10) && !(a>=15)

16. 设 f 是实型变量，下列表达式中不是逗号表达式的是（　　）。
    A. f= 3.2, 1.0　　B. f>0, f<10　　C. f=2.0, f>0　　D. f=(3.2, 1.0)

17. 已知字母 A 的 ASCII 值为十进制数 65，且 c2 为字符型，则执行语句 "c2='A'+'6'-'3';" 后 c2 中的值是（   ）。

    A. D   B. 68   C. 不确定的值   D. C

18. C 语言中，要求运算对象只能为整数的运算符是（   ）。

    A. %   B. /   C. >   D. *

19. 若有说明语句 "char c='\72';"，则变量 c 在内存中占用的字节数是（   ）。

    A. 1   B. 2   C. 3   D. 4

20. 字符串"ABC"在内存中占用的字节数是（   ）。

    A. 3   B. 4   C. 6   D. 8

21. 设 ch 是 char 型变量，其值为'A'，则下面表达式的值是（   ）。

$$ch=(ch>='A'\&\&ch<='Z')?(ch+32):ch$$

    A. A   B. a   C. Z   D. z

22. "int n; float f=13.8;" 执行 "n=((int)f)%3" 后，n 的值是（   ）。

    A. 1   B. 4   C. 4.333333   D. 4.6

二、判断题

1. C 语言中，数值转换为逻辑值时，非 0 值表示 true，0 表示 false；若表达式取得 true 值时，结果为 1，取得 false 值时，为 0。（   ）

2. 为了确保表达式 n/2 的值为 float 型，可写成 float(n/2)。（   ）

3. 若有（float）x，则 x 变成 float 型变量。（   ）

4. a 是实型变量，可以进行赋值 a=10，因此实型变量中允许存放整型值。（   ）

5. 在赋值表达式中，赋值号左边既可以是变量也可以是任意表达式。（   ）

6. 执行表达式 a=b 后，在内存中 a 和 b 存储单元中的原值都将被改变，a 的值已改变为 b 的值，b 的值改变为 0。（   ）

7. 先有赋值语句 a=3，b=5，在执行 a=b，b=a 后，a 的值为 5，b 的值为 3。（   ）

8. getchar( )和 scanf()均为输入函数，它们之间可通用，没有任何区别。（   ）

9. 执行语句 scanf("%6.3f",&a)后，输入 123456 可使 a 的值为 123.456。（   ）

10. 使用 scanf()函数，在输入数据时，若遇非法输入则认为该数据输入结束。（   ）

11. 设 a=5，b=6，c=7，d=8，m=2，n=2，执行(m=a>b)&&(n=c>d)后表达式的值为 0。（   ）

12. C 语言中无逻辑变量，也无逻辑表达式。（   ）

第 3 章　算法和流程图

了解 C 语言的基本语法和结构后，就具备了用 C 语言解决实际问题的能力。解决问题需要有一定的条理和步骤。本章讲述算法和流程图，可以帮助读者更好地思考解题思路，从而编写结构更规范、语言结构更好的高质量程序。

3.1　算法基础

3.1.1　程序与算法

计算机程序一般包括数据结构和算法。

数据结构：对数据的描述，包括数据的存储和组织方式。

算法：包含数据操作和控制结构。

C 语言中，对数据的操作主要包括算术运算（+、−、*、/、%、++、−−）、关系运算（>、<、==、<=、>=、!=）、逻辑运算（&&、||、!）、位运算（&、|、~、^、<<、>>）、赋值运算（简单赋值=；复合算术赋值+=、−=、*=、/=、%=；复合位运算赋值&=、|=、^=、>>=、<<=）、条件运算（? :）、逗号运算（,）、指针运算（*和&）、求字节运算（sizeof）、强制类型转换运算、分量运算（.和->）、下标运算（[ ]）及函数调用运算等。

控制结构是指控制组成算法的各操作的执行顺序，C 语言的三种基本结构是顺序结构、选择结构和循环结构。

一般而言，算法是有穷规则的集合，这些规则确定了解决某个特定问题的运算序列。广义地讲，算法是指处理和解决问题的步骤和方法。许多问题的解决都有自己的算法，而且在特定的解决某个问题时，允许有很多算法，一般都会选择最有效的算法。编写程序的关键就是要合理地组织数据、设计算法。例如，早上你起床发现时间比较紧，就需要一个最快的处理内务以便可以出门的方案，比如可以先在电饭煲里做个早饭，在这个做早饭的时间里就可以去叠被子、洗漱、更衣，而当这一切都处理完以后，早饭也在电饭煲里烹煮完毕，然后把早饭打包就可以出门了。这些早上起床后执行一系列动作的过程就可以称作算法。

计算机算法往往具有以下特点：有穷性、确切性、有 0 个或多个输入项、有 1 个或多个输出项、可行性。

有穷性：算法在一定次数的操作后可以停止，而不会无穷无尽地执行下去。

确切性：算法中的每一个步骤都必须有其特定的意义。

有 0 个或多个输入项：每个算法中可以有 0 个或 0 个以上的输入项，即给算法一个初始条件。

有 1 个或多个输出项：输出项即对算法执行结果的展现，每个算法中至少要有 1 个输出项，没有输出项的算法是没有意义的。

可行性：又称有效性，是指每一个操作步骤都能在有效的时间内完成。

3.1.2　简单实例

下面对一些简单的算法进行举例。

【例 3-1】给出一个年份，要求判断它是否是闰年。

【任务描述】

如果一个年份是闰年，那么它应当满足以下两个条件的其中之一：①年份能被 400 整除；②年份能被 4 整除且不能被 100 整除。算法描述如下：

Step 1：输入需要判断的年份。
Step 2：判断其是否能被 400 整除，若是，转到 Step 4，若否，则进入下一步。
Step 3：判断其是否能被 4 整除，同时不能被 100 整除，若是，转到 Step 4，若否，转至 Step 5。
Step 4：输出"该年份是闰年"，转至 Step 6。
Step 5：输出"该年份不是闰年"，转至 Step 6。
Step 6：判断是否要继续输入年份继续判断，若是，则再次进入 Step 1 执行算法，若否，则结束进程。

【例 3-2】寻找 101～1000 中所有的素数并逐个输出。素数是在大于 1 的自然数中，除 1 和它本身以外不能被其他数整除的自然数。

【任务描述】对于这个问题，进行如下思考：用循环遍历 101～1000 之间的所有数，对每个数，都用该数除以从 2 到该数减 1 的每一个数，若能被其中某个数整除，则此数不是素数；若不能被其中任意数整除，则此数是素数。

例如，被判断的数是 111，用 111 除以 2～110 之间的数，当除数为 3 时，整除后余数等于 0，则可以判断这个数不是素数。又如，被判断的数是 113，用 113 除以 2～112 之间的数，113 整除所有的数后，余数都不等于 0，则可以判断这个数是素数。

当某数判断执行完毕后（得出这个数是否为素数的结论），继续对下一个数进行判断，直到判断所有的数是否为素数。

算法描述如下：

Step 1：将执行数输入算法中。
Step 2：判断执行数是否能被 2 整除，若是，则转入 Step 4，若否，则进而判断执行数是否能被 3 整除，如此循环使除数增加至 100，若依旧没有整除，则判定其为素数，转入 Step 3。
Step 3：输出"xxx 为素数"。
Step 4：将刚才的执行数加 1 后，判断其是否超过 1000，若是，则结束程序，若否则将加 1 后的数转入 Step 1 进行算法执行。

请读者思考：如下算法是否可行？如果可行，则算法循环的次数会大大减少吗？请分析并完成算法描述。

（1）除数的范围可以缩小至从 2 到该数的平方根。
（2）被除数（被判断的数）的范围缩小到奇数。

3.2　算法的表示

算法的表示方法有很多种，清晰明确地表示算法对于提高程序的编写效率有很大的帮助，以下将介绍一些常见的方法，包括自然语言法、流程图表示法、N-S 图表示法、伪代码表示法及计算机语言表示法等。

3.2.1　用自然语言表示算法

自然语言，就是人们日常生活中用到的语言，如 3.1.2 中的算法就是使用自然语言来实现的。自然语言表示算法，语言比较通俗易懂，受众面比较大，但是由于自然语言考虑了文字的易懂性，表达就会变得冗长。而且由于中文的多变性，很容易因表意不明而发生歧义。举个简单的例子：他想起来了。这里执行的命令是想起来了，但是这个"想起来了"是他想起了什么事，还是说他想起身了，在单个的执行语句中根本无法得知，必须结合上下文才可以得到明确的指令。

【例 3-3】用自然语言表示如下算法：输入一个整数 x，若其小于 1，则直接输出该数；若大于 1 则对其进行运算，运算要求为从 1 加至该数求和。

若用顺序结构描述算法如下：

Step 1：开始运行，输入一个整数 x。
Step 2：判断该数是大于 1 还是小于 1，若大于 1，转入 Step 4，若小于 1 转入 Step 3。
Step 3：输出"这个数是 x"，结束。
Step 4：进行加和运算。1+2+3+……+x 将和赋值给 sum。
Step 5：输出"对其求和的结果为 sum"，结束。

3.2.2　用流程图表示算法

流程图是使用图形和文字说明来表示算法的一种方式。常用的流程图符号及说明如表 3-1 所示。

表 3-1　常用的流程图符号及说明

图形符号	名称	作用说明
	起止框	用来说明算法的开始或结束
	输入/输出框	用于执行算法中数据的输入和输出命令
	判断框	判断算法的某数据是否满足判断条件
	执行框	对算法执行某项指令
	流程线	用于连接各个命令框
	连接点	在换行时作为连接流程图的接口
	注释框	用于对一些必要的流程做一些解释以增加可读性

这 7 种基本元素可以基本实现算法的基本要求。流程图的绘制需要遵循一定的法则，一般的流程图绘制顺序是从上至下，从左至右，此时的流程线允许不加箭头。但是如果采用从下至上或从右至左的方式，则必须对流程线加箭头。流程图框内的文字说明应尽量简洁，如果文字说明无法全部写在符号框中，则可以插入注释框，若注解框干扰或影响图形的流程，

则应在另外一页正文上注明引用符号。基本元素在绘制中的使用方法如图 3-1 所示。

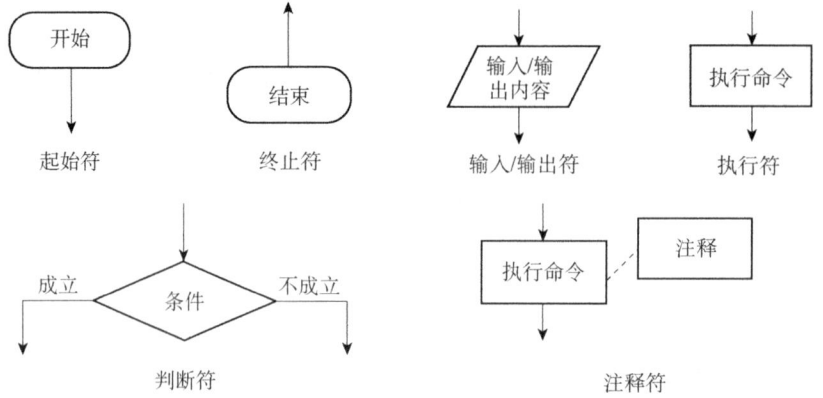

图 3-1　基本元素在绘制中的使用方法

对于起止符（起始符和终止符），一般只有进或出单方向的箭头，每个算法中的起止符各有且仅有一个；输入/输出符和执行符一般既有进方向的箭头，又有出方向的箭头；判断符则有一个入口和两个出口，分别是条件成立和不成立执行的不同命令；注释符一般不需要箭头，它起到解释的作用，对整个算法的执行不起到其他作用。连接符一般用在换行（列）处，在前一行（列）的末尾和后一行（列）的开始处插入，以体现整个算法的连贯性；流程线不允许互相交叉，如果不得已必须交叉，则使用弧形跨越区分，如图 3-2 所示。

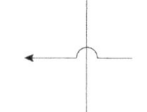

图 3-2　使用弧形跨越区分的流程线

对于 C 语言的顺序结构、选择结构、循环结构这三种基本结构，用流程图都可以比较容易地表示，如图 3-3 所示。

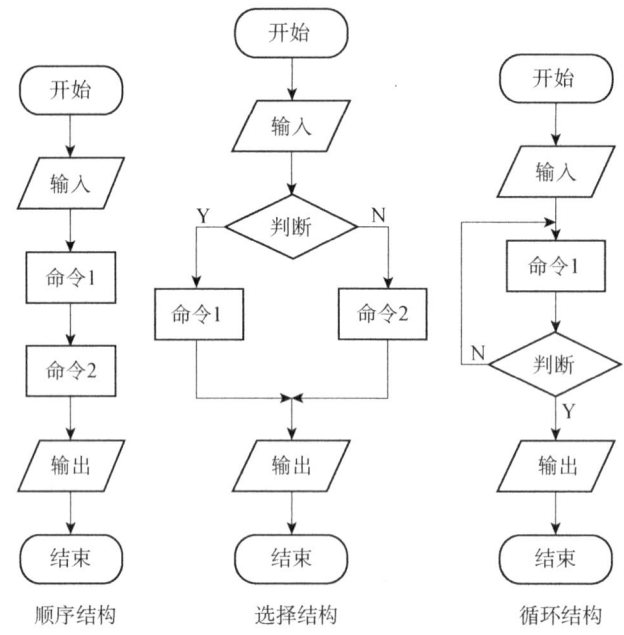

图 3-3　流程图表示三种基本结构

【例 3-4】用流程图表示如下算法：输入一个整数 x，若其小于 1，直接输出该数；若大于 1 则对其进行运算，运算要求为从 1 加至该数求和。

流程图如图 3-4 所示。

3.2.3 用 N–S 图表示算法

N-S 图，又称盒图，是 1973 年由美国学者发明的，其特点是完全去掉了箭头，将所有的算法都写在一个矩形框内，里面可以嵌套各种结构，相当于写完一个算法后，将它们全部包裹进同一个矩形框中。

三种基本结构用 N-S 图表示如图 3-5 所示。

图 3-5 中，顺序结构按照矩形框的次序从上自下顺序依次执行命令 1、命令 2 和命令 3。

选择结构，受到最上方条件的影响，若条件成立，则执行命令 1；若条件不成立，则执行命令 2。

循环结构有两种表示方法，第一种是只要条件 1 成立，就执行命令 1；另一种是一直执行命令 2，直到条件 2 成立。

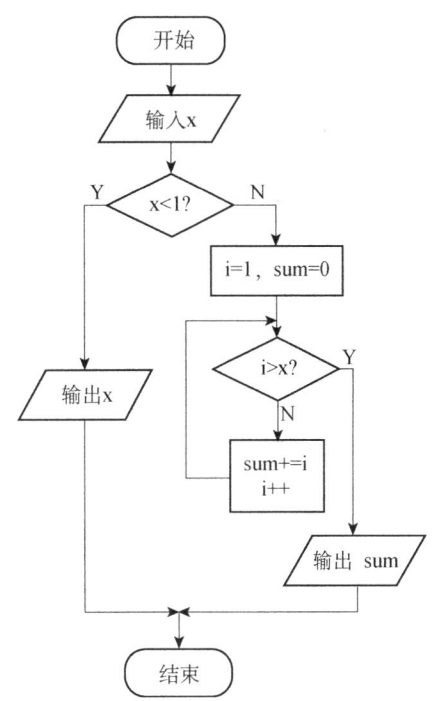

图 3-4 流程图表示例 3-4 算法

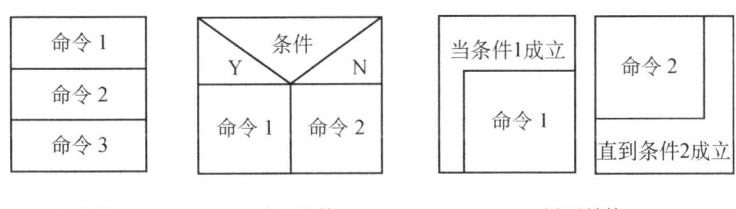

图 3-5 N-S 图表示三种基本结构

【例 3-5】用 N-S 图表示例 3-4 中的算法如图 3-6 所示。

3.2.4 用伪代码表示算法

在前面的几种方法中我们可以明显地看到，用图像表示算法，非常清晰直观。但是当整个算法并没有完全确定下来之前，往往需要复杂频繁的修改，而此时修改图像就会变得非常麻烦。因此，为了修改和设计方便，常常会使用伪代码。

伪代码是一种非正式的语言，它介于计算机语言和自然语言之间，用文字和符号来表示算法，而不使用图形符号。这样不仅易于修改，而且便于向计算机语言进行过渡。而且，伪代码没有固定和严格的语法规则，没有语言种类的要求限制，只要求书写清晰明确，可读性好即可。

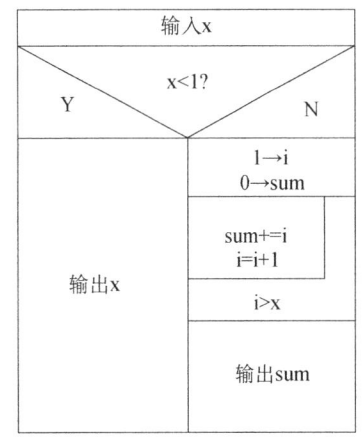

图 3-6 用 N-S 图表示例 3-4 算法

【例 3-6】 用伪代码表示例 3-4 中的算法。

```
begin
scan→x
if (x<1)
   print x
else
   sum=1+2+…+x
print sum
end
```

【例 3-7】 用伪代码表示如下算法：判断 2000 年是不是闰年并输出判断结果。

```
begin
2000→year
if ((year%400==0)||((year%100!=0)&&(year%4==0)))
     print 是闰年
else
     print 不是闰年
end
```

从上述例子可以看到，伪代码在编写时更加容易修改，但是因为其语言没有那么直观，一定程度上可能导致虽然有逻辑错误但是没有被发现的可能性。但是如果是结构化的算法，选择伪代码可以得到比较好的效果。

3.2.5 用计算机语言表示算法

上述已经介绍很多种类型的算法，当然，作为计算机课程，更重要的是掌握利用计算机语言实现算法的方法。

计算机语言实现算法与伪代码不同，计算机语言实现算法必须严格遵守计算机语言的语法规则和语言要求，比如利用 C 语言实现算法，必须遵循 C 语言的语法规范。

【例 3-8】 用 C 语言表示例 3-4 中的算法。

```
#include <stdio.h>                        //预处理命令
int main()
{
    int x,sum,i;                          //定义 x,sum,i 为整型变量
    printf("please input an int number:");  //输出提示信息
    scanf("%d",&x);                       //输入一个整数
    if (x<1)                              //判断 x 是否小于 1
        printf("%d",x);                   //若条件成立则输出 x 的值
    else                                  //若条件 x<1 则不成立
    {
        {
           sum=0;                         //将 sum 赋值为 0
           for(i=1;i<=x;i++)              //i 的初值为 1，终止为 x，每循环
                                          //一次增加 1
               sum+=i;                    //求和运算执行 sum=sum+i
        }
        printf("%d",sum);                 //输出从 1 加至该数的和 sum
    }
    return 0;
}
```

【运行结果】

```
please input an int number:10
55
```

【例 3-9】用 C 语言表示例 3-7 中的算法。

【代码】

```
#include <stdio.h>
int main()
{
    int year=2000;
    if ((year%400==0)||((year%100!=0)&&(year%4==0)))    //判断是否满足能被
                                                           400 整除
                                                        //或不能被100 整除但
                                                          能被 4 整

        printf("该年份是闰年");                          //若条件成立则是闰年
    else
        printf("该年份不是闰年");                        //否则不是闰年
    return 0;
}
```

【运行结果】

该年份是闰年

【指点迷津】这是一个结构化的 C 语言算法，它包含了 C 语言程序的基本要素，包括头文件、编译预处理、主函数、声明部分等，同时遵循 C 语言程序设计的基本要求。

3.3　结构化程序设计方法

1965 年，E. W. Dijikstra 提出了结构化程序设计方法，是软件发展的一个重要的里程碑。为提高程序的可读性和易维护性、可调性和可扩充性，结构化程序设计方法按照模块划分原则，将待开发的软件系统划分为若干个相互独立的模块，这样使完成每一个模块的工作变得单纯而明确，为设计一些较大的软件打下了良好的基础。对于程序设计而言，结构化的程序设计只允许三种基本程序结构，分别是顺序结构、选择结构、循环结构，这三种结构的具体使用方法会在下一章中详细讲述。

结构化程序设计一般采用以下方法。

● 自顶向下：程序设计时，应先考虑总体，后考虑细节；先考虑全局目标，后考虑局部目标。

● 逐步细化：对复杂问题，可以设计一些子目标用于过渡整个目标，逐步细化。

● 模块化设计：模块化是把程序要解决的总目标分解为若干子目标，再进一步分解为具体的小目标，把每一个小目标称为一个模块。

● 结构化编码：结构化地用计算机语言对需要解决的目标进行编写。

3.4　本章小结

算法是有穷规则的集合，这些规则确定了解决某特定问题的运算序列。计算机算法一般具有以下特点：有穷性、确切性、0 个或者多个输入项、1 个或者多个输出项、可行性。

常用描述算法的工具有：自然语言、流程图、N-S图、伪代码及计算机语言等。

结构化的程序设计有三种结构，分别是顺序结构、选择结构、循环结构。

习题

一、选择题

1. 计算机程序一般包括数据结构和（　　　）。

    A. 算法　　　　　　B. 注释　　　　　　　C. 指令　　　　　　D. 代码

2. 很容易出现表意不明而发生歧义的算法表示方法是（　　　）。

    A. 自然语言　　　　B. 流程图　　　　　C. N-S 图　　　　　D. 伪代码

3. 下列 N-S 图中，表示选择结构的是（　　　）。

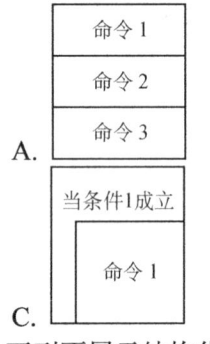

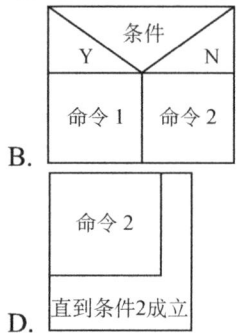

4. 下列不属于结构化的程序设计方法是（　　　）。

    A. 顺序结构　　　　B. 选择结构　　　C. 循环结构　　　D. 重复结构

二、问答题

1. 计算机程序一般包括什么？

2. 计算机算法具有哪些特点？

3. 请列举四种算法表示的方法。

4. 结构化程序设计可采用什么方法实现？

5. 用 N-S 图表示求解以下问题的算法：有 3 个数 a、b、c，要求把它们按由大到小的顺序输出。

6. 用流程图表示求解以下问题的算法：找出 100～999 间所有的水仙花数，统计它们的个数，输出所有的水仙花数及个数（水仙花数是指一个三位数，其各个数位上的数字立方和等于这个数本身，如：$153=1^3+5^3+3^3$）。

第4章　程序的控制结构

4.1　顺序结构

顺序结构

顺序结构是 C 语言程序设计三种基本结构之一，是最简单的一种结构。在执行时，仅按照所写的语句的次序依次进行命令执行，每条语句只执行一次。对于构成，既可以是单一语句，也可以利用语句块或函数实现。

【引例】

【任务描述】把一头大象关进冰箱需要几步？请输出相应步骤的描述信息。

【任务分析】您想到了吗？为了把大象装进冰箱，需要 3 个步骤：①把冰箱门打开；②把大象装进去；③把冰箱门关上。每个过程有一个阶段性的目标，依次完成这些过程，就能把大象装进冰箱。

【代码】

```
#include <stdio.h>
int main()
{
    printf("第1步：把冰箱门打开\n");
    printf("第2步：把大象装进去\n");
    printf("第3步：把冰箱门关上\n");
    return 0;
}
```

【运行结果】

第1步：把冰箱门打开
第2步：把大象装进去
第3步：把冰箱门关上

【指点迷津】引例中的三条 printf 语句有严格的顺序要求，否则将无法完成任务！顺序结构就是用来处理有前后逻辑关系问题的。

4.1.1　空语句、复合语句

1. 空语句

空语句是不执行任何操作的语句，其一般格式为：

;

空语句放在程序中，一般可以用于设计空函数，或者使程序转向一个空语句。虽然空语句本身不发挥实际作用，但很多情况下往往用在大型程序中。

但要注意，C 语言程序执行时会忽略空行，但不会忽略空语句，空语句只是不执行任何命令的语句。

2. 复合语句

复合语句简称语句块，将一组语句作为一条语句执行，用{}括起，其一般格式为：

{多条语句}

在语句块内定义的变量将具有语句块作用域，自"{"内的定义点起至"}"有效。另外，复合语句还常用于选择结构和循环结构，可以使多条语句在一个条件下执行。

4.1.2 格式化数据的输出

格式化数据的输出

C 语言本身没有输入/输出函数，要靠调用函数来完成输入和输出的操作，这些输入/输出函数包含在库函数中。库函数是一种由系统预先完成编译的函数，在使用标准输入/输出函数时，只要在程序的最开始处加上 #include <stdio.h>包含头文件即可。

格式化数据输出 printf 函数使用方法如下：

```
printf("格式控制字符串"[,输出表列]);
```

printf()函数返回值类型为 int，返回值为输出字符的个数，若出错则返回负数。

说明：

（1）若输出原样字符，则使用 printf("需要输出的字符")，如：

```
printf("I love China");
```

（2）若要将数据转化为指定的格式输出，则

● 格式控制字符串：用双引号括起来的字符串，又称转换控制字符串，由"%"和格式转换字符构成，用于指定参数的输出格式，若输出表列中有多项数据，则需要以多个","分隔。

● 输出表列：由常量、变量或表达式组成，是程序需要输出的数据。若要输出多项，则用","进行分隔。

下面详细介绍"格式控制字符串"。printf()函数格式控制字符串参数相当灵活，其完整形式为：

%[附加格式转换字符]格式转换字符

其中，[ ]括住的内容为可选项，表示此处的内容可有可无，是可以省略的项，格式转换字符与常用附加格式转换字符具体功能如表 4-1 和表 4-2 所示。

表 4-1 格式转换字符

格式转换字符	说明
d, i	按十进制形式带符号形式输出整数（正数前无+号，负数前有–号）
u	按十进制无符号形式输出整数
o	按八进制无符号形式输出整数（无前导 0）
x	按十六进制形式无符号形式输出小写整数（无前导 0x）
X	按十六进制形式无符号形式输出大写整数（无前导 0x）
C	按字符形式输出，只输出一个字符
s	输出字符串
f	按小数形式输出单、双精度实数，隐含六位小数
E	按标准指数形式输出单、双精度实数（e 小写）
E	按标准指数形式输出单、双精度实数（E 大写）
g	按%f 和%e 格式中输出宽度较小者（不输出无意义的 0）
%%	输出%

表 4-2　常用附加格式转换字符

附加格式转换字符	说明
l	在 d、i、o、x、u、f、e、E、g 前，指定输出 long 型数据
h	在 d、o、x 前指定输出 short 型数据
m（整数）	按宽度 m 输出。若 m>数据长度，左补空格，若 m<数据长度，按照数据本身的宽度输出
- m（整数）	按宽度 m 输出。若 m>数据长度，右补空格，若 m<数据长度，按照数据本身的宽度输出
n（大于等于 0 的整数）	在 f 前，指定 n 位小数
	在 e 或 E 前，指定 n-1 位小数
	在 s 前，指定截取字符串前 n 个字符
#	在八进制或十六进制数前显示前导 0 或 0x

【**例 4-1**】将字符常量 a、b、c 存入变量 x、y、z 中，并将其 ASCII 码输出。

【**任务分析**】本例中需要将数据转换为指定格式输出，因此需要在输出时加上格式声明。

【**代码**】

```
#include <stdio.h>
int main()
{
    char x='a',y='b',z='c';            //定义字符型变量
    printf("a=%d,b=%d,c=%d",x,y,z);    //将字符型变量以整型变量的格式输出
    return 0;
}
```

【**运行结果**】

```
a=97,b=98,c=99
```

【**指点迷津**】将 a、b、c 定义为字符，再在输出时转换格式为整型数值即可。

【**例 4-2**】请根据宽度参数分析如下程序运行结果。

```
#include <stdio.h>
int main()
{
    int i = 100;
    float f = 3.12;
    printf("%10d%10fend\n", i, f);
    return 0;
}
```

【**运行结果**】

```
       100  3.120000end
```

【**指点迷津**】%10d 指定输出宽度为 10，100 的宽度为 3，所以左侧补 7 个空格。%10f 指定输出宽度为 10，3.120000 的宽度为 8（包括小数点），所以左侧补 2 个空格。

【**例 4-3**】请根据宽度（width）、精度（precision）参数分析如下程序运行结果。

```
#include <stdio.h>
int main()
{
    double d = 1122.0516;
    printf("d:%.3lf,%10.3lfend\n", d, d);
```

```
        printf("d: %10.3lf, %-10.3lfend\n", d,d);
        return 0;
    }
```

【运行结果】

```
d:1122.052, 1122.052end
d:   1122.052, 1122.052   end
```

【指点迷津】

第一条 printf 语句中：

%.3lf 指定输出数据保留 3 位小数，对第 4 位小数四舍五入；

%10.3lf 指定数据保留 3 位小数，对第 4 位小数四舍五入，且输出数据宽度为 10，数据 1122.052 的宽度为 8（包括小数点），所以左侧补 2 个空格。

第二条 printf 语句中：

%10.3lf 指定输出数据保留 3 位小数，对第 4 位小数四舍五入，数据宽度为 10，左侧补 2 个空格；

%-10.l3f 指定数据保留 3 位小数，对第 4 位小数四舍五入，数据宽度为 10，且指定左对齐输出数据，右侧补 2 个空格。

4.1.3 格式化数据的输入

格式化数据输入函数 scanf() 用于指定参数的输入格式，函数使用方法如下：

格式化数据的输入

```
scanf("格式控制字符串",变量地址表列);
```

scanf() 函数返回值类型为 int，返回值为成功读取的项数，若文件结束则返回 EOF，若出错则返回 0。

说明：

● 格式控制字符串：用双引号括起来的字符串，又称转换控制字符串，由 "%" 和格式转换字符构成，用于指定参数的输入格式，其常用格式转换字符如表 4-3 所示，其常用附加格式转换字符如表 4-4 所示，若输出表列中有多项数据，则需要以多个 "," 分隔。

● 变量地址表列：由若干变量地址组成的列表，以取址符 "&" 实现。多个变量地址用 "," 进行分隔。

表 4-3 scanf() 函数常用的格式转换字符

格式转换字符	说明
d, i	输入带符号的十进制整数（负数前加-，正数不加+）
o	输入无符号的八进制整数（不输出前导的 0）
x	输入无符号的十六进制整数（不输出前导的 0x）
u	输入无符号的十进制整数
c	按字符形式输入，每次仅输入一个字符
s	输入字符串
f	输入小数形式的单精度实数
E	输入指数形式的单、双精度实数
%%	输入%

表 4-4　scanf()函数常用附加格式转换字符

附加格式转换字符	说明
l	在 d, i, o, x, u 前，输入 long 型数据；在 f、e 前，输入 double 型数据，在 f、e 前，输入 double 型数据
h	在 d, i, o, x, u 前，输入 short 型数据
m（正整数）	指定输入数据的宽度，系统自动按照此宽度截取
*	该输入项在读入后不赋予相应变量

【例 4-4】以字符格式输入三个字母，输出其 ASCII 码。

【任务分析】在输入时以字符型表示，在输出时用整型表示即可。

【参考代码】

```c
#include <stdio.h>
int main()
{
    char x,y,z;
    printf("please input three letters:\n");
    scanf("%c,%c,%c",&x,&y,&z);      //以单个字符的形式读入变量
    printf("their ASCII codes are: %d,%d,%d",x,y,z); //以整型数字的格式输出
    return 0;
}
```

【运行结果】

```
please input three letters:
a,b,c
their ASCII codes are: 97,98,99
```

【指点迷津】输入字符型数据的格式符为 c，输入格式要与 scanf()函数内格式化字符串的格式一致。字符在内存中以其 ASCII 码存储，因此既可以字符格式（"%c"）输出字符，也可以整数形式（"%d"）输出字符对应的 ASCII 码。

另外，对于 scanf()函数还需注意：

（1）scanf()函数变量地址表列前的"&"表示取地址运算符，不可删除，在后续的指针章节将会详细描述。而 printf()函数中的输出表列不带取地址运算符，两者在使用时要注意区分，避免混淆，如："scanf("%d,%d,%d",&x,&y,&z);""printf ("%d,%d,%d",x,y,z);"。

（2）在 printf()函数中，所有的"非输出控制符"都要原样输出。同样，在 scanf()函数中，所有的"非输入控制符"都要原样输入。如：

```c
scanf("%d,%d,%d",&x,&y,&z);//输入应为: 1,2,3
scanf("%d %d %d",&x,&y,&z); //输入应为: 1 2 3
scanf("x=%d,y=%d,z=%d",&x,&y,&z); //输入应为: x=1,y=2,z=3
```

（3）scanf()函数中"\n"不起换行的作用，若加上"\n"还要原样将它输入一遍。例如，如下代码是不合适的"scanf("%d%d%d\n",&x,&y,&z);"。

（4）若 scanf()函数中无任何"非输入控制符"，则从键盘输入数据时，多个变量的值之间要用空格、回车、Tab 键隔开，以区分是给不同变量赋的值，空格、回车或 Tab 键的数量不限，一般使用一个空格。如：

```c
scanf("%d%d%d",&x,&y,&z); //输入可以为: 1 2 3
```

（5）scanf()函数中可以用非法字符作为数据输入的分隔符，编译程序并不给出提示错误信息，然而会导致不能正确输入数据。例如，在"scanf("%d%c%d",&x,&y, &z);"语句中，若输入 12a5.2M3，则变量的值为：x=12，y='a'，z=5。

（6）scanf()函数在以"%c"格式接收字符输入时，情况比较特殊，如：

```
scanf("%c%c%c",&x,&y,&z);
```

则若输入 A B C，实际 x、y、z 的值分别为 x='A'，y='，z='B'。

若输入 ABC，实际 x、y、z 的值分别为 x='A'，y='B'，z='C'。

4.1.4 非格式化字符的输入与输出

字符的非格式化
输入与输出

1. getchar()函数

getchar()函数为字符的非格式化输入函数。其功能为从标准输入（键盘）中接收用户输入的单个字符，返回值是用户输入的第一个字符，若文件出错或结束则返回-1。一般格式为：

```
getchar()
```

说明：

● 从控制台读取一个字符，即使输入多个字符，也只取其中的第一个字符。若希望输入多个字符则必须使用多个 getchar()函数才能完成。

● 如遇到错误，则返回 EOF。

2. putchar()函数

putchar()函数为字符的非格式化输出函数。其功能是将指定的字符输出到标准输出设备（显示器）上，返回换行符，若失败则返回 EOF。其参数可以是一个字符、介于 0～127 之间的一个十进制整型数（包含 0 和 127）或是用 char 定义的一个字符型变量。其一般格式为：

```
putchar()
```

说明：

● 当参数为一个介于 0～127（包括 0 及 127）之间的十进制整型数时，会被视为 ASCII 代码，输出该 ASCII 代码对应的字符，如参数为 97，则输出 a。

● 当整型变量超出 8 位变量的范围时，则变量会被强制转换为 8 位变量，即取较低的 8 位，按照上述规则输出。

● 如遇到错误，则返回 EOF。

【例 4-5】使用 getchar()函数和 putchar()函数实现字符的输入和输出。

【代码】

```
#include <stdio.h>
int main()
{
    char c;                    //定义字符型变量
    int a=65;
    printf("请输入字符：");
    c = getchar();             //读入字符
    printf("输入的字符：");
    putchar(c);                //输出字符(参数为字符变量)
    putchar(a);                //输出字符(参数为整型变量)
    putchar(66);               //输出字符(参数为整型常量)
```

```
    return 0;
}
```

【运行结果】

请输入字符：a
输入的字符：aAB

【指点迷津】

若输入 abc，你能分析程序运行结果吗？

你能理解"putchar(getchar());"语句的功能吗？你能分析一下吗？

4.1.5　程序举例

【例 4-6】输入一个摄氏温度，要求以华氏温度的格式输出，保留 2 位小数。摄氏温度转华氏温度的公式为：$F = 9 \div 5 \times C + 32$（$C$ 为摄氏温度数，F 为华氏温度数）。

【任务分析】要将摄氏温度与华氏温度相互转化，只需要输入摄氏温度，并将摄氏温度的变量代入公式即可。

【代码】

```
#include <stdio.h>
int main()
{
    float f,c;
    printf("请输入一个摄氏温度：\n");            //输出提示信息
    scanf("%f",&c);                              //输入摄氏温度
    f=9.0/5*c+32;                                //利用公式计算摄氏温度对应的华氏温度
    printf("其对应的华氏温度为：%0.2f\n",f);     //输出华氏温度
    return 0;
}
```

【运行结果】

请输入一个摄氏温度：
26
其对应的华氏温度为：78.80

【指点迷津】语句"f=9.0/5*c+32;"，若修改为"f=9/5*c+32;"，则计算 f 的值为 58，结果为什么相差如此之大呢？因为 9/5 结果为 1 而丢失掉了小数部分。

【例 4-7】编写程序，输入一个分钟数，换算为用小时和分钟表示，然后进行输出。

【任务分析】设输入 t 分钟，转换为 h 小时 m 分钟，因为 1 小时等于 60 分钟，因此使用公式 h=t/60、m=t%60 可算得目标值。

【代码】

```
#include <stdio.h>
int main()
{
    int h=0,m=0,t;
    scanf("%d",&t);
    h=t/60;
    m=t%60;
    printf("%d 分钟等于%d 小时%d 分钟\n",t,h,m);
    return 0;
}
```

【运行结果】

```
608
608 分钟等于 10 小时 8 分钟
```

【例 4-8】输入三角形的三条边，求其周长和面积。海伦公式为：$s = \sqrt{p(p-a)(p-b)(p-c)}$，其中 s 为面积，p 为周长的一半，a、b、c 为三条边。

【任务描述】只要利用顺序结构定义相应变量，再利用表达式进行计算即可。

【代码】

```c
#include <stdio.h>
#include<math.h>   //数学函数相关头文件
int main()
{
    float a,b,c,cir,p,s;
    printf("请输入三角形的三条边长：\n");
    scanf("%f,%f,%f",&a,&b,&c);        //输入三条整数边长
    cir=a+b+c;    //求周长
    p=cir/2;
    s=sqrt(p*(p-a)*(p-b)*(p-c));       //用海伦公式求面积
    printf("三角形的周长为:%f\n 三角形的面积为:%f\n",cir,s);
    return 0;
}
```

【运行结果】

```
请输入三角形的三条边长：
5,12,13
三角形的周长为:30.000000
三角形的面积为:30.000000
```

【指点迷津】平方根函数为 sqrt()，包含在 math.h 的头文件中。

【例 4-9】输入一个四位数，将其各位上的数逆序输出。

【任务分析】该题的解题关键是得出获得各位数字的表达式。数字中四位分别获得的方法为，千位原数直接除以 1000 取整，百位原数对 1000 求余再除以 100，十位原数除以 10 后对 10 求余，个位直接将原数对 10 求余。

【代码】

```c
#include <stdio.h>
int main()
{
    int number1,kth,khu,kte,kon,number2;
    printf("请输入一个四位数:\n");
    scanf("%d",&number1);
    kth=number1/1000;            //求原数字的千位
    khu=number1%1000/100;        //求原数字的百位
    kte=number1/10%10;           //求原数字的十位
    kon=number1%10;              //求原数字的个位
    number2=kon*1000+kte*100+khu*10+kth;   //求逆序后的数字
    printf("After reversed:%d\n",number2);
    return 0;
}
```

【运行结果】

请输入一个四位数：
1356
After reversed:6531

【例 4-10】假定一元二次方程 $ax^2+bx+c=0$ 有两个不同的实根，求解其根。

【任务分析】取得二次项系数、一次项系数、常数，利用求根公式即可求解。

【代码】

```
#include <stdio.h>
#include <math.h>
int main()
{
    float a,b,c,delt,x1,x2;
    printf("请输入 a,b,c 的值:\n");
    scanf("%f,%f,%f",&a,&b,&c);          //输入二次项系数，一次项系数，常数项
    delt = b*b-4*a*c;
    x1 = (-b+sqrt(delt))/(2*a);          //利用求根公式求解
    x2 = (-b-sqrt(delt))/(2*a);
    printf("方程的解分别为：x1=%.2f x2=%.2f \n",x1,x2);   //输出两个解并保留两
                                                             位小数
    return 0;
}
```

【运行结果】

请输入 a,b,c 的值：
1,5,6
方程的解分别为：x1=-2.00 x2=-3.00

【例 4-11】输入两个整数，交换它们的值并输出。

两个数的交换是程序设计中最基本的问题，有多种解决方法。

【任务分析 1】

临时变量法：创建一个临时变量，先保存一个数的值，然后再交换赋值，最后将临时变量的值赋给另一个变量。

【代码 1】

```
#include <stdio.h>
int main()
{
    int a,b,t;
    scanf("%d,%d",&a,&b);
    printf("before:a=%d,b=%d\n",a,b);
    t=a;
    a=b;
    b=t;
    printf("after:a=%d,b=%d\n",a,b);
    return 0;
}
```

【运行结果 1】

1,2
before:a=1,b=2
after:a=2,b=1

【任务分析 2】

加减法：两个数相加再减去另一个数可得到原来的数，值得注意的是：a+b 的大小不能确定，有可能超出类型范围；因此该方法正确运行的前提是 a+b 不能超出类型范围。

【代码 2】

```c
#include <stdio.h>
int main()
{
    int a,b,t;
    scanf("%d,%d",&a,&b);
    printf("before:a=%d,b=%d\n",a,b);
    a = a + b;  //此处有可能越界
    b = a - b;
    a = a - b;
    printf("after:a=%d,b=%d\n",a,b);
    return 0;
}
```

【运行结果 2】

```
1,2
before:a=1,b=2
after:a=2,b=1
```

【任务分析 3】

乘除法：与加减法类似，两个数相乘再除以另一个数可得到原来的数，不过该方法比加减法更容易越界：a×b 的大小不能确定，有可能超出类型范围；因此该方法正确运行的前提是 a×b 不能超出类型范围。

【代码 3】

```c
#include <stdio.h>
int main()
{
    int a,b,t;
    scanf("%d,%d",&a,&b);
    printf("before:a=%d,b=%d\n",a,b);
    a = a * b; //此处有可能越界
    b = a / b;
    a = a / b;
    printf("after:a=%d,b=%d\n",a,b);
    return 0;
}
```

【运行结果 3】

```
1,2
before:a=1,b=2
after:a=2,b=1
```

与加减法、乘除法相似的还有异或法，其思想为：根据将某个数与另一个数连续进行与或运算两次，可得到本身。将两个数进行与或运算，再分别与本身做与或运算便可得到另一个数，该方法相比其他方法不用创建临时变量，你如果对异或运算熟悉，可以自行编程解决。

【**例 4-12**】一辆汽车以 15 米/秒的速度先开出 10 分钟后，另一辆汽车以 20 米/秒的速度追赶，问多少分钟可以追上，从开出到追上，每辆车各行驶多少米？

【**例 4-12**】讲解

【**任务分析**】这是一道简单的追及问题求解编程算法题，利用公式"追及时间=路程差÷速度差"即可解决。步骤如下：将两车的速度单位统一为"米/分钟"；计算追及路程差；计算速度差；计算追及时间；计算路程。

【**代码**】

```c
#include <stdio.h>
int main()
{
    float v1=15,v2=20,vd;          //定义变量
    float sd,t,s;
    v1=v1*60;                      //将 v1 单位转换为"米/分钟"
    v2=v2*60;                      //将 v2 单位转换为"米/分钟"
    sd=v1*10;                      //计算需要追及的路程差
    vd =v2-v1;                     //计算速度差
    t=sd/vd;                       //计算追及时间
    s=v2*t;                        //计算行驶路程
    printf("追及时间：%.2f 分钟\n",t);        //输出追及时间
    printf("每辆汽车共行了：%.2f 米\n",s)      //输出路程
    return 0;
}
```

【**运行结果**】

追及时间：30.00 分钟
每辆汽车共行了：36000.00 米

【**例 4-13**】输入 5 位学生的成绩，分别求出平均分和标准差，最终结果保留两位小数。

【**任务分析**】定义 5 位学生的成绩，用户输入完毕后，再利用公式进行计算。

【**代码**】

```c
#include <stdio.h>
#include <math.h>
int main()
{
    int s1,s2,s3,s4,s5;
    float ave,stdev;
    printf("please input the first score:");
    scanf("%d",&s1); //输入第一位学生的成绩
    printf("please input the second score:");
    scanf("%d",&s2); //输入第二位学生的成绩
    printf("please input the third score:");
    scanf("%d",&s3); //输入第三位学生的成绩
    printf("please input the fourth score:");
    scanf("%d",&s4); //输入第四位学生的成绩
    printf("please input the fifth score:");
    scanf("%d",&s5); //输入第五位学生的成绩
    ave=(s1+s2+s3+s4+s5)/5.0; //求平均值并转为浮点型
    stdev=sqrt((ave-s1)*(ave-s1)+(ave-s2)*(ave-s2)+(ave-s3)*(ave-s3)+(ave-s4)*(ave-s4)+(ave-s5)*(ave-s5)); //求得方差
    printf("the average of the score is:%.2f\n",ave); //输出平均数
```

```
        printf("the standard deviation of the score is:%.2f\n",stdev);
                                                //输出方差
        return 0;
    }
```

【运行结果】

```
please input the first score:90
please input the second score:76
please input the third score:87
please input the fourth score:83
please input the fifth score:78
the average of the score is:82.80
the standard deviation of the score is:11.78
```

【指点迷津】你看到程序会觉得很冗长，可能会想，如果有 100 个学生成绩需要统计呢？这个问题将会在后续循环小节中解决。

4.2　选择结构

在前面的章节中我们学习到，C 语言将通过使用关系运算符>、>=、<、<=、==、!=实现比较运算的表达式称为关系表达式；同时，也可通过使用&&、||、!等逻辑运算符形成逻辑表达式。关系表达式和逻辑表达式的运算结果均为逻辑值"真"或"假"，在 C 语言中，0 代表"假"，非 0 代表"真"。我们将关系表达式和逻辑表达式统称为条件表达式。

选择结构

在编程解决具体问题的时候，往往需要根据一些条件来选择执行或不执行哪部分的语句，这类程序的流程称为选择结构。C 语言中的 if 和 switch 语句就是用来对选择结构进行流程控制的。

【例 4-14】BMI 指数（Body Mass Index）即身体质量指数，简称体质指数，是目前国际上常用的衡量人体胖瘦程度及是否健康的标准。其计算方法为：体质指数（BMI）=体重（kg）÷身高（m）^{2}，中国标准 BMI 值为：

偏轻：BMI<18.5

标准：18.5≤BMI<24

偏胖：24≤BMI<28

肥胖：BMI≥28

例如，某人体重 46kg，身高 1.56m，其体质指数为：BMI=46÷1.56^2=18.902，为正常体型。

请输入某人的身高和体重，计算其 BMI 值并给出其胖瘦程度（也可计算一下自己的胖瘦程度哦）。

【任务分析】本题的解题思路并不难，只需输入身高、体重，依据给定公式计算 BMI 值，通过比对给定的 BMI 范围判断其体型是偏轻、标准、偏胖还是肥胖。

【代码】

```
#include <stdio.h>
int main()
{
    float w,h,BMI;
    printf("请输入你的体重(kg)：");
```

```
    scanf("%f",&w);
    printf("请输入你的身高(m): ");
    scanf("%f",&h);
    BMI = w / (h * h);
    printf("你的 BMI 指数为:%.3f,",BMI);
    if(BMI < 18.5)
        printf("(偏轻)\n");
    else if(BMI < 24)
        printf("(标准)\n");
    else if(BMI < 28)
        printf("(偏胖)\n");
    else
        printf("(肥胖)\n");
    return 0;
}
```

【运行结果】

请输入你的体重(kg): 46
请输入你的身高(m): 1.56
你的 BMI 指数为:18.902,(标准)

【指点迷津】

不同于以前的程序，在该例中，需要根据用户输入的数据选择显示不同的信息结果，我们使用 if 语句实现了该选择结构的框架及功能。

4.2.1 if 语句

if 语句首先判断表达式的值，0 代表 "假"，非 0 代表 "真"，然后根据该值选择如何进行流程控制。if 语句有多种形式，我们归为三类，下面逐一介绍。

1. 单分支 if 语句

语法格式：if（表达式）语句块

或：if（表达式）

语句块

说明：单分支 if 语句的程序执行流程图如图 4-1 所示，当 if 后面的表达式的值为真（非 0）时，执行相应的语句块，如果表达式的值为假（0），则不执行相应语句块，直接执行 if 语句结构后面的语句。

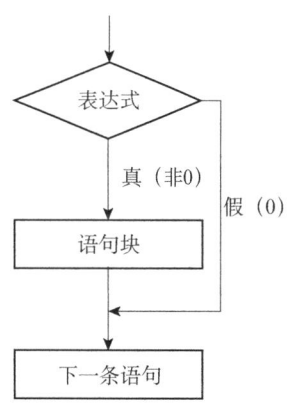

图 4-1 单分支 if 语句的
程序执行流程图

注意：

➢ if 语法格式中的表达式既可为条件表达式，也可为其他数值表达式，表达式的值非 0 代表 "真"，0 代表 "假"。

➢ 语法格式中的语句块既可只包含 1 条语句，也可包含多条语句，当多于 1 条语句时，语句块须书写在 "{ }" 内，只有 1 条语句时，"{ }" 可省略。

➢ 以上注意事项适用于所有 if 语句格式。

【例 4-15】任意输入三个数，输出其中的最大值。

【任务分析】当要寻找一组数据中的最大（小）值时，常用的算法是将数据逐个遍历，如果遍历到的数据大（小）于当前最大（小）值时，将最大（小）值更新为当前数据，其中第 1 个遍历到的数据可直接赋值为当前最大（小）值。

【代码】

```c
#include <stdio.h>
int main()
{
    int a,b,c;

    int max;
    printf("请输入三个整数:\n");
    scanf("%d%d%d",&a,&b,&c);
    max=a;
    if(b>max) max=b;
    if(c>max) max=c;
    printf("三个数中的最大值为: %d\n",max);
    return 0;
}
```

【运行结果】

请输入三个整数：
10 15 8
三个数中的最大值为：15

【例 4-16】任意输入两个整数，按从小到大顺序输出。

【任务分析】当输入了两个整数到相应变量后，可首先进行比较，如果前者较后者大，则交换两个变量的值，否则不变，然后输出两个变量的值即可达到任务要求。

【代码】

```c
#include <stdio.h>
int main()
{
    int a,b;
    int t;
    printf("请输入两个整数:\n");
    scanf("%d%d",&a,&b);
    if(a>b)
    {
        t=a;
        a=b;
        b=t;
    }
    printf("从小到大输出为: \n");
    printf("%d %d\n",a,b);
    return 0;
}
```

【运行结果】

请输入两个整数：
8 2
从小到大输出为：
2 8

【指点迷津】本例中引入变量 t 并使用了"t=a; a=b; b=t;" 3 条语句实现了将变量 a、b 的值互换，请考虑一下是否有不用其他变量将 a、b 值互换的方法。

注意：如果将该程序中 if 语句写为"if(a>b) t=a; a=b; b=t;"，那么"a=b; b=t;"将被无条件执行，程序结果会出现错误。

2. 双分支 if 语句

语法格式：if（表达式） 语句块 1 else 语句块 2

或：if（表达式）

  语句块 1

else

  语句块 2

说明：双分支 if 语句的执行流程图如图 4-2 所示，当 if 后表达式的值为真（非 0）时，执行语句块 1，然后结束 if 语句，运行 if 结构后面的语句；当表达式的值为假（0）时，执行语句块 2，结束 if 语句，运行 if 结构后面的语句。

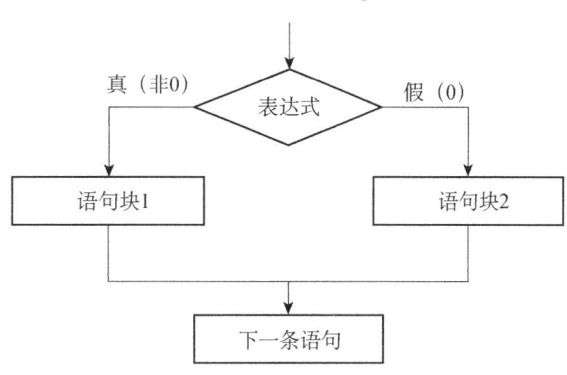

图 4-2　双分支 if 语句的执行流程图

【例 4-17】判断输入整数的奇偶性。

【任务分析】判断一个整数的奇偶性只需将该数除以 2 取余，如果余数为 1，则该数为奇数，否则为偶数。

【代码】

```c
#include <stdio.h>
int main()
{
    int a;
    printf("请输入一个整数\n");
    scanf("%d",&a);
    printf("%d",a);
    if(a%2)
    printf("是奇数");
    else
    printf("是偶数");
    printf("\n");
    return 0;
}
```

【运行结果】

请输入一个整数
8
8 是偶数

【指点迷津】程序中 if 后面的表达式为"a%2"，当 a 为奇数时，表达式的运算结果为 1，即非 0，相当于逻辑结果"真"，故执行语句块 1；当 a 为偶数时，表达式的值为 0，相当于"假"，执行语句块 2。本程序中"a%2"可用"a%2!=0"代替。

【例 4-18】判断输入字符是否为大写字母。

【代码】

```c
#include <stdio.h>
int main()
{
    char a;
```

```
        printf("请输入一个字符\n");
        a=getchar();
        if(a>=65 && a<=90)
            printf("%c 是大写字母",a);
        else
            printf("%c 不是大写字母",a);
        printf("\n");
        return 0;
}
```

【运行结果】

请输入一个字符
t
t 不是大写字母

3. 多分支 if 语句

语法格式：if (表达式 1)

　　　　　语句块 1

　　　　else if (表达式 2)

　　　　　语句块 2

　　　　…

　　　　else if (表达式 n)

　　　　　语句块 n

　　　　else

　　　　　语句块 n+1

说明：多分支 if 语句的执行流程图如图 4-3 所示，当表达式 1 的值为真（非 0）时，执行语句块 1，结束 if 语句，当表达式 1 的值为假（0）时，执行并获得表达式 2 返回的值，当表达式 2 的值为真（非 0）时，执行语句块 2 后结束 if 语句，如果表达式 2 的值为假（0），继续执行并获得下一个表达式的值（如需要），当所有表达式的值均为假（0），执行语句块 n+1 并结束 if 语句。

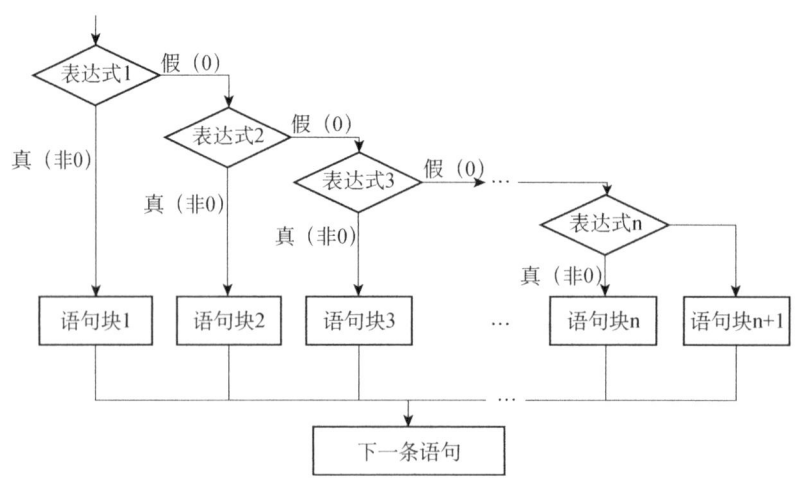

图 4-3　多分支 if 语句的执行流程图

【例 4-19】字母的大小写转换：判断输入字符，如果为小写字母则输出相应的大写字母；如果是大写字母则输出相应的小写字母；否则提示为"不是字母"。

【代码】

```c
#include <stdio.h>
int main()
{
    char a;
    printf("请输入一个字符\n");
    a=getchar();
    if (a>=65 && a<=90)
    {
        a+=32;
        printf("是大写字母,其小写字母为%c",a);
    }
    else if (a>=97 && a<=122)
    {
        a-=32;
        printf("是小写字母,其大写字母为%c",a);
    }
    else
        printf("不是字母");
    printf("\n");
    return 0;
}
```

【运行结果】

请输入一个字符
f
是小写字母,其大写字母为 F

【指点迷津】本实例使用了 if 语句的多分支结构,程序根据变量 a 中字符的 ASCII 码值判断输入字符是大写字母、小写字母或者不是字母。因为大小写字母的 ASCII 码值相差 32,程序通过将字符加 32 的方式使得字符从大写字母转换为小写字符,减 32 即从小写字母转换为大写字母。

【例 4-20】分段函数:输入 x 的值,根据以下分段函数求出相应 y 的值,并输出。

$$y = \begin{cases} x^2 + \dfrac{1}{x+5} & x \leqslant -2 且 x \neq -5 \\ \sqrt{x+2} + x^3 & -2 < x \leqslant 0 \\ \lg(x+5) + e^{x-1} & 0 < x \leqslant 10 \\ |x-20| & 其他 \end{cases}$$

【代码】

```c
#include <stdio.h>
#include <math.h>
int main()
{
    double x=0,y=0;
    printf("请输入 x 的值:\n");
    scanf("%lf",&x);
    if(x<=-2 && x!=-5)
        y=x*x+1/(x+5);
    else if(x>-2 && x<=0)
```

```
        y=sqrt(x+2)+pow(x,3);
    else if(x>0 && x<=10)
        y=log10(x+5)+exp(x-1);
    else
        y=fabs(x-20);
    printf("y=%.2lf\n",y);
    return 0;
}
```

【运行结果】

请输入 x 的值：
3.2
y=9.94

if 语句的嵌套

4.2.2 if 语句的嵌套

当 if 语句中又包含一个或多个其他 if 语句时，称为 if 语句的嵌套。在 4.2.1 节当中介绍的三种形式 if 语句均可置于任意一种 if 语句的语句块中，形成 if 语句嵌套，如可有以下嵌套形式：

```
if (表达式 1)
    if (表达式 2)  程序块 1
    else 程序块 2
else
    if (表达式 3) 程序块 3
    else 程序块 4
```

注意：if 与 else 的配对关系，从最内层开始，else 总是与它上面最近的（未曾配对的）if 配对，如有以下的 if 语句：

```
if (表达式 1)
    if (表达式 2)  程序块 1
else
    程序块 2
```

编程者希望程序中第 3 行的 else 配对于第 1 行的 if，即当表达式 1 为假（0）时，直接执行程序块 2，但实际上程序中的 else 并不按照书写的对齐格式执行，因为它只与上面最近的未配对过的 if，即第 2 个 if 配对，只有当表达式 1 为真（非 0），表达式 2 为假（0）时才执行程序块 2。如要实现编程者的目的，可加 "{ }" 来明确配对关系，比如可以写为：

```
if (表达式 1)
    { if (表达式 2)  程序块 1 }
else
    程序块 2
```

这时 "{ }" 限定了内嵌的 if 语句的范围，使得 else 只能和第 1 个 if 相对应。

【例 4-21】求三角形面积：输入变量 a、b、c 的值，当 a、b、c 的值均大于 0 时，判断 a、b、c 的值是否可以组成三角形的三条边长，如果可以则计算三角形的面积。

【代码】

```
#include <stdio.h>
#include <math.h>
int main()
```

```
{
    double a=0,b=0,c=0;
    double p=0;
    double s;
    printf("请输入三角形的边长：\n");
    scanf("%lf%lf%lf",&a,&b,&c);
    if(a<=0 || b<=0 || c<=0)
        printf("边长应为大于 0 的数!\n");
    else
        if(a+b>c && a+c>b && b+c>a)
        {
            p=(a+b+c)/2;
            s=sqrt(p*(p-a)*(p-b)*(p-c));
            printf("三角形的面积为：%.2lf\n",s);
        }
        else
            printf("不能组成三角形!\n");
    return 0;
}
```

【运行结果】

请输入三角形的边长：
3 5 7
三角形的面积为：6.50

【指点迷津】本例使用了 if 语句的嵌套格式，当第一个 if 条件不满足执行相应 else 后语句时，嵌套使用了另一个 if 语句。程序根据用户输入的 a、b 和 c 的值判断是否能够组成三角形的三边，如果符合三边条件，则利用海伦公式求出面积并输出。

【例 4-22】一元二次方程的求解：输入变量 a、b、c 的值，求解方程 $ax^2 + bx + c = 0$，要求考虑 a 是否为零及虚根解。

【代码】

```
#include <stdio.h>
#include <math.h>
int main()
{
    double a=0,b=0,c=0;
    double del=0;
    double x1,x2;
    printf("请输入 a,b,c 的值\n");
    scanf("%lf%lf%lf",&a,&b,&c);
    if(a==0)
        printf("不是一元二次方程!\n");
    else
    {
        del=b*b-4*a*c;
        if(del>=0)
        {
            x1=(-b+sqrt(del))/(2*a);
            x2=(-b-sqrt(del))/(2*a);
            printf("方程有两个实根解：\n");
            printf("x1=%.2lf\n",x1);
```

```
            printf("x2=%.2lf\n",x2);
        }
        else
        {
            x1=(-b)/(2*a);
            x2=sqrt(-del)/(2*a);
            printf("方程有两个虚根解：\n");
            printf("x1=%.2lf+%.2lfi\n",x1,x2);
            printf("x2=%.2lf-%.2lfi\n",x1,x2);
        }
    }
    return 0;
}
```

【运行结果】

请输入 a,b,c 的值
5 2 6
方程有两个虚根解：
x1=-0.20+1.08i
x2=-0.20-1.08i

【指点迷津】本例程序运行过程中，当有两个实根时，变量 x1、x2 分别用来存放两实根的值；当有两个虚根时，变量 x1、x2 则用来存放两个虚根的实部的值和虚部的绝对值。

4.2.3　switch 语句和 break 语句

switch 语句和
break 语句

switch 语句是一种多分支的选择语句，它根据表达式的值来选择从哪个分支开始往下执行。一般的格式如下：

```
switch (表达式)
{
    case 常量表达式1：
        语句块 1
    case 常量表达式2：

        语句块 2
    …
    case 常量表达式n：
        语句块 n
    default：
        语句块 n+1
}
```

说明：

➢ 表达式的值可为整型或字符型，常量表达式的值也可为整型或字符型，但每一个常量表达式的值必须互不相同。

➢ 当表达式的值与"常量表达式 i"相同时，执行"语句块 i"，语句块可以为空，也可以为多条语句，多条语句时无须加"{ }"。

➢ 当执行"语句块 i"时，如语句块中有"break;"语句，则执行"break;"跳出 switch 结构，否则执行完"语句块 i"后，继续执行"语句块 i+1"，直到执行"break;"语句或执行完"语句块 n+1"。

➤ 如表达式的值和所有常量表达式的值都不相同，则执行 default 后面的"语句块 n+1"。

【例 4-23】评定成绩等级：输入成绩（百分制），当分数大于等于 90 分的等级为"A"，80～89 分的为"B"，70～79 分的为"C"，60～69 分的为"D"，60 分以下的为"E"。

【代码】

```c
#include <stdio.h>
int main()
{
    int score;
    char level;
    printf("请输入成绩(百分制):");
    scanf("%d",&score);
    switch(score/10)
    {
        case 10:
        case 9: level='A'; break;
        case 8: level='B'; break;
        case 7: level='C'; break;
        case 6: level='D'; break;
        case 5:
        case 4:
        case 3:
        case 2:
        case 1:
        case 0: level='E';break;
        default: level='F';
    }
    if(level!='F')
        printf("成绩的等级为: %c\n",level);
    else
        printf("输入成绩错误!\n");
    return 0;
}
```

【运行结果】

```
请输入成绩(百分制):56
成绩的等级为:E
```

【指点迷津】本例程序中，表达式"score/10"返回 score 的十位数。根据表达式的值，switch 语句从相应的 case 语句开始执行，并按顺序依次往下执行，直到执行到"break;"或执行完 switch 结构，结束并跳出 switch 结构。

【例 4-24】简单计算器：从键盘上输入数据并进行加、减、乘、除四则运算，判断输入的数据是否可以进行相应运算。

【代码】

```c
#include <stdio.h>
int main()
{
    float a,b;
    char c;
    printf("请以\"a 符号 b\"的方式输入算式，如\"3+5\":\n");
```

```
        scanf("%f%c%f",&a,&c,&b);
        switch(c)
        {
            case '+':printf("=%.2f\n",a+b);break;
            case '-':printf("=%.2f\n",a-b);break;
            case '*':printf("=%.2f\n",a*b);break;
            case '/':
                if(b)
                    printf("=%.2f\n",a/b);
                else
                    printf("除数不能为零!");
                break;
            default:printf("输入有误!");
        }
        return 0;
    }
```

【运行结果】

请以\"a 符号 b\"的方式输入算式，如\"3+5\"：
\"2.3*4.6\"
=10.58

4.2.4 程序举例

【例 4-25】求|a|+|b|，要求不使用内部函数。

【代码】

```
#include <stdio.h>                      /*引用头文件*/
int main()
{
    int a,b;                           /*定义变量*/
    printf("请输入 a,b 的值:\n");       /*提示信息*/
    scanf("%d%d",&a,&b);               /*输入 a,b 的值*/
    if(a<0)
        a=-a;                          /*如果 a<0，则 a 取相反数*/
    if(b<0)
        b=-b;                          /*如果 b<0，则 b 取相反数*/
    printf("|a|+|b|=%d\n",a+b);        /*输出信息*/
    return 0;
}
```

【运行结果】

请输入 a,b 的值：
-4 6
|a|+|b|=10

【例 4-26】输入三个正整数，要求从小到大输出。

【代码】

```
#include <stdio.h>                      /*引用头文件*/
int main()
{
    int a,b,c,t;                       /*定义整型变量*/
```

```
    printf("请输入三个整数:\n");
    scanf("%d %d %d",&a,&b,&c);          /*输入三个整数到变量*/
    if(a>b) {t=a; a=b; b=t;}             /*如果 a>b，则 a 和 b 的值互换*/
    if(a>c) {t=a; a=c; c=t;}             /*如果 a>c，则 a 和 c 的值互换*/
    if(b>c) {t=b; b=c; c=t;}             /*如果 b>c，则 b 和 c 的值互换*/
    printf("从小到大输出为:\n");
    printf("%d %d %d\n",a,b,c);          /*输出 a,b,c 的值*/
    return 0;
}
```

【运行结果】

请输入三个整数:
5 8 3
从小到大输出为:
3 5 8

【例 4-27】输入三个整数，求出最大数与最小数之差。

【代码】

```
#include <stdio.h>                       /*引用头文件*/
int main()
{
    int a,b,c;
    int max,min;                         /*定义整型变量*/
    printf("请输入三个整数:\n");
    scanf("%d%d%d",&a,&b,&c);            /*输入三个整数到变量*/
    max=a;
    if(b>max) max=b;
    if(c>max) max=c;                     /*求三个数的最大值*/
    min=a;
    if(b<min) min=b;
    if(c<min) min=c;                     /*求三个数的最小值*/
    printf("最大值与最小值之差为:%d\n",max-min);  /*输出信息*/
    return 0;
}
```

【运行结果】

请输入三个整数:
4 8 13
最大值与最小值之差为:9

【例 4-28】模拟自动售货机：程序运行时，提示用户输入要选择商品的选项，当用户输入选项后，显示所选择商品的内容。

【代码】

```
#include <stdio.h>                       /*引用头文件*/
int main()
{
    int b;                               /*定义变量*/
    printf("*********************\n");
    printf("*    可选择的选项    *\n");
    printf("*    1、巧克力       *\n");
    printf("*    2、蛋糕         *\n");
```

```
    printf("*       3、面包           *\n");
    printf("***********************\n");
    printf("请选择你要的商品:1,2 或 3\n");       /*提示信息*/
    scanf("%d",&b);                            /*输入数据*/
    switch(b)                                  /*根据输入数据,选择输出信息*/
    {
        case 1: printf("你选择了巧克力\n");break;
        case 2: printf("你选择了蛋糕\n");break;
        case 3: printf("你选择了面包\n");break;
        default:printf("选择错误!\n");
    }
    return 0;
}
```

【运行结果】

```
***********************
*        可选择的选项       *
*        1、巧克力         *
*        2、蛋糕           *
*        3、面包           *
***********************
请选择你要的商品:1,2 或 3
2
你选择了蛋糕
```

【例 4-29】判断某年中某个月份的天数：输入年份和月份数，输出该月份所包含的天数。
【代码】

```
#include <stdio.h>                 /*引用头文件*/
int main()
{
    int year,month,day=0;          /*定义变量*/
    printf("请输入年份:");          /*提示信息*/
    scanf("%d",&year);             /*输入年份*/
    printf("请输入月份:");
    scanf("%d",&month);            /*输入月份*/
    switch(month)                  /*根据月份进行选择*/
    {
        case 1:                    /*月份为 1 时,语句块为空,顺序执行下一语句块*/
        case 3:
        case 5:
        case 7:
        case 8:
        case 10:
        case 12: day=31;break;     /*月份为 1, 3, 5, 7, 8, 10, 12 时执行该语句块*/
        case 4:
        case 6:
        case 9:
        case 11: day=30;break;
        case 2:                    /*当月份为 2 时, 判断是否闰年*/
            if((year%4==0 && year%100!=0) || year%400==0)
                day=29;
            else
```

```
                day=28;
            break;
        default:printf("输入错误!\n");
    }
    if(day) printf("该月份共有%d 天\n",day);        /*当 day 非零时，输入天数信息*/
    return 0;
}
```

【运行结果】

```
请输入年份:2020
请输入月份:5
该月份共有 31 天
```

循环结构

4.3　循环结构

在 C 语言程序设计中，循环结构是非常重要的组成部分，其在用来描述重复执行某段算法的问题上可以发挥很大作用，并可减少重复书写的工作量。

在 C 语言中，三种基础循环语句为 while、do…while 和 for 语句，本节将着重介绍这三种语句的定义及应用。除此之外，还会介绍 goto 语句、break 和 continue 语句及 exit()函数。

【例 4-30】求整数 1～10 的代数和。

【任务分析】根据已学的知识，本例解决办法似乎很简单：只需要使用"sum=1+2+3+4+5+6+7+8+9+10;"即可。

【代码 1】

```
#include <stdio.h>
int main()
{
    int sum;
    sum=1+2+3+4+5+6+7+8+9+10;
    printf("the sum of 1-10 is: %d",sum);
    return 0;
}
```

【运行结果】

```
the sum of 1-10 is:55
```

【指点迷津】上述程序并没有语法错误，但语句"sum=1+2+3+4+5+6+7+8+9+10;"的计算方式非常烦琐，同时，当需要累加数据的个数不断增加时，会变成一种不切实际的方法。此时，循环体的引入就显得非常必要了。

【代码 2】

```
#include <stdio.h>
int main()
{
    int i,sum;
    sum=0;
    for(i=1;i<=10;i++)        //第 6～7 行为循环体
        sum=sum+i;
    printf("sum = %d\n",sum);
    return 0;
}
```

【指点迷津】第6～7行为循环，实现将每一个 i（i 的值从 1 到 10）累加入 sum。具体功能后面会详细分析。

4.3.1 while 语句

while 语句的一般格式为：

```
while(表达式)
    循环体
```

执行过程为：

步骤 1：计算表达式的值，若为真（非 0），执行步骤 2；若为假（0），结束循环，执行跳出循环后的语句。

步骤 2：执行循环体内的语句。语句可以只有一条，也可以为多条语句构成的复合语句（需用大括号括起来），跳转到步骤 1。

while 语句算法流程图如图 4-4 所示。

while 语句使用说明如下。

（1）循环条件一般要在某一时刻为假（0），或者有跳出循环体的语句，从而结束循环，否则将进入无限循环。

（2）若循环体语句为 2 条或 2 条以上，则用 {} 括起，否则循环体只包含第一条语句。

（3）循环体内语句允许为空语句，即"while（表达式）;"，表示循环体不执行任何操作。

（4）表达式作为循环条件可以为任意形式（非 0 在逻辑运算上表示为真，0 在逻辑运算中表示为假）。当判断条件成立时，方能执行循环体，若首次不满足循环条件，则立刻跳出循环。

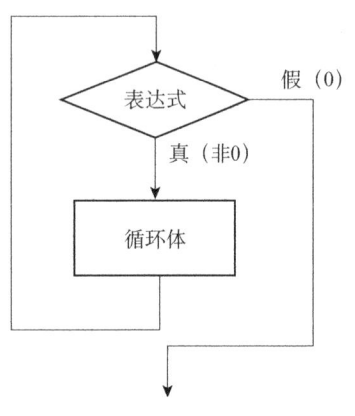

图 4-4 while 语句算法流程图

【例 4-31】用 while 语句求 1+2+3+…+5 的值并输出。

【任务分析】此题可理解为：当 i 从 1 循环至 5，将每个 i 的值累加入 sum。

初始值：sum=0;i=1;

sum=1	sum=sum+1	初值：　　sum=0 ; i=1;
sum=1+2	sum=sum+2	循环：　i 从 1 到 5:
sum=1+2+3	sum=sum+3	sum=sum+i;
sum=1+2+3+4	sum=sum+4	i++ ;
sum=1+2+3+4+5	sum=sum+5	

算法流程图如图 4-5 所示。

【代码】

```c
#include <stdio.h>
int main()
{
```

```
    int i=1,sum=0;  //定义循环变量 i 并赋初值为 1, sum 初值
                      为 0
    while(i<=5)     //当 i<=5 时，循环条件成立，执行循
                      环体
    {
        sum+=i;      // sum 变量加 i 当前的值
        i++;         //更新循环变量
    }
    printf("The value of 1+2+3+…+5 is:%d\n",sum);
                    //输出 sum 的值
    return 0;
}
```

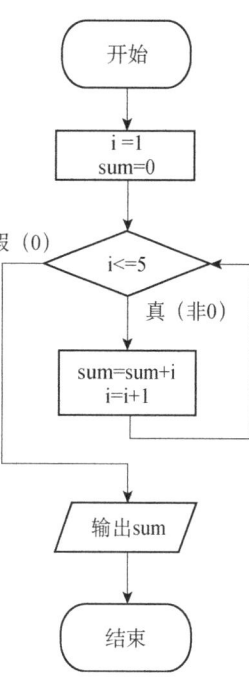

图 4-5　算法流程图

【运行结果】

```
The value of 1+2+3+…+5 is:15
```

【指点迷津】本程序中，定义 i 作为循环控制变量，sum 为求和变量。

进入循环体前，i=1，sum=0；

第 1 次判断循环条件（1<=5）成立，执行循环体：sum=0+1,i=2；

第 2 次判断循环条件（2<=5）成立，执行循环体：sum=1+2,i=3；

第 3 次判断循环条件（3<=5）成立，执行循环体：sum=1+2+3,i=4；

第 4 次判断循环条件（4<=5）成立，执行循环体：sum=1+2+3+4,i=5；

第 5 次判断循环条件（5<=5）成立，执行循环体：sum=1+2+3+4+5,i=6；

第 6 次判断循环条件（6<=5）不成立，结束循环。

执行 printf()函数，输出结果。

4.3.2　do…while 语句

do…while 语句的一般格式为：

```
do
  循环体
while(表达式);
```

do…while 语句

执行过程为：

步骤 1：执行循环体内的语句。语句可以只有一条，也可由多条语句构成的复合语句（需用大括号括起来），执行步骤 2。

步骤 2：计算表达式的值，若为真（非 0），跳转至步骤 1；若为假（0），结束循环，执行跳出循环后的语句。

do…while 语句算法流程图如图 4-6 所示。

do…while 语句使用说明如下。

（1）与 while 结构相同之处。

①循环条件一般要在某一时刻为假（0），或者有跳出循环体的语句时结束循环，否则将进入无限循环。

②若循环体语句为两条或两条以上，则用{}括起，否则循环体只包含第一条语句。

③循环体内语句允许为空语句，表示循环体不执行任何操作。

（2）与 while 结构不同之处。

①首次进入循环时，不判断循环条件；执行完一次循环后，再跳转至判断是否满足循环条件，决定能否执行下一次的循环体语句。

②while 最后有分号，且不可省略。

【例 4-32】用 do…while 语句求 1+2+3+…+5 的值并输出。

【任务分析】本例中，可知 i 的值还是从 1 循环至 5，参考上一题的思路，使用 do…while 语句对其求和并不困难。

算法流程图如图 4-7 所示。

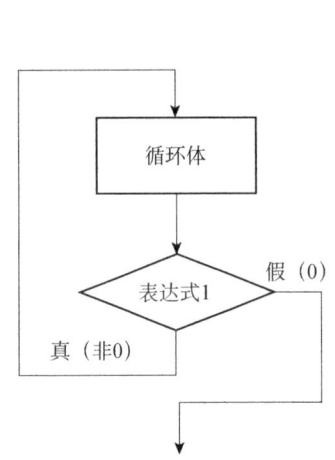

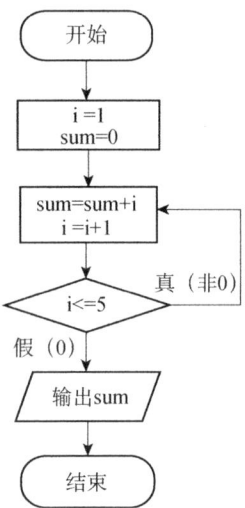

图 4-6 do…while 语句算法流程图   图 4-7 算法流程图

【代码】

```
#include <stdio.h>
int main()
{
    int i=1,sum=0; //定义循环变量 i 并赋初值为 1，sum 初值为 0
    do
    {
        sum+=i;  // sum 变量加 i 当前的值
        i++;  //更新循环变量
    }while(i<=5); //当 i<=5 时，循环条件成立，执行循环体
    printf("The value of 1+2+3+…+5 is:%d\n",sum);  //输出 sum 的值
    return 0;
}
```

【运行结果】

```
The value of 1+2+3+…+5 is:15
```

【指点迷津】本程序中，定义 i 作为循环控制变量，sum 为求和变量。

进入循环体前，i=1，sum=0；

第 1 次无条件判断，执行循环体：sum=1,i=2；

第 2 次判断循环条件（2<=5）成立，执行循环体：sum=1+2,i=3；

第 3 次判断循环条件（3<=5）成立，执行循环体：sum=1+ 2+3,i=4；

第 4 次判断循环条件（4<=5）成立，执行循环体：sum=1+ 2+3+4,i=5；

第 5 次判断循环条件（5<=5）成立，执行循环体：sum=1+ 2+3+4+5,i=6;

第 6 次判断循环条件（6<=5）不成立，结束循环。

执行 printf()函数，输出结果。

【例 4-33-1】输入整数 i 的值，使用 while 语句求 i*(i+)*(i+2)*…10 的值并输出。算法流程图如图 4-8 所示。

【代码】

```c
#include <stdio.h>
int main()
{
    int i;
    double fact=1;
    printf("Input i:");
    scanf("%d",&i);
    while(i<=10)
    {
        fact*=i;
        i++;
    }
    printf("fact=%.0lf\n",fact);
    return 0;
}
```

【运行结果 1】

```
Input i:5
fact=151200
```

【运行结果 2】

```
    Input i:11
    fact=1
```

【例 4-33-2】输入整数 i 的值，使用 do…while 语句求 i*(i+1)*(i+2)*…*10 的值并输出。

算法流程图如图 4-9 所示。

【代码】

```c
#include <stdio.h>
int main()
{
    int i;
    double fact=1;
    printf("Input i:");
    scanf("%d",&i);
    do
    {
        fact*=i;
        i++;
    }while(i<=10);
    printf("fact=%.0lf\n",fact);
    return 0;
}
```

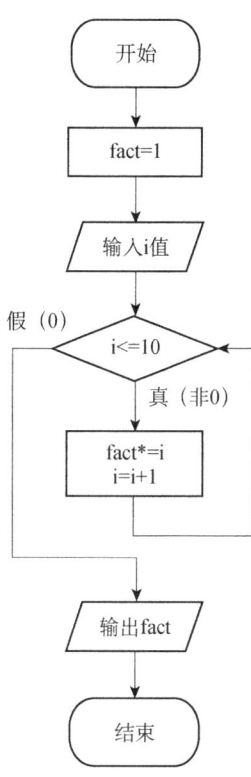

图 4-8　算法流程图

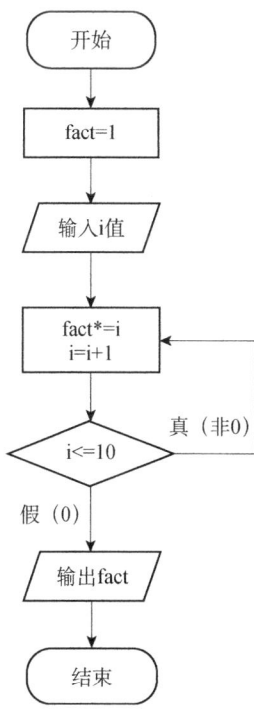

图 4-9　算法流程图

【运行结果 1】

```
Input i:5
fact=151200
```

【运行结果 2】

```
Input i:11
fact=11
```

【指点迷津】

（1）例题中，当输入的值 i<=10 时，使用 while 语句和 do…while 语句的程序，两者得到的结果都是一样的。

（2）当输入的 i 值不满足 i<=10 时，while 语句中，执行循环体时，首先判断循环条件是否为真，从而决定是否进入循环体内执行，此时若不满足，跳出循环，fact 的值即为初值 1。do…while 语句则首先执行循环体 1 次后，再判断循环条件是否满足，从而决定下一次是否再进入循环体内执行，所以，执行 fact=fact*i、i++，判断循环条件为假，跳出循环时 fact 的值为 fact=11。

关于 while 语句和 do…while 语句的用法比较：

（1）当首次执行判断循环条件成立时，while 与 do…while 两种语句执行结果一样。

（2）当首次执行判断循环条件不成立时，while 语句一次也不执行循环体，而 do…while 至少执行一次循环体，这也是二者的最大不同之处。

4.3.3 for 语句

在实际的程序应用中，for 语句的使用往往更加频繁和广泛，特别在循环次数已知的情况下。其一般格式为：

for 语句

```
for(表达式 1;表达式 2;表达式 3)
    循环体
```

执行过程为：

步骤 1：执行表达式 1。

步骤 2：执行表达式 2，若为真（非 0），执行步骤 3，若为假（0），结束循环，执行跳出循环后的语句。

步骤 3：执行循环体内的语句，语句可以只有一条，也可由多条语句构成的复合语句（需用大括号括起来），执行步骤 4。

步骤 4：执行表达式 3，跳转至步骤 2 继续执行。

算法流程图如图 4-10 所示。

for 语句与下列形式的 while 语句完全等效，因此与 while 有相似的特点：

```
表达式 1;
while(表达式 2)
{
    语句;
    表达式 3;
}
```

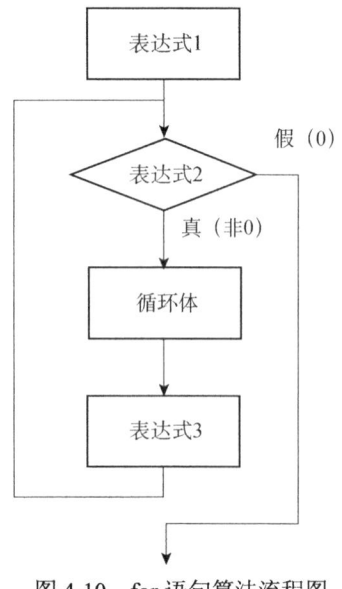

图 4-10 for 语句算法流程图

for 语句使用说明：

（1）循环条件一般要在某一时刻为假（0），或者有跳出循环体的语句，从而结束循环，否则将进入无限循环。

（2）若循环体语句为两条或两条以上，则用{}括起，否则循环体只包含第一条语句。

（3）循环体内语句允许为空语句，表示循环体不执行任何操作。

（4）表达式 1 的作用为对循环控制变量赋初值，表达式 2 的作用为判断是否满足循环条件，表达式 3 的作用为循环控制变量的更新，for 语句最简单的语法格式可以写为：

```
for(循环变量赋初值；循环条件；循环变量增值)
    循环体语句
```

（5）for(表达式 1;表达式 2;表达式 3)中的表达式 1、表达式 2、表达式 3 可以部分或全部省略，但表达式后的分号不能省略。

【例 4-34-1】用 for 语句求 1+2+3+…+5 的值并输出。

【任务分析】可知循环变量 i 的范围为[1,5]，循环语句为对 i 求和。因此，表达式 1 为 i=1（对循环控制变量赋初值），表达式 2 为 i<=5（控制循环控制变量的范围），表达式 3 为 i++（对循环控制变量进行自加实现更新）。

算法流程图如图 4-11 所示。

【代码】

```
#include <stdio.h>
int main()
{
    int i,sum=0;
    for(i=1;i<=5;i++) //初始化 i=1，循环条件为 i<=5，
                        执行后更新 i=i+1
        sum+=i;
    printf("The value of 1+2+3+…+5 is:%d\n",sum);
    return 0;
}
```

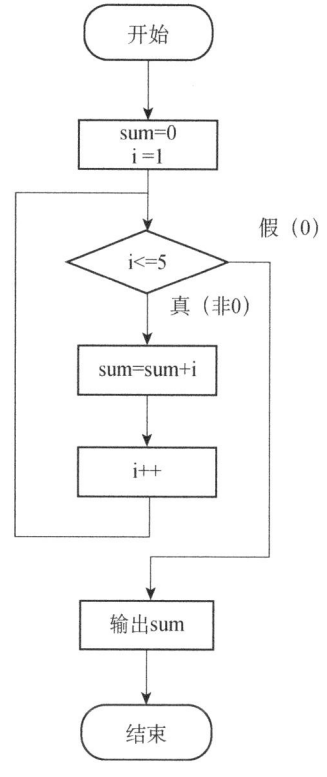

图 4-11　算法流程图

【运行结果】

```
The value of 1+2+3+…+5 is:15
```

【指点迷津】由于本例是求 1～5 的和，定义整型变量 i 为循环控制变量。可以知道，表达式 1 为 i 赋初值，表达式 2 判断 i 是否满足小于等于 5，表达式 3 对 i 实现自加的功能。

for(表达式 1;表达式 2;表达式 3)中的表达式 1、表达式 2、表达式 3 部分或全部省略的情况如下：

（1）省略表达式 1：for(;表达式 2;表达式 3)，相当于没有赋初值，此时可以在 for 循环前设置循环变量的初值。

【例 4-34-2】求 1+2+3+…+5 的值并输出。

【代码】

```c
#include <stdio.h>
int main()
{
    int i,sum=0;
    i=1;
    for(;i<=5;i++)
        sum+=i;
    printf("The value of 1+2+3+…+5 is:%d\n",sum);
    return 0;
}
```

（2）省略表达式 2 的情况：for(表达式 1; ;表达式 3)，可以认为循环条件总为真的情况（非 0），此时可在循环体中设置使循环条件为假的语句，或者设置直接跳出循环的语句。

【例 4-34-3】求 1+2+3+…+5 的值并输出。

【代码】

```c
#include <stdio.h>
int main()
{
    int i,sum=0;
    for(i=1;;i++)
    {
        if(i>5) break;
        sum+=i;
    }
    printf("The value of 1+2+3+…+5 is:%d\n",sum);
    return 0;
}
```

（3）省略表达式 3 的情况：for(表达式 1;表达式 2;)，等效于循环变量值始终没有改变，此时可在循环体中设置使循环变量值改变的语句，或者设置直接跳出循环的语句。

【例 4-34-4】求 1+2+3+…+5 的值并输出。

【代码】

```c
#include <stdio.h>
int main()
{
    int i,sum=0;
    for(i=1;i<=5;)
    {
        sum+=i;
        i++;
    }
    printf("The value of 1+2+3+…+5 is:%d\n",sum);
    return 0;
}
```

（4）循环体并入表达式 3 情况：for(表达式 1;表达式 2;循环体,表达式 3);

【例 4-34-5】求 1+2+3+…+5 的值并输出。

【代码】

```c
#include <stdio.h>
```

```
int main()
{
    int i,sum=0;
    for(i=1;i<=5;sum+=i,i++)
        ;
    printf("The value of 1+2+3+…+5 is:%d\n",sum);
    return 0;
}
```

（5）省略表达式 1、表达式 2 的情况：for(; ;表达式 3)

【例 4-34-6】求 1+2+3+…+5 的值并输出。

【代码】

```
#include <stdio.h>
int main()
{
    int i,sum=0;
    i=1;
    for(;;i++)
    {
        if(i>5) break;
        sum+=i;
    }
    printf("The value of 1+2+3+…+5 is:%d\n",sum);
    return 0;
}
```

（6）省略表达式 1、表达式 3 的情况：for(;表达式 2;)

【例 4-34-7】求 1+2+3+…+5 的值并输出。

【代码】

```
#include <stdio.h>
int main()
{
    int i,sum=0;
    i=1;
    for(;i<=5;)
    {
        sum+=i;
        i++;
    }
    printf("The value of 1+2+3+…+5 is:%d\n",sum);
    return 0;
}
```

（7）省略表达式 2、表达式 3 的情况：for(表达式 1; ;)

【例 4-34-8】求 1+2+3+…+5 的值并输出。

【代码】

```
#include <stdio.h>
int main()
{
    int i,sum=0;
    for(i=1;;)
    {
        if(i>5) break;
```

```
        sum+=i;
        i++;
    }
    printf("The value of 1+2+3+…+5 is:%d\n",sum);
    return 0;
}
```

（8）表达式 1 和表达式 3 都可以是简单表达式，也可以是逗号表达式，可以对循环变量进行操作，也可以是其他操作的表达式。

【例 4-34-9】求 1+2+3+⋯+5 的值并输出。

【代码】

```
#include <stdio.h>
int main()
{
    int i,sum;
    for(sum=0,i=1;i<=5;sum+=i,i++)
        ;
    printf("The value of 1+2+3+…+5 is:%d\n",sum);
    return 0;
}
```

（9）省略表达式 1、表达式 2、表达式 3 的情况：for(; ;)也是合法的。

（10）for 语句循环体可以是单条语句，也可以是复合语句（循环体必须用"{}"括起来），也可以是空语句（只有";"），空语句表示不执行任何操作。

（11）for 语句允许相互嵌套，也允许和 while 语句、do⋯while 语句相互嵌套，从而构成多重循环，具体的内容会在之后的章节中介绍。

for 语句与下列形式的 while 语句完全等效：

```
表达式 1;
while(表达式 2)
{
    语句;
    表达式 3;
}
```

4.3.4 goto 语句

goto 语句是一种无条件转移语句。其功能为使程序在没有任何条件的情况下跳转到指定的位置。一般格式为：

```
goto 语句标号;                或        语句标号：…
      语句标号：…                          goto 语句标号;
```

格式要求：

● 语句标号的使用次数不受限制，要求与标识符相同，同一个程序中不得出现重复的语句标号。

● 语句标号后的冒号不可省略，且必须与 goto 语句配合使用。

● goto 语句可以在程序中任意地跳转到指定的标签位置，所以容易破坏程序的逻辑性和安全性，因此，在程序设计过程中，一般要避免出现 goto 语句滥用的情况。

下面举一个简单的例子。

【**例 4-34-10**】求 1+2+3+···+5 的值并输出。

【代码】

```c
#include <stdio.h>
int main()
{
    int i=1,sum=0;
    loop: sum+=i;
    if(i<5)
    {
        i++;
        goto loop;
    }
    printf("The value of 1+2+3+…+5 is:%d\n",sum);
    return 0;
}
```

【运行结果】

```
The value of 1+2+3+…+5 is:15
```

break 语句与
continue 语句

4.3.5　break 语句与 continue 语句

如果需要提前结束循环（在满足循环条件的情况下结束所有循环或当前循环），可以使用 break 或 continue 语句。

1. break 语句

一般格式为：

```
break;
```

break 语句使用说明：

（1）在循环嵌套结构中，break 只跳出离它最近的一层循环。

（2）break 只能与 switch 或循环结合，放入 switch 或循环结构的内部。

（3）一般使用 break 时，可以通过 if 加入限制条件，如 "if(···) break;"。

使用方法为：

● while 中的 break 语句。

```
while(表达式1)
{
    循环体 1
    if(表达式2) break;
    循环体 2
    }
```

算法流程图如图 4-12 所示。

● do···while 中的 break 语句。

```
do
{
    循环体 1
```

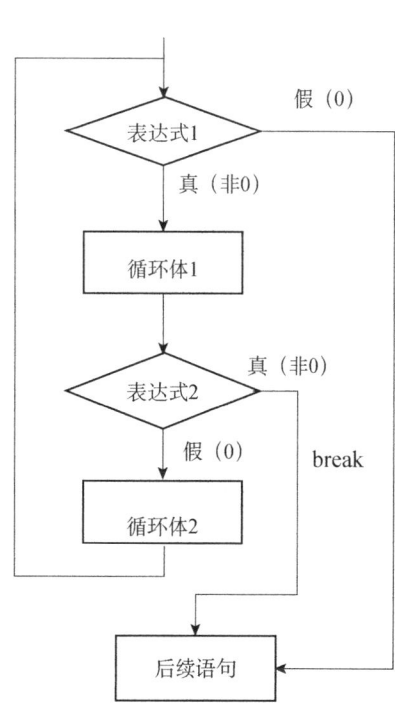

图 4-12　while 中的 break 算法流程图

```
    if(表达式 2) break;
    循环体 2
} while(表达式 1);
```

算法流程图如图 4-13 所示。

● for 中的 break 语句。

```
for(表达式 1;表达式 2;表达式 3)
{
    循环体 1
    if(表达式 4) break;
    循环体 2
}
```

算法流程图如图 4-14 所示。

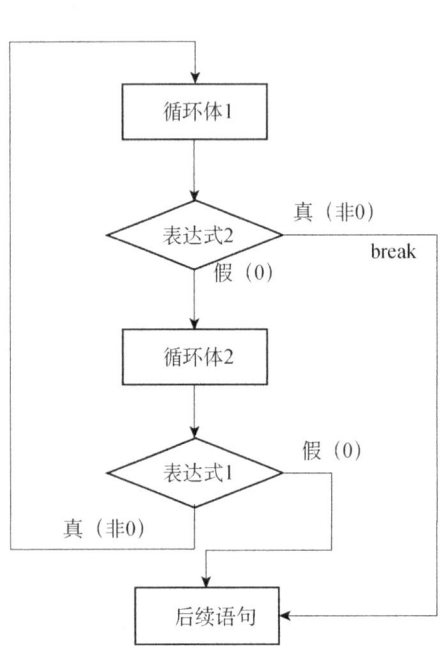

图 4-13　do…while 中的 break 算法流程图

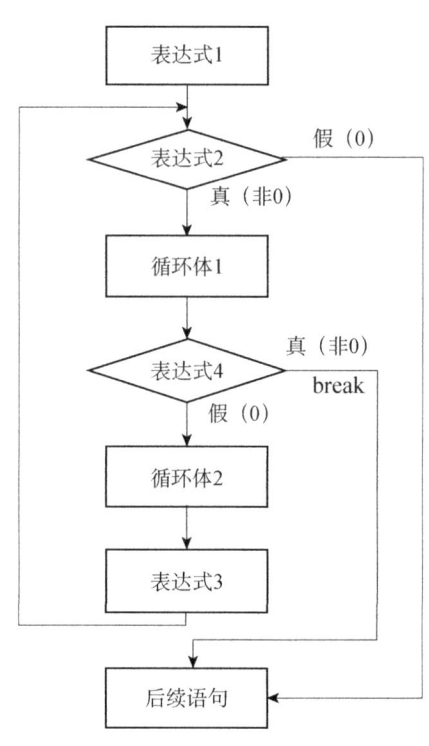

图 4-14　for 中的 break 算法流程图

【例 4-34-11】求 1+2+3+…+5 的值并输出。

【代码】

```
#include <stdio.h>
int main(){
    int i=1, sum=0;
    while(1)  //条件永真
    {
        sum+=i;
        i++;
        if(i>5) break; //当循环控制变量大于 5，跳出循环
    }
```

```
    printf("The value of 1+2+3+…+5 is:%d\n",sum);
    return 0;
}
```

【运行结果】

```
The value of 1+2+3+…+5 is:15
```

【指点迷津】本例中的循环条件本身是无限循环，但由于使用了 break 语句，所以当 i>5 时可以中断循环，因此也能实现 1+2+3+…+5 的功能。

【例 4-35】求满足 1+2+3+…+i>=1000 的最小 i 及此时表达式的和。

【任务分析】此题为求表达式的值，即 s=1+2+3+…+i，但是不知道表达式的项数。要求得满足条件的最小 i，只需要依次求 sum=1+2+…+i，当 sum 的值累加到>=1000 时，终止循环即可。

【代码】

```
#include <stdio.h>
int main()
{
    int i,sum;
    i=1;
    sum=0;
    while(1)  //循环条件永真
    {
        sum+=i;
        if(sum>=1000) break;//当 s>=1000 时终止循环
        i++;
    }
    printf("n=%d,sum=%d\n",i,sum);
    return 0;
}
```

【运行结果】

```
n=45,sum=1035
```

【指点迷津】当执行 break 时，直接结束循环，继续执行循环的后续语句 "printf ("n=%d, sum=%d\n",i,sum);"。

2. continue 语句

与 break 语句不同，continue 语句表示跳过循环体尚未执行的语句，结束本次循环，准备进行下一次循环（不终止整个循环的执行，仅结束本次循环）。continue 语句仅用于循环语句中，其一般格式为：

```
continue;
```

continue 语句使用说明：

（1）在循环嵌套结构中，continue 只作用于离它最近的一层循环。

（2）只能在循环中使用 continue 语句。

（3）continue 常与 if 条件语句一起使用，用来加速循环，如 "if(…) continue;"。

● while 中的 continue 语句。

```
while(表达式1)
{
```

```
    循环体 1
    if(表达式 2) continue;
    循环体 2
}
```

算法流程图如图 4-15 所示。

● do…while 中的 continue 语句。

```
do
{
    循环体 1
    if(表达式 2) continue;
    循环体 2
} while(表达式 1);
```

算法流程图如图 4-16 所示。

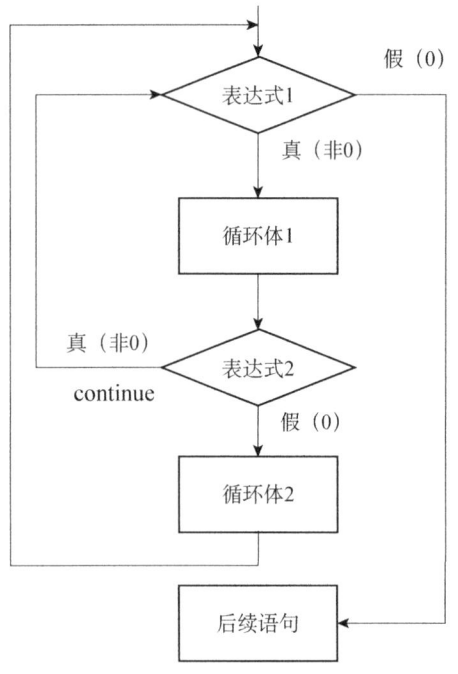

图 4-15　while 中的 continue 算法流程图

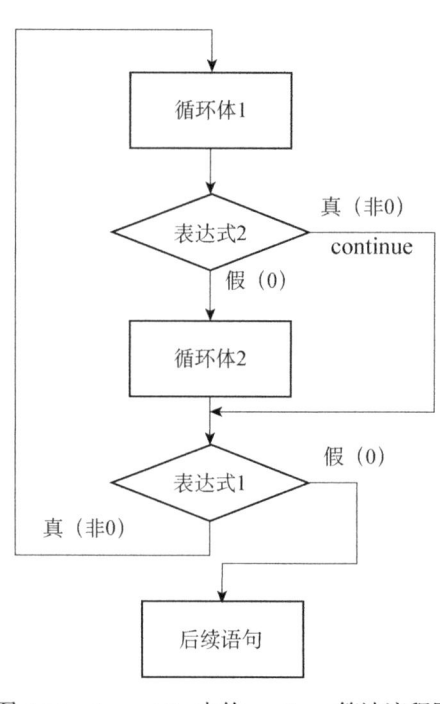

图 4-16　do…while 中的 continue 算法流程图

● for 中的 continue 语句。

```
for(表达式 1;表达式 2;表达式 3)
{
    循环体 1
    if(表达式 4) continue;
    循环体 2
}
```

算法流程图如图 4-17 所示。

【例 4-36】输入 10 位学生成绩，统计这些同学的及格率。

算法流程图如图 4-18 所示。

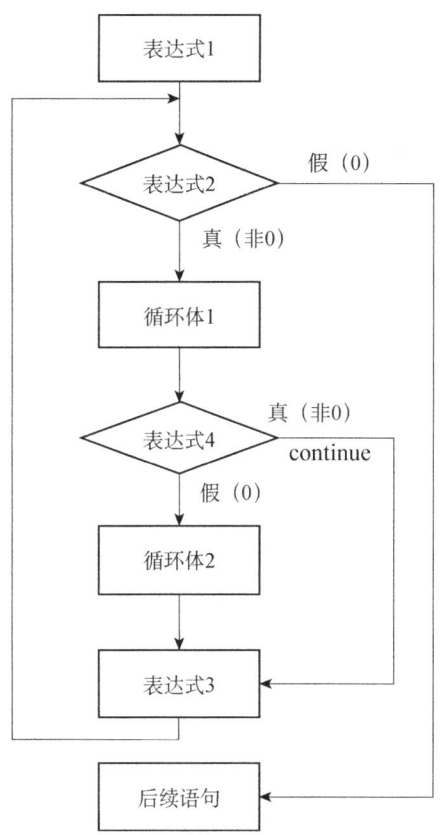

图 4-17　for 中的 continue 算法流程图

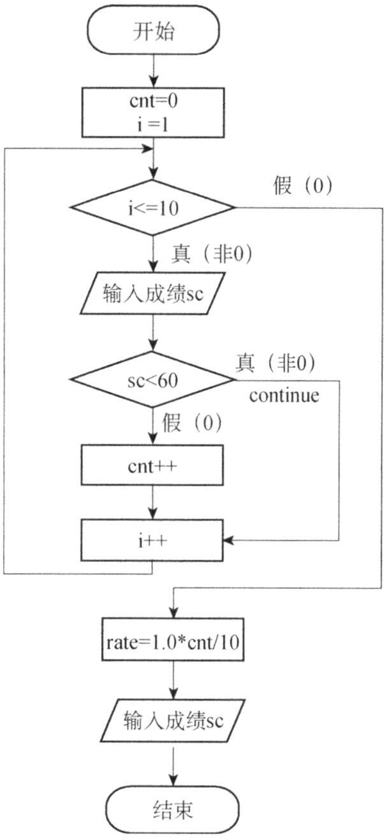

图 4-18　算法流程图

【代码】

```
#include <stdio.h>
#define N 10
int main()
{
    int i,cnt=0,sc;
    float rate;
    for(i=1;i<=N;i++)
    {    scanf("%d",&sc);          //输入每位学生的成绩
        if(sc<60)     continue;    //若输入的成绩<60，跳过当前循环，执行 i++
        cnt++;
    }
    rate=1.0*cnt/N;
    printf("The passing rate is %.2f\n",rate);
    return 0;
}
```

【运行结果】

```
98 87 79 96 69 57 85 94 75 100
The passing rate is 0.90
```

【指点迷津】当执行 continue 时，直接结束当前循环，继续执行 i++后再判断 i<=10，如果值为真（非 0），则再次执行循环体……

3. 比较 break 语句与 continue 语句

为使读者理解 break 与 continue 的区别，请分析如下代码。

【例 4-37-1】

```c
#include <stdio.h>
int main()
{
    int i;
    for(i=1;i<10;i++)
    {
        if(i%3==0)
                break;
            printf("%d",i);
    }
    return 0;
}
```

【运行结果】

```
1 2
```

【指点迷津】 循环运行过程分析：

i=1，循环条件 i<10 成立，执行循环体，if(i%3==0)不成立，执行 printf 语句，输出 1；

i=2，循环条件 i<10 成立，执行循环体，if(i%3==0)不成立，执行 printf 语句，输出 2；

i=3，循环条件 i<10 成立，执行循环体，if(i%3==0)成立，执行 break 跳出循环，执行 return 0，程序运行结束。

【例 4-37-2】

【代码】

```c
#include <stdio.h>
int main()
{
    int i;
    for(i=1;i<10;i++)
    {
        if(i%3==0)
            continue;
        printf("%d",i);
    }
    return 0;
}
```

【运行结果】

```
1 2 4 5 7 8
```

【指点迷津】 循环运行过程分析：

i=1，循环条件 i<10 成立，执行循环体，if(i%3==0)不成立，执行 printf 语句，输出 1；

i=2，循环条件 i<10 成立，执行循环体，if(i%3==0)不成立，执行 printf 语句，输出 2；

i=3，循环条件 i<10 成立，执行循环体，if(i%3==0)成立，执行 continue 结束当前的循环，但是继续执行 i++；

i=4，循环条件 i<10 成立，执行循环体，if(i%3==0)不成立，执行 printf 语句，输出 4；

…

break 与 continue 的对比：break 用来结束所有循环，循环语句不再有执行的机会；continue 用来结束本次循环，直接跳到下一次循环，如果循环条件成立，还会继续执行循环。

4.3.6　循环嵌套结构

循环嵌套结构

一般把循环体内不再包含其他循环的循环结构称为单层循环，循环的嵌套是指在一个循环体内又包含另外一个完整的循环结构，如二重循环、三重循环等。多重循环的执行过程是：外层循环每执行一次，就要循环完成内层循环的每一次。以下是常见的几种双重嵌套循环结构。

```
(1)  while()            //外层循环
     {   …
            while()     //内层循环
            {
            …
             }
         …
      }

(2)  do                 //外层循环
     {   …
            do          //内层循环
            {
               …
            }while( );
         …
      }while( );

(3)  while()            //外层循环
     {    …
            do          //内层循环
            {
               …
            }while( );
      …
        }

(4)  for( ; ;)          //外层循环
    {   …
            do          //内层循环
            {
               …
            }while();
         …
        while()         //内层循环
          {
        …
          }
         …
    }
```

例如：

```
for(i=1;i<=9;i++)
{
  for(j=1;j<=i;j++)
    printf("%d*%d=%-5d",j,i,i*j);
  printf("\n");
}
```

在以上的二重循环中，外层循环共执行 9 次，而每执行一次外层循环，内层循环都要执行 i 次（j 从 1 循环到 i）。例如：

外层循环变量 i 为 1 时，内层循环中 j 的值从 1 至 1，即内层循环执行 1 次；

外层循环变量 i 为 2 时，内层循环中 j 的值从 1 至 2，即内层循环执行 2 次；

外层循环变量 i 为 3 时，内层循环中 j 的值从 1 至 3，即内层循环执行 3 次；

...

外层循环变量 i 为 9 时，内层循环中 j 的值从 1 至 9，即内层循环执行 9 次。

因此，循环共执行了 1+2+3+4+...+9 次，即 45 次。

多重循环结构需要注意如下事项：

● 循环可以相互嵌套，层数不受限制。

● 循环中可以包含多个内层循环，但是各循环间不可相互交叉。

● 嵌套循环的执行流程，每次外层循环执行一次，内层循环必须从头开始执行。

多重循环结构在实际中应用非常广泛，下面举实例解释。

【例 4-38】 编写程序，打印如图 4-19 所示图形。

```
    *
   ***
  *****
 *******
*********
```

图 4-19　例 4-38 图形

【任务分析】 一般地，打印二维图案的程序都由二层循环来实现，外层循环用来控制打印内容的行数，内层循环用来控制打印内容的个数。在解决此题前，请读者分析如下代码：

【例 4-38】讲解 1　　【例 4-38】讲解 2

```
for(i=1;i<=N;i++) printf("*");
```

以上语句每循环一次将打印一个"*"，即输出"*"的数量等于循环的次数，也就是说，输出符号的数量是由循环次数决定的。对于本例，只需用一个通项公式表示每行输出的符号数量即可。

分析打印图形，得到每行的符号组成情况如表 4-5 所示。

表 4-5　每行符号的组成

行数	1	2	3	4	5	一般项 i 中每行数量
每行前输出的空格数	4	3	2	1	0	5-i
每行输出符号的个数	1	3	5	7	9	2*i-1
换行	1	1	1	1	1	1

由表 4-5 可知，我们只需把每行前输出的空格数一般项、每行打印"*"个数一般项填入内层循环的 N 即可。

【代码】

```
#include <stdio.h>
int main()
{
   int i,j;
   for (i=1;i<=5;i++)          //外层循环次数即打印的行数
   {
      for(j=1;j<=5-i;j++)      //循环次数即每行打印的空格数
         printf(" ");
      for(j=1;j<=2*i-1;j++)    //循环次数即每行打印的符号数
         printf("*");
      printf("\n");            //打印当前行的每一列后换行
   }
   return 0;
}
```

【运行结果】

略。

【指点迷津】外层循环 for (i=1;i<=5;i++)包含了多条语句，因此必须把包含在外层循环中的语句用{}括起来，否则外层循环只包括第一条语句。

推广到一般情况，打印符号的大致代码形式如下：

```
for(i=1;i<=行数;i++)
{
  for(j=1;j<=每行的空格数与行的关系;j++)
     printf(" ");
  for(j=1;j<=每行的符号数与行的关系;j++)
     printf("符号");
  printf("\n");
}
```

【例 4-39】讲解 1

【例 4-39】编写程序，打印如图 4-20 所示图形。

```
  **  **********
 ****  ********
****** ******
******** ****
********** **
```

图 4-20　例 4-39 打印图形

【例 4-39】讲解 2　　【例 4-39】讲解 3

【任务分析】分析打印图形，得到每行由如下五部分构成：前面空格、前半部分输出的*、2 个空格、后半部分输出的*、换行。具体组成情况如表 4-6 所示。

表 4-6　每行组成情况

行数	1	2	3	4	5	一般项 i 中每行数量
每行前输出的空格数	4	3	2	1	0	5-i
每行前部分符号数	2	4	6	8	10	2*i
两符号间的空格	2	2	2	2	2	2
每行后部分符号数	10	8	6	4	2	12-2*i
换行	1	1	1	1	1	1

由表 4-6 可知，我们只需将上述每行的五部分符号数量的一般项填入内层循环的循环次数即可。

【代码】

```
#include <stdio.h>
int main()
{
  int i,j;
  for (i=1;i<=5;i++)          //外层循环次数控制输出的总行数
  {
    for(j=1;j<=5-i;j++)       //循环次数即每行最前部分输出的空格数
      printf(" ");
    for(j=1;j<=2*i;j++)       //循环次数即每行输出的左侧符号数
      printf("*");
    printf("  ");             //输出空格
    for(j=1;j<=12-2*i;j++)    //循环次数即每行输出的右侧符号数
      printf("*");
    printf("\n");             //输出当前行的所有列后，换行
  }
  return 0;
}
```

【例 4-40】编写程序，打印如图 4-21 所示图形。

【任务分析】本题的解决方案很简单，只需要将图形分为上部分 5 行、下部分 4 行，然后分别打印即可（也可以上部分 4 行、下部分 5 行）。

```
        a
       bbb
      ccccc
     ddddddd
    eeeeeeeee
     fffffff
      fffff
       fff
        f
```

图 4-21　例 4-40 打印图形

【代码】

```
#include <stdio.h>
int main()
{
  int i,j;
  for(i=1;i<=5;i++)           //输出图中上部分 5 行，外层循环次数控制输出的总行数
  {
    for(j=1;j<=5-i;j++)       //循环次数即每行前输出的空格数
      printf(" ");
    for(j=1;j<=2*i-1;j++)     //循环次数即每行输出的符号数
      printf("%c",'a'+i-1);
    printf("\n");             //输出当前行的所有列后，换行
  }
  for (i=1;i<=4;i++)          //输出图中下部分 4 行
  {
    for(j=1;j<=i;j++)
      printf(" ");
    for(j=1;j<=9-2*i;j++)
      printf("%c",'a'+5);
    printf("\n");
  }
  return 0;
}
```

【运行结果】略。

4.3.7　程序举例

【例 4-41】输出水仙花数（水仙花数是指一个三位数，这个数等于它的百位、十位、个位数字的立方和）。如 153 是水仙花数：$153=1^3+5^3+3^3$。

【程序分析】

（1）水仙花数 i 是一个三位数，因此其取值范围为[100,999]，用 for 循环对每一个三位数进行判断。

（2）计算 i 的个位、十位、百位数字：

百位数字=i/100;
十位数字=(i-百位数字*100)/10;或十位数字=i%100/10;或十位数字=i/10%10;
个位数字=i%10;

（3）求出各位数字的立方和，判断它与数本身是否相等，若相等，则此数是水仙花数；否则不是水仙花数。

【代码】

```c
#include <stdio.h>
#include <math.h>
int main()
{
  int i,one,ten,hundred;
  for(i=100;i<=999;i++)
  {
    hundred=i/100;                  //求出 i 的百位数字
    ten=(i-hundred*100)/10;         //求出 i 的十位数字
    one=i%10;                       //求出 i 的个位数字
    if(pow(hundred,3)+pow(ten,3)+pow(one,3)==i)     //判断 i 是否满足条件
       printf("%d\n",i);
  }
    return 0;
}
```

【运行结果】

```
153
370
371
407
```

【例 4-42】输出斐波那契（Fibonacci）数列：1，1，2，3，5，8，……的前 40 项。斐波那契序列的头两项均为 1，后面任意一项都是其前两项之和。

【程序代码】

```c
#include <stdio.h>
int main()
{
    long int f1,f2,i;
    f2=f1=1;                    //第 1、2 项的值均为 1
    for(i=1;i<=20;i++)          //循环 20 次，一次输出并计算 2 项，结果为前 40 项
    {
        printf("%12d%12d",f1,f2);   //输出前两项
        f1=f1+f2;
        f2=f2+f1;                   //计算接下来的两项
```

```
        if(i%3==0)                    //每行 6 项输出
            printf("\n");
    }
    printf("\n");
    return 0;
}
```

【运行结果】

1	1	2	3	5	8
13	21	34	55	89	144
233	377	610	987	1597	2584
4181	6765	10946	17711	28657	46368
75025	121393	196418	317811	514229	832040
1346269	2178309	3524578	5702887	9227465	14930352
24157817	39088169	63245986	102334155		

【例 4-43】使用下列格里高利公式求 π 的近似值，要求精确到最后一项的绝对值小于 10^{-5}：

$$\frac{\pi}{4} = 1 - \frac{1}{3} + \frac{1}{5} - \frac{1}{7} + \cdots\cdots$$

【任务分析】这是多项式求和的问题，且循环次数未知。累加的通项第 i 项可表示为：$a_i = pow(-1,i-1)/(2*i-1)$，只需要将每一通项 a_i 累加即可。

【程序代码】

```c
#include<stdio.h>
#include<math.h>
int main()
{
    int i;
    float pi,ai;
    pi =0;
    i=1;
    do
    {
        ai= pow(-1,i-1)/(2*i-1);
        pi = pi +ai;
        i++;
    }while(fabs(ai)>=1e-5);
    pi = pi *4;
    printf("PI=%f\n", pi);
    return 0;
}
```

【运行结果】

```
PI=3.141616
```

【指点迷津】变量 ai 用来存放累加项的通式。变量 pi 用来存放累加和，初始值为 0，当结束循环后，要乘以 4 才能得出真正的 PI 值。

【例 4-44】编程实现如下功能：运行时若输入 a、n 分别为 2、5，则输出下列表达式的值：2+22+222+2222+22222。

【任务分析】本例为多项式求和的问题，循环次数为 n。累加的通项第 i 项可表示为：$a_i = a_i*10+a$，只需要将每一通项 a_i 累加即可。

【程序代码】

```c
#include <stdio.h>
int main()
{
    int i,a,n;
    long t,s;
    t=s=0;
    printf("Input a b:");
    scanf("%d%d",&a,&n);
    for(i=1;i<=n;i++)
    {
        t=t*10+a;
        s=s+t;
    }
    printf("%ld\n",s);
    return 0;
}
```

【运行结果】

```
Input a b:2 5
24690
```

【例 4-45】输入两个正整数 m、n，求两个数的最大公约数和最小公倍数。

【任务分析】方法 1：采用 Euclid 算法求最大公约数：

（1）用 m 除以 n，余数为 r。

（2）若 r＝0，则 n 为最大公约数，结束，否则执行（3）。

（3）将 n 的值赋值给 m，r 的值赋值给 n，执行（1）。

最小公倍数等于两个正整数的乘积与最大公约数的商。

【程序代码】

```c
#include<stdio.h>
int main()
{
    int m,n,a,b,r;
    printf("Input two positive integer:");
    scanf("%d%d", &m, &n);
    a=m;
    b=n;
    while(b!=0)
    {
        r=a%b;
        a=b;
        b=r;
    }
    printf("Their GCD is %d,LCM is %d\n", a, m*n/a);
    return 0;
}
```

【运行结果】

```
Input two positive integer:12 18
Their GCD is 6,LCM is 36
```

【任务分析】方法 2：采用定义法求最大公约数，两数的最大公约数的定义为能同时整除这两个数的最大数。

【程序代码】

```c
#include <stdio.h>
int main()
{
    int m,n,i,min,gcd,lcm;
    printf("Input m,n:");
    scanf("%d,%d",&m,&n);
    min=m;
    if(min>n)min=n;
    for(i=min;i>=1;i--)
    {
        if(m%i==0 && n%i==0)
        {
            gcd=i;break;
        }
    }
    lcm=m*n/gcd;
    printf("最大公约数为:%d,最小公倍数为：%d\n",gcd,lcm);
    return 0;
}
```

【运行结果】

```
Input m,n:12,8
最大公约数为:4,最小公倍数为：24
```

【例 4-46】输入一行字符，统计并输出其中英文字母、数字和其他字符的个数。

【程序分析】利用 while 语句，判断的条件为输入的字符不为'\n'。

```c
#include <stdio.h>
int main( )
{
    int digit, i, letter, other;
    char ch;
    digit = letter = other = 0;
    printf("Enter characters: ");
    while((ch=getchar())!= '\n')
    {
        if((ch>='a' && ch<='z')||( ch>='A' && ch<='Z'))
            letter ++;
        else if(ch >= '0' && ch <= '9')
            digit ++;
        else
            other ++;
    }
    printf("letter=%d,digit=%d,other=%d\n",letter, digit, other);
    return 0;
}
```

【运行结果】

```
Enter characters: f(x)=3a+b-10
letter=4,digit=3,other=5
```

【**例 4-47**】打印九九乘法表。

【**代码 1**】

```c
#include <stdio.h>
int main()
{
    int i, j;
    for (i=1; i<=9; ++i)    //共 9 行
    {
        for (j=1; j<=i; ++j)   //每行有 i 列
        {
            printf("%d*%d=%2d  ", j, i, i*j); //每行中所有列的输出内容
        }
        printf("\n");
    }
    return 0;
}
```

【**运行结果 1**】

```
1*1=1
1*2=2    2*2=4
1*3=3    2*3=6    3*3=9
1*4=4    2*4=8    3*4=12   4*4=16
1*5=5    2*5=10   3*5=15   4*5=20   5*5=25
1*6=6    2*6=12   3*6=18   4*6=24   5*6=30   6*6=36
1*7=7    2*7=14   3*7=21   4*7=28   5*7=35   6*7=42   7*7=49
1*8=8    2*8=16   3*8=24   4*8=32   5*8=40   6*8=48   7*8=56   8*8=64
1*9=9    2*9=18   3*9=27   4*9=36   5*9=45   6*9=54   7*9=63   8*9=72   9*9=81
```

【**指点迷津**】本例属于多行多列的符号输出，一般采用双重循环，外层循环次数用于控制行数（9 行），内层循环次数用于控制列数（每行有 i 列），每行中第 j 列输出的内容可用 printf ("%d*%d=%2d", j, i, i*j)表示。

【**例 4-48**】输入一个正整数，判断这个数是否是素数（素数定义为只能被 1 和它本身整除的正整数，1 不是素数，2 是素数）。

【**任务分析**】：判断一个数 n 是否为素数，需要判断该数是否能被除 1 和自身以外的其他数整除，即判断 n 能否被 2～n-1 之间的数整除。设 i 取值[2, n-1]，若 n 不能被该区间上的任何一个 i 整除，则 n 是素数；但是只要 n 能被该区间上的某个 i 整除，则 n 不是素数，不必寻找下一个能整除 n 的 i（break 跳出循环）。

方法 1

【**程序代码**】

```c
#include <stdio.h>
int main()
{
  int i,n,flag;//flag 为标志 n 是否为素数
  printf("请输入 n 的值：");
  scanf("%d",&n);
  if (n==1)
    flag=0;
  else
  {
    flag=1;
    for(i=2;i<=n-1;i++)
```

```
        {
            if(n%i==0)                //如果 n 能被某个 i 整除，则 n 不是素数
            {
                flag=0;               //标志为非素数
                break;                //提前结束循环
            }
        }
    }
    if(flag)
        printf("%d 是素数\n",n);
    else
        printf("%d 不是素数\n",n);
    return 0;
}
```

【运行结果】

请输入 n 的值：11
11 是素数

【指点迷津】

（1）根据素数的定义，1 不是素数，因此当 n=1 时，flag=0；当 n>=1 时，假设 n 为素数，程序的 for 循环中，使用 n 除以从 2 到 n-1 之间的整数 i，一旦 n 能被其中的某个 i 整除则说明 n 不是素数，此时标志 flag=0，且通过 break 语句提前结束循环。循环体中若 n 不能被其中的某个 i 整除，仍不能立即得出 n 是素数的结论，还必须继续循环，直到所有的 i 均完成测试，才能得出 n 为素数的结论。

（2）n 不可能被大于 n/2 的数整除，所以上述 i 的取值区间可以缩小到[2, n/2]，可将程序中的 for(i=2;i<=n-1;i++)改为 for(i=2;i<=n/2;i++)。

（3）从数学的角度考虑，i 的取值区间还可以缩小到[2, sqrt(n)]以进一步缩小循环次数，将程序中的 for(i=2;i<=n-1;i++)改为 for(i=2;i<=sqtr(n);i++)，即若 n 不能被属于[2, sqrt(n)]的任何一个整数整除，则 n 就是素数。例如，对于 29，只要判断能否被 2、3、4、5 整除即可，原因如下：若 n 能被某一个整数整除，则可表示为 n=a*b，而 a 和 b 之中必然有一个小于或等于 sqrt(n)。判断 n 是否为素数的过程就是用 n 依次除以属于[2, sqrt(n)]的每一个数，若 n 能被其中一个数整除，则 n 肯定不是素数（记住，要加上如下预处理命令：#include <math.h>）。

方法 2

【程序代码】

```
#include <stdio.h>
#include <math.h>
int main()
{
    int i,n;
    printf("请输入 n 的值：");
    scanf("%d",&n);
    if (n==1)
        printf("%d 不是素数\n",n);
    else
    {
        for(i=2;i<=sqrt(n);i++)
        {
```

```
        if(n%i==0)              /*如果 n 能被某个 i 整除，则 n 不是素数*/
            break;              /*提前结束循环*/
    }
    if(i>sqrt(n))
        printf("%d 是素数\n",n);
    else
        printf("%d 不是素数\n",n);
    }
    return 0;
}
```

【运行结果】

请输入 n 的值：11
11 是素数

【指点迷津】本方法的关键在于：跳出循环后，若 i>sqrt(n)为真，则说明 i 经历了每一次循环，直到循环条件不满足，跳出循环，n 是素数；若 i>sqrt(n)为假，则说明某个 i 因满足 if(n%i==0)的条件，执行了 break 而跳出循环，而当前的 i 即为 n 的因子，此时 n 不是素数。

【例 4-49】输出 101～200 之间的素数个数，并统计个数。要求每行输出 5 个数。

【任务分析】在完成输入一个正整数，判断这个数是否是素数的程序后，本例的解决方法很简单，只需将输入 n 的语句由 for(n=101;n<=200;n++)来代替即可。但对于偶数来说，它一定不是素数，因此可以修改为 for(n=101;n<=200;n+=2)。

每行输出 5 个数的解决办法为：定义一个计数器变量 count，记录当前输出的素数个数，当 count 为 5 的倍数时，换行即可。

【代码】

```
#include <stdio.h>
#include <math.h>
int main()
{
  int i,n,count=0;
  for(n=101;n<=200;n+=2)
  {
    for(i=2;i<=sqrt(n);i++)
    {
        if(n%i==0)              //如果 n 能被某个 i 整除，则 n 不是素数
        {
            break;             //提前结束循环
        }
    }
    if(i>sqrt(n))  //若 n 为素数
    {
        printf("%d ",n);       //输出 n
        count++;               //输出的素数个数增 1
        if(count%5==0)         //当输出的素数个数为 5 的倍数，换行
            printf("\n");
    }
  }
  return 0;
}
```

【运行结果】

```
101 103 107 109 113
127 131 137 139 149
151 157 163 167 173
179 181 191 193 197
199
```

【例 4-50】将一个正整数进行质因数分解，如输入180，打印输出 180=2*2*3*3*5。

【程序分析】若对 n 进行质因数分解，应先找到一个最小的质数 i，然后按下述步骤完成：

（1）如果这个质数恰等于 n，则说明分解质因数的过程已经结束，打印出即可。

（2）如果 n!=i，但 n 能被 i 整除，则应打印出 i 的值，并用 n 除以 i 的商，作为新的正整数 n，重复执行第（1）步。

（3）如果 n 不能被 i 整除，则用 i+1 作为 i 的值，重复执行第（1）步。

程序源代码：

```c
int main()
{
  int n,i;
  printf("Input a number:\n");
  scanf("%d",&n);
  printf("%d=",n);
  for(i=2;i<=n;i++)              //i 从 2 循环至 n
  {
      while(n!=i)
      {
          if(n%i==0)
          {
              printf("%d*",i);//i 为质因子
              n=n/i;
          }
          else
              break;
      }
  }
  printf("%d",n);
  return 0;
}
```

【例 4-51】完全数（Perfect Number），又称完美数或完备数，它是一些特殊的自然数：所有的真因子（即除了自身以外的约数）的和（即因子函数），恰好等于它本身。例如，6 是完全数（6=1+2+3）。要求编写程序，输出 999 内所有的完全数。

【任务分析】可采用遍历的方式，对范围内的数值逐个判断是否满足完全数的条件。

本题的关键是求出数值 n 的因子 i，即判断 n 能否被每一个 i（范围为从 1 到 n-1）整除，若能被整除，说明当前 i 为 n 的一个因子，将其累加入 sum。

本题可利用两层循环实现，外层循环控制该数的范围[2, 999]；内层循环 i 控制除数的范围为[1, n-1]，通过 n 对 i 取余，是否等于 0，找到该数的各个因子。

特别注意，每次判断下一个 n 之前，必须将 sum 的值重置为 0。

【代码】

```c
#include<stdio.h>
int main()
{
    int n,sum,i;
    for(n=2;n<1000;n++)                  //判断[2，999]间的每一个数
    {
        sum=0;                           //sum 存放因子的和
        for(i=1;i<n;i++)                 //检查 i 是否是 n 的因子
            if(n%i==0)
                sum=sum+i;               //将因子 i 累加入 sum
        if(n==sum)                       //如果 n 等于因子和
        {
            printf("%d is a perfect number, it\'s factors are:",n);
            for(i=1;i<n;i++)
                if(n%i==0)
                    printf("%d ",i);     //输出所有的因子
            printf("\n");
        }
    }
    return 0;
}
```

【运行结果】

```
6 is a perfect number, it's factors are:1 2 3
28 is a perfect number, it's factors are:1 2 4 7 14
496 is a perfect number, it's factors are:1 2 4 8 16 31 62 124 248
```

【例 4-52】我国古代数学家在《算经》中出了一道题：“鸡翁一，值钱五；鸡母一，值钱三；鸡雏三，值钱一。百钱买百鸡，问鸡翁、鸡母、鸡雏各几何？”（要求每种类型不少于 1 只）。

【任务分析】可使用穷举法，即使用 for 循环把所有可能的组合都遍历一遍，再结合题意使用 if 条件只保留符合条件的方案。

【代码 1】

```c
#include <stdio.h>
int main()
{
    int cock,hen,chick;
    for(cock=1;cock<=100;cock++)
    {
        for(hen=1;hen<=100;hen++)
        {
            for(chick=1;chick<=100;chick++)
            {
                if (cock*5+hen*3+chick/3.0==100 && cock+hen+chick == 100)
                    printf("鸡翁:%d,鸡母:%d,鸡雏:%d\n",cock,hen,chick);
            }
        }
    }
    return 0;
}
```

【运行结果】

```
鸡翁:4,鸡母:18,鸡雏:78
鸡翁:8,鸡母:11,鸡雏:81
鸡翁:12,鸡母:4,鸡雏:84
```

【指点迷津】上述程序中，循环层数为 3 层，总次数为 $100 \times 100 \times 100$ 次，穷举次数到达 100 万级别，这是非常糟糕的。

对于上述题目，其实使用双重循环即可解决：分别指定鸡翁数量 cock、鸡母数量 hen，因总共 100 只鸡，则鸡雏数量 chick=100-cock-hen，对每种情况使用循环分别验证是否满足 100 钱的条件，满足则输出当前的 cock、hen 和 chick 的数量组合。

【代码2】

```c
#include <stdio.h>
int main()
{
  int cock,hen,chick;
  for(cock=1;cock<=100;cock++)
    for(hen=1;hen<=100;hen++)
    {
      chick=100-cock-hen;                    //满足 100 只鸡
      if(cock*5+hen*3+chick/3.0==100)        //判断是否满足 100 钱
        printf("鸡翁:%d,鸡母:%d,鸡雏:%d\n",cock,hen,chick);
    }
  return 0;
}
```

【指点迷津】上述程序中，循环层数为 2 层，总次数为 100×100 次，穷举次数为 1 万次，也不是十分理想。

全部钱用来买鸡翁则可以买 100/5=20 只，但不可能是 20，否则 100 钱刚好买 20 只鸡翁，没有钱买其他两种鸡，与题意不符，所以 cock 的取值范围为 1～19；同理，全部钱用来买鸡母则可以买约 33 只；在确定了鸡翁和鸡母的只数后，鸡雏的只数便确定为 chick = 100-cock-hen，则约束条件为 1<= cock <=19；1<= hen <=33；chick = 100 −（cock + hen）。

【代码3】

```c
#include <stdio.h>
int main()
{
    int cock,hen,chick;
    for(cock=1;cock<=19;cock++)
      for(hen=1;hen<=33;hen++)
      {
        chick=100-cock-hen;
        if(cock*5+hen*3+chick/3.0==100)
          printf("鸡翁:%d,鸡母:%d,鸡
          雏:%d\n",cock,hen,chick);
      }
    return 0;
}
```

【指点迷津】上述程序中穷举次数为 $19 \times 33 = 714$ 次，有了一定程度上的降低。你还能进一步优化此算法吗？

【**例 4-53**】输入若干学生成绩，以-1 结尾，统计这些成绩的平均值并输出。

【**任务分析**】本题要求输入若干学生成绩，若使用顺序结构，为每位学生成绩定义一个变量用于存储具体分数，因学生人数未知，变量个数也不能确定，显然不合理。

读者可以这样分析：第一次输入一个学生的成绩，如果这个成绩不等于-1，将此成绩累加入所有学生总分，学生个数增 1，同时输入下一个学生成绩，再次判断此成绩是否不等于-1，…，如果输入的成绩等于-1，终止循环，计算平均分=总分/学生数，输出平均值。算法流程图 4-22 所示。

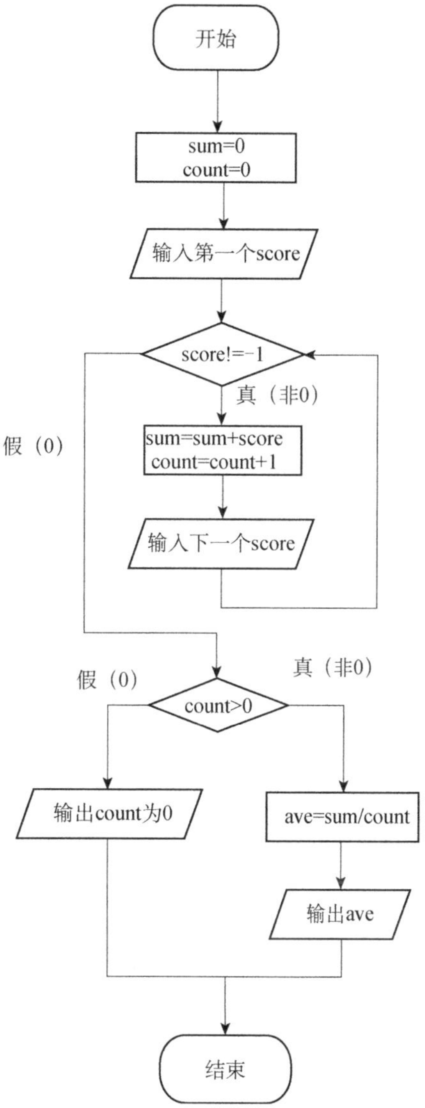

【**代码**】

```c
#include <stdio.h>
int main()
{
    int score;
    float sum=0,ave;
    int count=0;

    printf("Enter the 1th score:");
            //输出提示信息
    scanf("%d",& score);
            //输入第 1 位学生成绩
    while(score!=-1)
            //当成绩不等于-1 时循环
    {
        sum+= score;
            //累加学生总成绩
        count++;
            //人数加 1
        printf("Enter the %dth
score:",count+1);   //输出提示信息
        scanf("%d",&score);
            //输入下一位学生成绩
    }
    if(count>0)                              //当输入的成绩数大于 0
    {
        ave=sum/count;
        printf("The %d students have an average score of %.2f\n",count,ave);
    }
    else
        printf("The number of the score is 0\n");
    return 0;
}
```

图 4-22　算法流程图

【运行结果】

```
Enter the 1th score:65
Enter the 2th score:75
Enter the 3th score:85
Enter the 4th score:95
Enter the 5th score:100
Enter the 6th score:-1
The 5 students have an average score of 84.00
```

【指点迷津】 语句 "printf("Enter the %dth score:",count+1);" 中，"count+1" 表示是下一次输入的成绩是第几位同学；另外为了避免输入成绩项数为 0 导致 "ave=sum/count" 中分母为 0 出错，增加了条件限制 "if(count>0)"。

4.4 本章小结及常见错误

4.4.1 本章小结

本章主要介绍了简单的数据输入/输出函数：字符输出函数 putchar()、字符输入函数 getchar()、格式输出函数 printf() 和格式输入函数 scanf()，程序的 3 种基本结构：顺序结构、选择结构、循环结构。

选择结构：在程序执行中根据某些条件是否成立，确定这些操作是否执行，或者在若干个操作中确定由哪些操作来执行。实现选择结构的语句有 if 语句与 switch 语句。

循环结构：程序执行时反复执行某些操作，C 语言提供 3 种循环语句。实现循环结构的语句有 while 语句、do…while 语句、for 语句及 goto 语句，其中 while 语句与 for 语句先判断循环条件，后执行循环体，而 do…while 语句先执行循环体，后判断循环条件。goto 语句也可实现循环结构，但现在极少使用。

break 语句与 continue 语句功能为使程序跳出语句体。break 语句可以与循环或者 switch 语句结合，其功能是结束循环体或者跳出 switch 结构；continue 语句只与循环结合使用，功能为结束当前循环，进入下一次循环。

4.4.2 常见错误

（1）if 中，误将 "=" 用作 "==" 来表示相等，语句会出现意想不到的结果，如：

```
if(i=1)        //此处为赋值表达式，表达式的值为1，非0条件永远成立
 {
    …
 }
```

应修改为：

```
if(i==1)       //此处为关系表达式，当i的值为1时，条件成立
 {
    …
 }
```

（2）误将 "if(exp)" 写作 "if(exp);"，如：

```
if(x>y);       //当条件成立时，执行 "；" 空语句
    z=1;
```

改为：

```
if(x>y)          //当条件成立时，执行 z=1
    z=1;
```

（3）if 语句中，复合语句漏掉 "{ }"。

```
if(te>=37.5)
  printf("You have a fever!\n");
  printf("See the doctor:\n");      //此语句为顺序结构，不属于 if 结构
```

改为：

```
if(te>=37.5)
{
  printf("You have a fever!\n");
  printf("See the doctor:\n");      //两条语句均属于 if 结构
}
```

（4）循环开始前，未进行必要的初始化操作，如：

```
while(i<=10)            //i 和 s 均未初始化
{
  s+=i;
  i++;
}
```

应改为：

```
i=1;
s=0;
while(i<=10)
{
  s+=i;
  i++;
}
```

（5）未修改循环条件，导致死循环，如：

```
while(i<=10)            //未修改 i 的值
{
  s+=i;
}
```

应改为：

```
while(i<=10)
{
  s+=i;
  i++;                 //修改 i 的值
}
```

（6）循环条件中，误将 "=" 用作 "=="，表示相等，会出现意想不到的结果，如：

```
while(i=1)            //此处为赋值表达式，表达式的值为1，非0条件永远成立
 {
    …
 }
```

应改为：

```
while(i==1)                //此处为关系表达式，当 i 的值为 1 时，条件成立
 {
      ...
 }
```

（7）误将"while(exp)"写作"while(exp);"，则循环体只包括"；"，如：

```
while(i>0);               //此处循环体为空语句，后续{}中的语句不属于循环体
{
    s+=i;
    i++;
}
```

应改为：

```
while(i>0)                //此处循环体为后续的{}中的语句
{
    s+=i;
    i++;
}
```

（8）误将"for(exp1;exp2;exp3)"写作"for(exp1;exp2;exp3);"，则循环体只包括"；"，如：

```
for(i=1;i<10;i++);  //此处循环体为空语句，后续"s+=i;"中的语句不属于循环体
    s+=i;
```

应改为：

```
for(i=1;i<10;i++)
    s+=i;                 //此处循环体为"s+=i;"
```

（9）do…while 语句中的 while 后，忘记加"；"，如：

```
do
{
    s+=i;
    i++;
} while(i>0)              //此处应有"；"，否则编译错误
```

改为

```
do
{
    s+=i;
    i++;
} while(i>0);
```

（10）循环体的复合语句漏掉"{ }"，如：

```
while(i>0)               //此处循环体为只包括"s+=i;"
    s+=i;
    i++;
```

改为：

```
while(i>0)               //此处循环体为复合语句"s+=i; i++;"
{
    s+=i;
    i++;
}
```

习题

一、选择题

1. 执行语句"for (i=1;i++<5;);"后变量 i 的值是（　　）。

    A. 5　　　　　　　B. 6　　　　　　　C. 7　　　　　　　D. 不确定

2. 在 scanf()函数的格式控制中，格式说明的类型与输入项的类型应该一一匹配。如果类型不匹配，系统将（　　）。

    A. 不予接收

    B. 并不给出出错信息，但不可能得到正确数据

    C. 能接收到正确输入

    D. 给出出错信息，不予接收输入

3. 有如下定义"int x= 10, y= 5, z;"，则语句"printf("%d\n",z=(x+=y,x/y));"的输出结果是（　　）。

    A. 1　　　　　　　B. 3　　　　　　　C. 4　　　　　　　D 0

4. 以下程序的输出结果是（　　）。

```c
#include <stdio.h>
int main()
{
  int a=-1 ,b=4,k;
  k=(++a<=0)&&!(b--<=0);
  printf("%d %d %d\n",k,a,b);
return 0;
}
```

    A. 1 0 4　　　　　B. 1 0 3　　　　　C. 0 0 4　　　　　D. 0 0 3

5. 当 a=1，b=3，c=5，d=4 时以下程序执行后，x 的值为（　　）。

```c
if(a<b)
  if(c<d)  x=1;
  else
    if(a<c)
      if(b<d) x=2;
      else x=3;
    else x=6;
else x=7;
```

    A. 1　　　　　　　B. 2　　　　　　　C. 3　　　　　　　D. 6

6. 以下程序，运行结果为（　　）。

```c
#include <stdio.h>
int main()
{
  int a=5,b=1,c=2;
  if(a=b+c)
    printf("a=b+c\n");
  else
    printf("a!=b+c\n");
  return 0;
}
```

A. 语法错误，不能通过编译　　　　　B. 能编译，但不能连接

C. a=b+c　　　　　　　　　　　　　D. a!=b+c

二、填空题

1. 不执行任何操作的语句是（　　　　）语句。

2. （　　　　）简称语句块，将一组语句作为一条语句执行，用{}括起。

3. 语句"printf("%10.3f",10.2345);"中"%10.3f"输出数据格式为（　　　　　　）。

4. C 语言三种基础循环语句为（　　　　）、（　　　　）和 while 语句。

5. 在循环结构中，break 语句的作用为（　　　　），continue 语句的作用为（　　　　）。

三、阅读下列程序，写出输出结果

1. 以下程序的运行结果为（　　　）。

```c
#include <stdio.h>
int  main( )
{
  int x=1,y=0, a=0, b=0;
  switch(x)
  {
  case 1:
      switch(y)
      {
        case 0: a++; break;
        case 1:b++; break;
      }
  case 2:a++;b++;break;
  }
    printf("%d,%d ",a,b);
    return 0;
}
```

2. 以下程序的运行结果为（　　　）。

```c
#include <stdio.h>
int main( )
{
int x=10;
if (x++>10)
    printf("%d\n",x);
else
    printf("%d\n",x--);
return 0;
}
```

3. 以下程序的运行结果是（　　　）。

```c
#include <stdio.h>
int main( )
{
    int i;
    for (i=1;i<=6;i++)
     switch(i %3)
     {
        case 0: printf("/");break;
```

```
        case 1: printf("*");break;
        default: printf("?");
        case 2: printf("^");
    }
    return 0;
}
```

四、编程题

1. 输入一个三位数，求该数个位、十位、百位上的数之和。

2. 设一员工实发工资现金 8187 元，用 100 元、50 元、20 元、10 元、5 元和 1 元的面额钞票，问至少各多少张？

3. 输入 x，计算函数 $f(x)=5x^3+8x^2+9x+1$ 的值并输出。

4. 输入 x，使用下列公式计算 y 的值并输出：

$$y=\begin{cases}9x+8\cdots\cdots\cdots x\geqslant 2\\7x^2-7\cdots\cdots\cdots-2\leqslant x<2\\-9x+8\cdots\cdots\cdots x<-2\end{cases}$$

5. 键盘输入 n 值，输出如图 4-23 所示图形（例如 $n=6$ 时）。

```
请输入图形的行数:6
1 2 3 4 5 6
1 1 2 3 4 5
1 1 1 2 3 4
1 1 1 1 2 3
1 1 1 1 1 2
1 1 1 1 1 1
```

图 4-23　编程题 5 图形

6. 从键盘输入 100 个整数，求其中正整数的和。

7. 计算如下式子的值：

$$1+\frac{3}{2}+\frac{5}{4}+\frac{7}{6}+\cdots+\frac{101}{100}$$

8. 输出 200 到 300 之间满足如下条件的数，即各位数字之和为 12，数字之积为 42。

9. 编程输出 1000 以内的全部完全数。所谓完全数，是指该数恰好等于它的全部真因子的和，如 6=1+2+3。

10. 输入 20 个有符号整数，统计正整数、零、负整数的个数。

11. 输出 100 和 999 之间，数字之和等于 9 而且可被 5 整除的整数。

12. 一位同学询问老师和老师夫人的年龄，老师说："我年龄的平方加上我夫人的年龄恰好等于 1053，而我夫人年龄的平方加上我的年龄等于 873。"试计算老师和其夫人的年龄。

13. 一球从 100 米高度自由落下，每次落地后反跳回原高度的一半；再落下，求它在第 10 次落地时，共经过多少米？第 10 次反弹有多高？

14. 一只猴子摘了 N 个桃子，第一天吃了一半又多吃了一个，第二天又吃了余下的一半又多吃了一个，到第十天的时候发现还有一个，求 N 的值。

第 5 章 数组

一个变量只能存放一个数据，当用到大量变量时，系统为它们分配的内存空间是独立的、无联系的。数组是由同一类型的一系列元素组成的构造数据类型，其建立的内存空间是连续的、有联系的，同时，让所有同类型的数据只有一个变量名，从而简化它们之间的各种操作。C 语言提供的数组数据类型能方便地对相同类型的大量数据进行批处理。

本章将介绍一维数组、二维数组及字符数组的定义、初始化、引用以及在程序中的应用。

【引例】输入 5 名学生的 C 语言程序设计成绩，求这 5 名学生的平均分并输出。

数组

【任务分析】利用我们已学知识点，最直接的方法是定义 5 个数值类型变量用于存储 5 名学生的成绩，逐个统计累加和，最后计算平均值并输出。

【代码 1】

```c
#include <stdio.h>
int main()
{
    float score0,score1,score2,score3,score4,sum,ave;
    printf("请输入 5 名学生成绩: ");
    scanf("%f%f%f%f%f",&score0,&score1,&score2,&score3,&score4);
                                              /*输入 5 名学生成绩*/
    sum=score0+score1+score2+score3+score4;   //求和
    ave=sum/5;                                //求平均分
    printf("average=%.2f\n",ave);
    return 0;
}
```

【运行结果】

```
请输入 5 名学生成绩: 90 89 95 85 80
average=87.80
```

【指点迷津】上述程序的确能实现题目所要求的功能，可是在实际生活中，若需要输入 100 名学生成绩并求平均值，逐个定义 100 个变量显然不可取，于是同学们会设计第二种解决方案，代码如下。

【代码 2】

```c
#include <stdio.h>
int main()
{
    int i;
    float score,sum=0,ave;
    for(i=0;i<5;i++)
    {
        scanf("%f",&score);      //输入学生成绩
        sum+=score;              //求和
    }
```

```
    ave=sum/5;                          //求平均分
    printf("average=%.2f\n",ave);
    return 0;
}
```

【运行结果】

请输入 5 名学生成绩：90 89 95 85 80
average=87.80

【指点迷津】上述程序只定义了 1 个变量用来存放成绩，看起来解决了需要定义多个变量的问题，但是产生了新的缺陷：循环结束后，只保存最后一名学生的成绩，前 4 名学生成绩都被其后的值所覆盖，这使得循环结束后再想取出某名学生成绩就比较困难。

分析可得这 5 名学生成绩的类型一致，引入数组会使程序变得简单灵活，修改后的程序如下：

```
#include <stdio.h>
int main()
{
    int i;
    float score[5],sum=0,ave;
    for(i=0;i<5;i++)
    {
        scanf("%f",&score[i]); //输入每名学生成绩
        sum+=score[i];          //求和
    }
    ave=sum/5;                  //求平均分
    printf("average=%.2f\n",ave);
    return 0;
}
```

【运行结果】

请输入 5 名学生成绩：90 89 95 85 80
average=87.80

【指点迷津】同一数组中存储的数组元素类型必须相同，它们在内存中是连续存储的，其详细使用方法后续介绍。

5.1　一维数组

数组是相同类型的有序元素序列，可使用数组名对这些类型相同的变量的集合命名。组成数组的各个变量称为数组的分量，也称为数组的元素或下标变量。用于区分数组各个元素的序列编号称为下标，一维数组元素只有一个下标。

5.1.1　一维数组的定义

数组必须先定义后使用。定义数组时需要指定数组的元素类型、数组名、数组元素个数（ANSI C99 以前的标准中不允许变量，但是在新的 C99 标准中允许）。一维数组的定义形式为（存储类型符读者在本章中可以忽略，本书在变量类型中已详细介绍）：

[存储类型符] 数据类型说明 数组名[整型表达式];

例如：int a[5];

该语句定义了一个整型一维数组，数组名为 a，包含 5 个整型的元素，分别为 a[0]，a[1]，a[2]，a[3]，a[4]。

```
float num[3];
```

该语句定义了一个单精度浮点型一维数组，数组名为 num，包含 3 个单精度浮点型的元素，分别为 num[0]，num[1]，num[2]。

```
char s[6];
```

该语句定义了一个字符型一维数组，数组名为 s，包含 6 个字符型的元素，分别为 s[0]，s[1]，s[2]，s[3]，s[4]，s[5]。

特别注意：数组定义完成后，数组元素的下标从 0 开始。

数组定义中各部分使用说明如下。

（1）存储类型符：指定元素的存储类型，一般情况下为 auto 可以省略。

（2）数据类型说明：指定数组元素的类型，数组元素可以为任何类型，包括 int、float、double、char、指针、结构体等。

（3）数组名：指定该数组在内存中的首地址（下标为 0 的元素）的存储地址，是地址常量。其命名规则遵循标识符命名规则。

（4）整型表达式：指定了数组的长度，[]是数组的标志，也是其下标运算符，对于一个确定的一维数组，只能有一个下标运算符。

以下均为数组的错误定义：

```
int a[5.6];      /*定义时必须用整数来定义数组的长度*/
int s[-5];       /*不能用负数定义数组的长度*/
```

5.1.2　一维数组的初始化

一维数组的初始化

数组的初始化，即在定义时为数组赋初值。一维数组的初始化形式为：

[存储类型符] 数据类型说明 数组名[整型表达式]={初值列表};

在定义数组时对数组进行初始化后，所有元素在编译阶段均能得到初值。数组有两种初始化的方法，分别为对全部元素初始化和对部分元素初始化。

1. 对全部元素初始化

（1）指定数组长度

赋初值的元素个数与数组长度相同，对其中所有的元素一一赋值。例如：

```
int a[5]={1,2,3,4,5};
```

则该数组元素的值分别为 a[0]=1，a[1]=2，a[2]=3，a[3]=4，a[4]=5。

（2）省略数组长度

在给全部元素赋初值的情况下，可以根据初值个数确定数组长度，在这种情况下，数组长度可以省略，例如：

```
int a[]={1,2,3,4,5};
```

此时系统自动计算数组长度为 5。

2. 对部分元素初始化

给部分元素赋初值，即初值列表中表达式的个数小于数组长度，此时，对未指定的数组元素赋 0。例如：

```
int a[10]={1,2,3,4,5};
```

则该数组的元素分别为 a[0]=1，a[1]=2，a[2]=3，a[3]=4，a[4]=5，a[5]=0，a[6]=0，a[7]=0，a[8]=0，a[9]=0。

对部分元素初始化，必须标明数组长度，否则数组长度即为初始化元素个数。

说明：

- "="后的初值列表必须用{}括起。
- 初值的类型必须与数组类型一致。
- 初值的个数不得大于数组长度，否则编译器将报错。

5.1.3　一维数组元素的引用

不能一次性引用整个数组，只能逐个引用其中的元素，数组下标能唯一区分数组中不同元素。引用格式为：

数组名 [下标]

下标值可以是 0 到数组长度减 1 之间的整型常量、整型变量或整型表达式。例如：

```
int a[5],x;
a[1]=1;
x=2;
a[x]=2;
```

又例如：

```
int a[10],i;
for(i=0;i<10;i++)
  a[i]=i+1;
```

说明：

（1）一般利用循环体，使用循环变量实现对数组元素的逐个引用。

（2）引用数组元素时，如果下标越界编译器可能不会报错，但是会导致程序出错甚至系统崩溃。

（3）只能逐个引用数组元素，不能一次引用整个数组。

5.1.4　一维数组元素的输入/输出

数组元素可以像普通变量一样逐个输入/输出，但这样操作非常烦琐，特别是在数组元素个数较多的情况下，我们一般利用循环语句对数组元素进行输入和输出的操作。例如：

```
int a[5],i;              //数组元素个数为 5
for(i=0;i<5;i++)         //下标值范围应该为：0、1、2、3、4
  scanf("%d",&a[i]);
for(i=0;i<5;i++)
  printf("%d\n",a[i]);
```

说明：输入和输出时不能直接对整个数组进行操作，要对逐个元素进行输入和输出的操作。如以下操作是错误的：

```
printf("%d",a[ ]);
```

一维数组的
输入/输出

```
printf("%d",a);
scanf("%d",a[ ]);
scanf("%d",a);
```

循环体内的操作同样要注意不能下标越界。如以下操作同样会导致错误：

```
int a[5],i;                  //数组元素个数为 5
for(i=0;i<=5;i++)            //错误，应改为：for(i=0;i<5;i++)
    scanf("%d",&a[i]);
```

5.1.5　程序举例

【例 5-1】输入数组 a 的 10 个元素，再输入一个数 key，使用顺序查找的方法查找 key 是否在数组 a 中，若在，输出查找成功信息，否则输出查找失败信息。

【任务描述】顺序查找就是从数组的第 1 个元素开始至最后一个元素，将给定值 key 与数组的逐个元素进行比较，若某个数组元素和给定值 key 相等，则查找成功；若所有元素和给定值 key 都不等，则数组中没有 key 值存在，查找失败。

【代码】

```
#include <stdio.h>
#define M 10
int main()
{
    int i,key,a[M];
    int found=0;
    printf("请输入数组元素：");
    for(i=0;i<M;i++)
        scanf("%d",&a[i]);          //输入有序数组元素到数组 a 中
    printf("请输入你想查找的元素：");
    scanf("%d",&key);               //输入要找的关键字

    for(i=0;i<M;i++)
    {
        if(key==a[i])
        {
            found=1;
            break;
        }
    }
    if(found==1)                    //判断是否查找成功
        //输出查找次数及所查找元素在数组中的位置
        printf("查找成功!\na[%d]=%d",i,a[i]);
    else
        printf("查找失败!");        //查找失败
    return 0;
}
```

【指点迷津】顺序查找效率比较低，需要逐一遍历整个待查数组元素，特别是当要查找的 key 值正好为数组的最后一个元素值时，需要进行的比较次数为数组长度，因此，当元素较多时不宜采用顺序查找方法。

【例 5-2】输入从小到大顺序排列的数组 a 的 10 个元素，再输入一个数 key，使用二分查找的方法判断 key 是否在数组 a 中，若在，输出查找成功信息，否则输出查找失败信息。

【任务分析】二分法查找，也称为折半法，是在有序数组中查找特定值的搜索算法。查找的算法描述如下：

若数组 a 的元素分别为 1，2，3，4，5，7，8，9，10，11，要找的值 key=3，定义三个变量 low，mid，high 分别指向数组的最小下标（上界），中间下标和最大下标（下界），mid=（low+high）/2。

（1）开始令 low=0（指向 a[0]），high=9（指向 a[9]），则 mid=4（指向 a[4]）。因为 key< a[mid]，故应在前半段中查找。

（2）令新的 high=mid-1=3，而 low=0 不变，重新计算 mid=（low+high）/2=1。此时 key> a[mid]，故确定应在后半段中查找。

（3）令新的 low=mid+1=2，而 high=3 不变，重新计算 mid=（low+high）/2=2，此时 key= a[mid]，查找成功。

如果要查找的 key 值不是数组中的数，例如 key=6，当进行第三次判断时，出现 low> high 的情况，表示查找不成功。

【代码】

```
#include <stdio.h>
#define M 10
int main()
{
    int i,key,a[M];
    int low,high,mid,count=0,found=0;
    printf("请输入数组元素：");
    for(i=0;i<M;i++)
        scanf("%d",&a[i]);          //输入有序数组元素到数组 a 中
    printf("请输入你想查找的元素：");
    scanf("%d",&key);               //输入要找的关键字

    low=0;
    high=M-1;
    while(low<=high)                //查找范围不为 0 时执行循环体语句
    {
        count++;                    //count 记录查找次数
        mid=(low+high)/2;           //求中间位置
        if(key==a[mid])             //当 key 等于 a[mid]时，查找成功
        {
            found=1;                //found 标识是否查找成功
            break;
        }
        else if(key>a[mid])         //key 大于中间值时
            low=mid+1;              //确定右子表范围
        else                        //key 小于中间值时
            high=mid-1;             //确定左子表范围
    }
    if(found==1)                    //判断是否查找成功
        //输出查找次数及所查找元素在数组中的位置
        printf("查找成功!查找了 %d 次!\na[%d]=%d",count,mid,a[mid]);
    else
        printf("查找失败!");        //查找失败
    return 0;
}
```

【运行结果】

请输入数组元素：1 2 3 4 5 7 8 9 10 11
请输入你想查找的元素：3
查找成功!查找了 3 次!
a[2]=3

【指点迷津】折半查找思想为：在数组中，取中间元素作为比较对象，若要查找的值与中间元素相等，则查找成功；若要查找的值小于中间元素，则在中间元素的左半区继续查找；若要查找的值大于中间元素，则在中间元素的右半区继续查找。不断重复上述过程，直到找到为止。折半查找搜索的过程中，会不断减小搜索范围，因此查找效率非常高，使用折半查找的前提条件为：待查找的数组必须有序。

排序算法有很多种，在不同的情况下，选择不同的排序方法对提高程序运行的效率也是不同的。下面将介绍两种最基本的排序算法：冒泡排序与选择排序，其他的排序可以由读者根据自己的兴趣进行探索。

1. 冒泡排序

冒泡排序是一种简单排序算法，就是在排序的过程中，小数浮上来，大数沉底去。排序过程如下：

（1）比较相邻的两个元素，如果后面的元素比前面的元素小，就对调两者位置。反复比较，直到最后两个元素比较完毕。最终，最大值被固定到末尾位置。

（2）反复执行第（1）步，直到所有较大值都沉到靠后的位置。

【例 5-3】输入 5 个整数，用冒泡排序法从小到大进行排序并输出。

【任务分析】

（1）假设输入的 5 个数组元素的值分别为 55、36、69、21、68，排序过程如图 5-1 所示。

冒泡排序

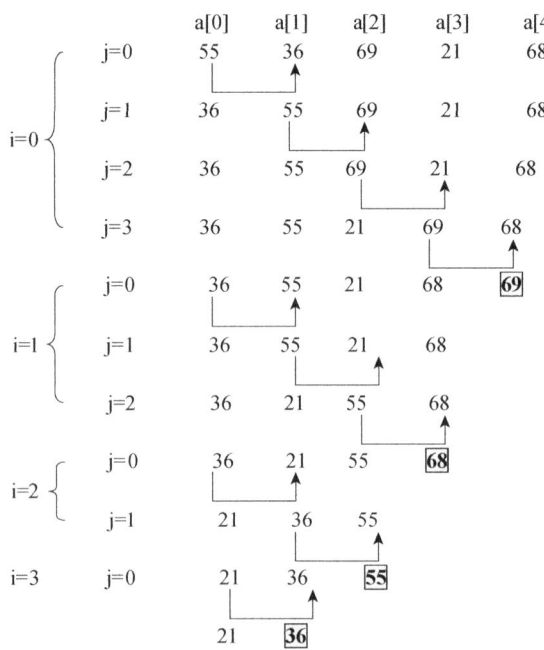

图 5-1　冒泡排序过程

（2）从图 5-1 可以看出总循环为 i 从 0 循环到 3，j 从 0 循环到 4-i。

① 当 i=0 时，j 从 0 循环到 3，每次循环都将比较 a[j]与 a[j+1]的值，所以进行了以下 a[j]与 a[j+1]的比较：

i=0，j=0 时，a[0]与 a[1]进行比较，若 a[0]>a[1]，交换 a[0]、a[1]的位置。

i=0，j=1 时，a[1]与 a[2]进行比较，若 a[1]>a[2]，交换 a[1]、a[2]的位置。

i=0，j=2 时，a[2]与 a[3]进行比较，若 a[2]>a[3]，交换 a[2]、a[3]的位置。

i=0，j=3 时，a[3]与 a[4]进行比较，若 a[3]>a[4]，交换 a[3]、a[4]的位置。

当 i=0 次循环结束时，数组中的最后一个元素 69 最大，所以沉底。

② 同理，当 i=1 次循环结束时，数组中的最后两个元素 68、69 递增排序。

③ 同理，当 i=2 次循环结束时，数组中的最后三个元素 55、68、69 递增排序。

④ 同理，当 i=3 次循环结束时，数组中的最后四个元素 36、55、68、69 递增，剩下元素 21 最小，排最前，所有元素递增排序。

【代码】

```
#include <stdio.h>
int main()
{
  int i,j;
  int t,a[5];
  printf("请输入 5 个数值：\n");
  for(i=0;i<5;i++)
    scanf("%d",&a[i]);                //数组元素赋初值
  for(i=0;i<4;i++)                    //4 次循环，每次循环固定当前最大数在靠后位置
    for(j=0;j<4-i;j++)               //每一趟进行 4-i 次比较
      if(a[j]>a[j+1])               //若相邻两元素前者大于后者，交换位置
      {
        t=a[j];a[j]=a[j+1];a[j+1]=t;
      }
  printf("排序结果为：\n");
  for(i=0;i<5;i++)
  {
    printf("%d",a[i]);
    if(i<4)
      printf(" ");
    else
      printf("\n");
  }
   return 0;
}
```

【运行结果】

请输入 5 个数值：
55 36 69 21 68
排序结果为：
21 36 55 68 69

【指点迷津】根据以上可得递增冒泡排序的一般代码，假设需要对 N 个元素排序，排序的核心代码为：

```
for(i=0;i<N-1;i++)
    for(j=0;j<N-1-i;j++)
```

```
if(a[j]>a[j+1])              //若相邻两元素前者大于后者，交换位置
{
  t=a[j];a[j]=a[j+1];a[j+1]=t;
}
```

选择排序

2. 选择排序

选择排序是一种简单直观的排序方法，原理为每次从待排序的元素中取出最小的元素置于待排序元素的首位。它是一种不稳定的排序方法。

排序思想：每次从待排序的数组元素中选出最小的数组元素，按顺序放在已排好序的数组元素后，直到全部记录排序完毕。

【例 5-4】输入 5 个整数，用选择排序法从小到大进行排序并输出。

【任务分析】

（1）假设输入的 5 个数组元素的值分别为 55、36、69、21、68，排序过程如图 5-2 所示。

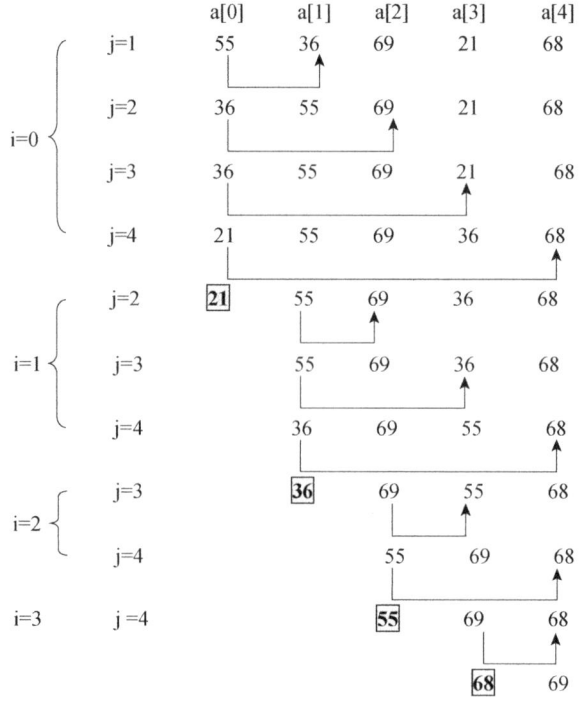

图 5-2　选择排序过程

（2）从图 5-2 可以看出总循环为 i 从 0 循环到 3，j 从 i＋1 循环到 4。

① i=0 时，j 从 1 循环到 4，进行了以下 a[i] 与 a[j] 的比较：

i=0，j=1：a[0] 与 a[1] 进行比较，若 a[0]>a[1]，交换 a[0]、a[1] 的位置。

i=0，j=2：a[0] 与 a[2] 进行比较，若 a[0]>a[2]，交换 a[0]、a[2] 的位置。

i=0，j=3：a[0] 与 a[3] 进行比较，若 a[0]>a[3]，交换 a[0]、a[3] 的位置。

i=0，j=4：a[0] 与 a[4] 进行比较，若 a[0]>a[4]，交换 a[0]、a[4] 的位置。

当 i=0 次循环结束时，最小元素 21 被放在第 0 个位置。

② i=1 时，j 从 2 循环到 4，进行了以下 a[i] 与 a[j] 的比较：

i=1，j=2：a[1] 与 a[2] 进行比较，若 a[1]>a[2]，交换 a[1]、a[2] 的位置。

i=1，j=3：a[1] 与 a[3] 进行比较，若 a[1]>a[3]，交换 a[1]、a[3] 的位置。

i=1，j=4：a[1]与 a[4]进行比较，若 a[1]>a[4]，交换 a[1]、a[4]的位置。

当 i=1 次循环结束时，数组中的前两个元素为 21、36。

③ i=2 时，j 从 3 循环到 4，进行了以下 a[i]与 a[j]的比较：

i=2，j=3：a[2]与 a[3]进行比较，若 a[2]>a[3]，交换 a[2]、a[3]的位置。

i=2，j=4：a[2]与 a[4]进行比较，若 a[2]>a[4]，交换 a[2]、a[4]的位置。

当 i=2 次循环结束时，数组中的前三个元素为 21、36、55。

④ i=3 时，j 的初值、终值都等于 4，进行了以下 a[i]与 a[j]的比较：

i=3，j=4：a[3]与 a[4]进行比较，若 a[3]>a[4]，交换 a[3]、a[4]的位置。

当 i=3 次循环结束时，数组中的前四个元素为 21、36、55、68，剩下的元素 69 为最大数，排在最后。

【代码】

```
#include <stdio.h>
int main()
{
  int i,j;
  int a[5],t;
  printf("请输入 5 个数值：\n");
  for(i=0;i<5;i++)                //数组元素赋初值
    scanf("%d",&a[i]);
  for(i=0;i<4;i++)                //进行 4 次循环，每次循环固定当前最小数在靠前位置
    for(j=i+1;j<5;j++)            //每一次循环，分别和后面的每一个数进行比较
      if(a[i]>a[j])
      {
        t=a[i];a[i]=a[j];a[j]=t;  //交换位置
      }
  printf("排序结果为：\n");
  for(i=0;i<5;i++)
  {
    printf("%d",a[i]);
    if(i<4)
      printf(" ");
    else
      printf("\n");
  }
return 0;
}
```

【运行结果】

请输入 5 个数值：
55 36 69 21 68
排序结果为：
21 36 55 68 69

选择排序手写

【指点迷津】根据以上例子可得递增选择排序的一般代码，假设需要对 N 个元素进行排序，排序的核心代码为：

```
for(i=0;i<N-1;i++)
    for(j=i+1;j<N;j++)
        if(a[i]>a[j])
        {
```

```
        t=a[i];a[i]=a[j];a[j]=t;        //交换位置
    }
```

上述算法需要交换的次数太多，可以用以下代码优化选择排序。

```
for(i=0;i<N-1;i++)                  //选择 N-1 次
{
  k=i;                              //k 的值为最小元素下标，假设第 i 个数最小
  for(j=i+1;j<N;j++)                //分别和 i 后的每一个数进行比较
    if(a[k]>a[j])
      k=j;
  if(i!=k)
  {
    t=a[i];a[i]=a[k];a[k]=t;
  }
}
```

优化选择排序

3. 优化后的选择排序法

【例 5-5】输入 5 个整数，用选择排序法从小到大进行排序并输出，使得交换的次数尽量少。

【任务分析】

（1）假设输入的 5 个数组元素的值依然分别为 55、36、69、21、68，排序过程如图 5-3 所示。

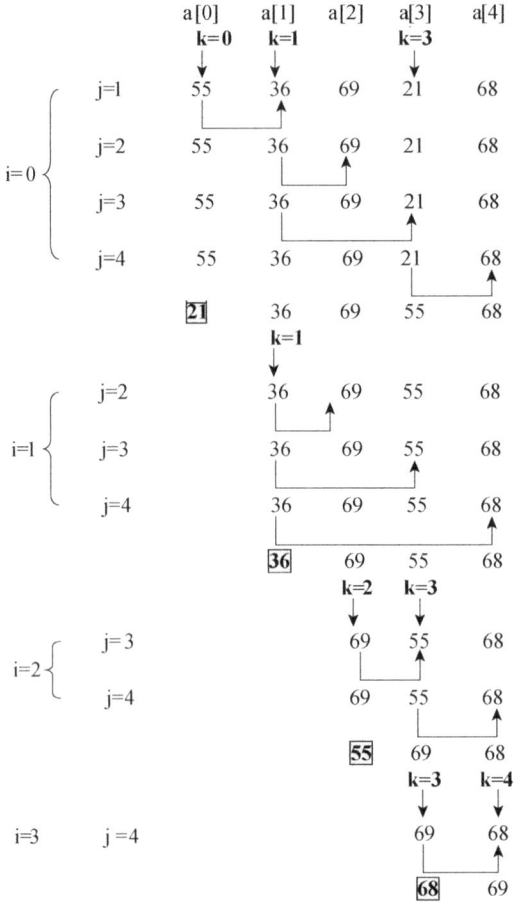

图 5-3　优化选择排序过程

（2）同选择排序方法类似，从图 5-3 中看出总循环为 i 从 0 循环到 3，j 从 i＋1 循环到 4。

① i=0 时，k 的初值为 0，j 从 1 循环到 4，进行了以下 a[k]与 a[j]的比较：

i=0，k=0，j=1：a[k]与 a[1]进行比较，若 a[k]>a[1]，k=1。

i=0，j=2：a[k]与 a[2]进行比较，若 a[k]>a[2]，k=2。

i=0，j=3：a[k]与 a[3]进行比较，若 a[k]>a[3]，k=3。

i=0，j=4：a[k]与 a[4]进行比较，若 a[k]>a[4]，k=4。

找出本轮比较中最小元素的下标为 k，判断 k=0 是否成立，若不成立，则交换 a[k]、a[0]的位置，i=0 次循环结束时，数组中的最小元素 21 固定在第 0 个位置。

② i=1 时，k 的初值为 1，j 从 2 循环到 4，进行了以下 a[k]与 a[j]的比较：

i=1，k=1，j=2：a[k]与 a[2]进行比较，若 a[k]>a[2]，k=2。

i=1，j=3：a[k]与 a[3]进行比较，若 a[k]>a[3]，k=3。

i=1，j=4：a[k]与 a[4]进行比较，若 a[k]>a[4]，k=4。

找出本轮比较中最小元素的下标为 k，判断 k=1 是否成立，若不成立，则交换 a[k]、a[1]的位置，当 i=1 次循环结束时，数组中的元素 36 固定在第 1 个位置。

③ i=2 时，k 的初值为 2，j 从 3 循环到 4，进行了以下 a[k]与 a[j]的比较：

i=2，k=2，j=3：a[k]与 a[3]进行比较，若 a[k]>a[3]，k=3。

i=2，j=4：a[k]与 a[4]进行比较，若 a[k]>a[4]，k=4。

找出本轮比较中最小元素的下标为 k，判断 k=2 是否成立，若不成立，则交换 a[k]、a[2]的位置，当 i=2 次循环结束时，数组中的元素 55 固定在第 2 个位置。

④ i=3 时，k 的初值为 3，j 的初值、终值都等于 4，进行了以下 a[k]与 a[j]的比较：

i=3，k=3，j=4：a[k]与 a[4]进行比较，若 a[3]>a[4]，k=4。

找出本轮比较中最小元素的下标为 k，判断 k=3 是否成立，若不成立，则交换 a[k]、a[3]的位置，当 i=3 次循环结束时，数组中的元素 68 固定在第 3 个位置，剩下的元素 69 为最大数，排在最后。

【代码】

```c
#include <stdio.h>
int main()
{
  int i,j,k;
  float a[5],t;
  printf("请输入 5 个数值：\n");
  for(i=0;i<5;i++)
    scanf("%f",&a[i]);                //数组元素赋初值
  for(i=0;i<4;i++)                     //进行 4 次循环
  {
    k=i;                              //k 的值为最小元素下标，假设第 i 个为最小数
    for(j=i+1;j<5;j++)
      if(a[k]>a[j])
        k=j;
    if(i!=k)
    {
      t=a[i];a[i]=a[k];a[k]=t;
    }
  }
  printf("排序结果为：\n");
  for(i=0;i<5;i++)
```

```
        printf("%6.2f ",a[i]);
    return 0;
}
```

【运行结果】

略

【指点迷津】上述的优化选择排序方法中，循环体内出现的 k 变量，其功能是始终存储较小元素的下标，注意不是较小的元素值。第 i 次循环的每一次 j 循环中，拿本轮已经比较出来的最小元素值与 a[j]比较，找出二者较小元素的下标并赋值给 k。当 i 循环完嵌套中的每一次 j，即找到了这一轮比较中最小元素的下标为 k，因此只需要在跳出 j 循环后，判断 k 是否与 i 相等，若不等，交换 a[i]与 a[k]的位置即可；若相等则 a[i]本身就是本轮比较的最小元素值，不必交换，这样大大地降低了元素交换的概率。

【例 5-6】在下列给定数组中，将元素的值逆置，给定数组为 a[9]={1，2，3，4，5，6，7，8，9}。

【任务分析】本题中给了一个元素个数为 9 的一维数组，要将其逆置，只要以中间的元素为轴，将左右两边位置对称的元素互换位置即可。

【代码】

```
#include <stdio.h>
int main()
{
    int a[9]={1,2,3,4,5,6,7,8,9},i;        //定义数组和循环变量
    int n=9,s,t;
    printf("\nThe original data:\n");
    for(i=0;i<9;i++)
        printf("%4d",a[i]);                //输出原数组
    printf("\n");
    for(t=0;t<n/2;t++)
    {
        s=a[t];
        a[t]=a[n-1-t];
        a[n-1-t]=s;                        //将数组元素对称地两两互换
    }
    printf("\nThe data after invert:\n");
    for(t=0;t<n;t++)
        printf("%4d",a[t]);                //逆序输出
    printf("\n");
    return 0;
}
```

【运行结果】

```
The original data:
   1   2   3   4   5   6   7   8   9

The data after invert:
   9   8   7   6   5   4   3   2   1
```

【指点迷津】将位置沿中间元素对称的元素交换位置，只要将其下标交换。若某一位元素下标为 n，则其对称位下标为 9-1-n。利用循环体输入/输出即可。

【**例 5-7**】编写程序，输入 10 个整数，求最大数并输出。

【**任务分析**】这里既可以直接找到最大的数，也可以利用数组下标，找到下标对应的最大的数。下面对应给出两种代码。

【**代码 1**】直接法

```c
#include <stdio.h>
int main()
{
    int num[10], i, max;     //定义长度为 10 的数组，循环变量，最大值
    printf("Please input ten numbers:\n");
    for (i=0; i<10; i++)
        scanf("%d", &num[i]);
    max=num[0];              //将最大值初始化为第 0 个元素
    for (i=1;i<10; i++)      //遍历每一个数组元素
        max=num[i]>max?num[i]:max;  /*判断新的变量是否大于当前最大值，若是则将
                                      max 更新为当前变量*/
    printf("The max number is %d\n", max);       //输出最大值
    return 0;
}
```

【**运行结果**】

```
Please input ten numbers:
1 5 2 8 4 3 7 9 0 8
The max number is 9
```

【**代码 2**】下标法

```c
#include <stdio.h>
int main()
{
    int num[10], i, maxi;    //定义长度为 10 的数组，循环变量，最大值下标
    printf("Please input ten numbers:\n");
    for (i=0; i<10; i++)
        scanf("%d", &num[i]);
    maxi=0;                  //将最大值下标初始化为第 0 个元素的下标
    for (i=1; i<10; i++)     //遍历每一个数组元素
        maxi=num[i]>num[maxi]?i:maxi;
            //判断新的变量是否大于最大值，若是则将 maxi 更新为当前变量的下标
    printf("The max number is %d\n", num[maxi]);    //输出最大的元素
    return 0;
}
```

【**运行结果**】

```
Please input ten numbers:
1 5 2 8 4 3 7 9 0 8
The max number is 9
```

【**例 5-8**】输入 10 个整型数组元素，再输入整数 x，删除数组中值为 x 的数后将其输出，并统计新的数组元素的个数后输出。

【**任务分析**】由题意，建立两个数组，一个存放原始数组，另一个存放删除后的数组即可。

【代码】

```c
#include<stdio.h>
int main()
{
    int a[10],b[10],i,x,j,n;
    printf("please input 10 numbers: ");
    for(i=0;i<10;i++)
        scanf("%d",&a[i]);          //输入一个数组
    printf("please choose a number to delete: ");
    scanf("%d",&x);                 //选择需要删除的元素
    i=0;j=0;
    while(i<10)
    {
        if(a[i]!=x)                 //若当前元素不是需要删除的数
        {
            b[j]=a[i];              //将元素存入新数组
            j++;
        }
        i++;
    }
    n=j;                            //n为新的数组元素的个数
    printf("the new numbers are: ");
    for(j=0;j<n;j++)                //输出新的数组元素
        printf("%d ",b[j]);
    return 0;
}
```

【运行结果】

```
please input 10 numbers:1 2 5 2 6 2 7 8 9 10
please choose a number to delete:2
the new numbers are:1 5 6 7 8 9 10
```

【指点迷津】本题中，数组用于存放原始数据，即输入的 10 个数。将原数组中的每个元素与要删除的数 x 进行比较，若不相等，则按顺序存入新的数组 b 中，最后输出。

可以不用新定义数组 b，直接使用数组 a 进行编程吗？请读者自己研究。

【例 5-9】意大利著名数学家 Fibonacci 曾提出一个有趣的问题：假定所有的一对新生兔子都在出生两个月后每个月生下一对兔子，在没有死亡的情况下，由一对新生的兔子开始，每月的兔子对数将组成一个数列：1，1，2，3，5，8，13，21，…这个数列称为Fibonacci 数列，编写程序输出该数列的前 20 项内容，且每行输出 5 项。

【任务分析】本题定义长度为 20 的一维数组，前两项值均为 1，利用循环体进行求和运算获得后面每一项的值。要求将数列以每行 5 个数的方式输出，只需计算已输出的元素个数为 5 的倍数时，插入回车换行符即可。

【代码】

```c
#include<stdio.h>
int main()
{
    int a[20]={1,1};
    int i;
    for(i=2;i<20;i++)
```

```
        a[i]=a[i-2]+a[i-1];
    for(i=0;i<20;i++)
        {
            printf("%d\t",a[i]);
            if(((i+1)%5)==0)        //每输出 5 个数进行一次换行
                printf("\n");
        }
    printf("\n");
    return 0;
}
```

【指点迷津】为前两个元素赋初值，后面的每一个元素均为其前两项的元素和，采用 a[i]=a[i-2]+a[i-1]即可实现；加入循环体在满足循环条件的前提下反复运行即可。由于元素下标比元素实际所在位置少 1，所以在计算之前要先对下标做加 1 的处理。请读者思考：如将"if(((i+1)%5)==0)"改为"if(((i)%5)==0)"，会有什么不同？

5.2　二维数组

上一节介绍了只有一个下标的一维数组，但由于实际问题的需要，C 语言允许构造多维数组，其中以二维数组的应用最为广泛，本节将对二维数组进行介绍。

二维数组是由两个下标确定的数组，它既能指出行位置，又能指出列位置。例如，若有 5 名学生，每名学生有 3 门功课的成绩，如表 5-1 所示。

表 5-1　学生成绩表

学生序号	语文	数学	英语
0	90	85	90
1	89	65	98
2	90	73	89
3	60	68	78
4	79	88	86

这些成绩就可以用二维数组来表示，即引用其数组元素时需要两个下标。例如，第 i 名学生第 j 门课的成绩可以由 score[i][j]来表示。其中，i 表示行的下标（i=0，1，2，…，4），j 表示列的下标（j=0，1，2）。

5.2.1　二维数组的定义

二维数组的定义与一维数组类似，只是在一维数组的基础上增加了一维，定义格式如下：

二维数组的定义

[存储类型符] 数据类型说明 数组名[整型表达式 1] [整型表达式 2]；

例如：　int a[3][3];
　　　　static float b[3][4];
　　　　auto double s[4][2];

二维数组的定义是在一维数组定义的基础上增加了一个[整型表达式 2]，其他一致，注意事项也相似。读者可以将二维数组理解为由行列构成的矩阵，第一维表示行数，第二维表示列数。

【说明】

（1）存储类型符：指定元素的存储类型，一般情况下为 auto 可以省略。

（2）数据类型说明符：指定数组的元素类型，数组元素可以为任何类型，包括 int、float、double、char，以及指针、结构体等。

（3）数组名：指定该数组在内存中的首地址（第 0 个元素的地址），即数组中的第一个元素（下标为 0，0 的元素）的存储地址，为常量，数组名的命名规则与变量的命名规则一致。

（4）整型表达式 1、整型表达式 2：指定数组的行数与列数（数组元素的个数为行数×列数）。

二维数组可以作为特殊的一维数组，这个特殊的一维数组中每个元素又是一个一维数组。以 int a[2][3]为例，它定义了数组名为 a，2 行 3 列共 6 个元素的二维数组，每个数组元素均为整型，分析如下：

（1）将二维数组 a[2][3]看成由 2 个数组元素组成的一维数组，数组名为 a，元素分别为 a[0]和 a[1]，而这两个数组元素又分别由 3 个元素组成的一维数组构成，a[0]、a[1]为数组名（第 0 个数组元素的地址）。a[0]的元素包括 a[0][0]、a[0][1]和 a[0][2]，a[1]的元素包括 a[1][0]、a[1][1]和 a[1][2]，如下所示：

| a[0] | a[0][0] | a[0][1] | a[0][2] |
| a[1] | a[1][0] | a[1][1] | a[1][2] |

（2）我们可以理解为二维数组名 a 的值等于数组 a[0]的首地址，而 a[0]的值等于数组 a[0][0]的地址，二者值相同意义却不同。

（3）二维数组在内存中一般采用按行的顺序存储数据，即先存储第 0 行元素，行内各列的元素按顺序连续存放；再存储第 1 行元素，行内各列的元素按顺序连续存放，……（简称行主序存储）因此在 int a[2][3]中，数组 a 的存放顺序如图 5-4 所示。

| a[0][0] |
| a[0][1] |
| a[0][2] |
| a[1][0] |
| a[1][1] |
| a[1][2] |

图 5-4　int a[2][3]的存放顺序

多维数组其存放顺序与二维数组类似：第一维下标变化速度最慢，而最后一维下标变化速度最快。如 int b[2][2][3]在内存中的存放顺序为 b[0][0][0]，b[0][0][1]，b[0][0][2]，b[0][1][0]，b[0][1][1]，b[0][1][2]，b[1][0][0]，b[1][0][1]，b[1][0][2]，b[1][1][0]，[1][1][1]，b[1][1][2]。

5.2.2　二维数组的初始化

二维数组的初始化形式为：

[存储类型符] 数据类型说明 数组名[整型表达式 1] [整型表达式 2]={{第 0 行初值},{第 1 行初值},……,{第 n 行初值}};

二维数组的初始化

或

[存储类型符] 数据类型说明 数组名[整型表达式 1] [整型表达式 2]={初值列表};

1. 对全部元素初始化

即赋初值的元素个数与数组长度相同时，按照数组元素在数组中的排布顺序对其中所有的元素一一赋值。例如：

```
int a[3][3]={{1,2,3},{4,5,6},{7,8,9}};
```

也可以去掉内部的行括号。例如：

```
int a[3][3]={1,2,3,4,5,6,7,8,9};
```

则该数组的元素分别为 a[0][0]=1，a[0][1]=2，a[0][2]=3，a[1][0]=4，a[1][1]=5，a[1][2]=6，a[2][0]=7，a[2][1]=8，a[2][2]=9。

2. 对部分元素初始化

这种情况下，未被赋值的元素默认为 0。

（1）对某一行所有元素赋初值。例如：

```
int a[3][3]={{1,2,3}}; /*对第一行元素赋初值*/
```

则赋值结束后，数组中各元素的值为 a[0][0]=1，a[0][1]=2，a[0][2]=3，a[1][0]=0，a[1][1]=0，a[1][2]=0，a[2][0]=0，a[2][1]=0，a[2][2]=0。

（2）对所有行的部分元素赋初值。例如：

```
int a[3][3]={{1,2},{4},{7}};
```

则赋值结束后，数组中各元素的值为 a[0][0]=1，a[0][1]=2，a[0][2]=0，a[1][0]=4，a[1][1]=0，a[1][2]=0，a[2][0]=7，a[2][1]=0，a[2][2]=0。

（3）对部分行的部分元素赋初值。例如：

```
int a[3][3]={{1,2},{},{7}};
```

则赋值结束后，数组中各元素的值为 a[0][0]=1，a[0][1]=2，a[0][2]=0，a[1][0]=0，a[1][1]=0，a[1][2]=0，a[2][0]=7，a[2][1]=0，a[2][2]=0。

3. 省略第一维数组的长度的初始化

在定义二维数组对其进行初始化时，也可以省略第一维的维数，编译器会根据初始化语句自动决定第一维的维数，但第二维的维数不能省略。例如：

```
int a[ ][3]={{1,2,3},{4,5,6}}; //与"int a[2][3]={{1,2,3},{4,5,6}};"完全等价
int a[ ][3]={1,2,3,4,5,6};     //与"int a[2][3]={1,2,3,4,5,6};"完全等价
int a[ ][3]={1,2,3,4};         //与"int a[2][3]={1,2,3,4};"完全等价
```

这是由编译器原理限制的，事实上编译器是这样处理数组的：设有数组 int a[m][n]，如果要访问 a[i][j] 的值，编译器的寻址方式为：

```
&a[i][j]=&a[0][0]+i*sizeof(int)*n+j*sizeof(int);   //注意 n 为第二维的维数
```

因此，可以省略第一维的维数，但不能省略其他维的维数。

说明：

（1）"="后的初值列表必须用{}括起。

（2）初值的类型必须与数组类型一致。

（3）初值的个数不得大于数组长度，否则编译器将报错。

（4）对二维数组的所有变量赋初值的情况下，仅有第一维数组的长度可省略，第二维数组的长度不可以省略，否则编译器将会报错。

5.2.3 二维数组元素的引用

二维数组元素根据两个下标进行区分，同时在引用的时候不能引用整个数组，只能逐个引用其中的元素。引用格式为：

二维数组元素
的引用

数组名 [下标 1] [下标 2]

下标 1 的值是 0 到该数组第一维长度减 1 之间的整型常量、整型变量或整型表达式。

下标 2 的值是 0 到该数组第二维长度减 1 之间的整型常量、整型变量或整型表达式。

例如：

```
int a[3][3]={1,2,3,4,5,6,7,8,9},x;
x=a[1][2];
```

此时系统自动为该数组分配 9 个 int 型的存储单元，每个单元占 4 个字节，然后对整型变量 x 赋值为 a[1][2]的值 6。

如果需要对数组元素连续引用，则可以利用循环体。

说明：

（1）引用时必须使下标介于上界与下界之间，下标越界编译器无法报错，但是会导致程序出错甚至系统崩溃。

（2）不可直接对数组名或下标进行引用。

5.2.4 二维数组的输入/输出

对二维数组的输入和输出应放入双重循环中使用，即对数组的第一维和第二维都应加上循环条件。例如：

```
int a[3][3],i,j;
for(i=0;i<3;i++)
    for(j=0;j<3;j++)
        scanf("%d",&a[i][j]);
for(i=0;i<3;i++)
{
    for(j=0;j<3;j++)
        printf("%d ",a[i][j]);
    printf("\n");          //一行元素输入结束后换行
    }
```

说明：输入和输出时同样不能直接对整个数组进行操作，要对元素逐个进行输入和输出操作。

循环体内的操作同样要注意下标不能越界。

5.2.5 实例剖析

【例 5-10】设置一个阶数在 5 以下的方阵，自定义层数与方阵元素，将其转置并输出。

【任务分析】定义最大阶数为 5，输入需要的阶数。转置时，只要将数组的行列互换即可。

【代码】

```
#include <stdio.h>
int main()
{
    int n,i,j,a[5][5];
    printf("please input array order:\n");
    scanf("%d",&n);                    //限定方阵阶数
    printf("please in put your array:\n");
    for(i=0;i<n;i++)
```

二维数组的
输入/输出

```
        for(j=0;j<n;j++)
                scanf("%d",&a[i][j]);   //输入其中的元素
        printf("after transposition:\n");
        for(i=0;i<n;i++)
        {
                for(j=0;j<n;j++)
                {
                        if(j==n-1)
                                printf("%d\n",a[j][i]);
                        else
                                printf("%d ",a[j][i]);        /*行列互换转置,若满足每行最后一个
                                                                元素则换行*/

                }
        }
        return 0;
}
```

【运行结果】

```
please input array order:
3
please in put your array:
1 2 3
4 5 6
7 8 9
after transposition:
1 4 7
2 5 8
3 6 9
```

【例 5-11】实现矩阵乘法运算。输入两个数组:2 行 3 列数组 A、3 行 4 列数组 B,计算 A 与 B 的乘积并输出。

【任务分析】矩阵乘法是根据两个矩阵相乘得到第三个矩阵的二元运算:设 A 是 $X \times Y$ 的矩阵,B 是 $Y \times Z$ 的矩阵,则它们的矩阵积 AB 是 $X \times Z$ 的矩阵。A 中每一行的 Y 个元素都与 B 中对应列的 Y 个元素对应相乘,这些乘积的和就是 AB 中的一个元素。

【代码】

```
#include <stdio.h>
#define X 2
#define Y 3
#define Z 4
int main()
{
    int a[X][Y], b[Y][Z], c[X][Z], i, j, k;
    //输入 A,B 两个矩阵
    printf("Input array A(2×3):\n");
    for (i = 0; i < X; i++)
        for (j = 0; j < Y; j++)
            scanf("%d", &a[i][j]);
    printf("Input array B(2×3):\n");
    for (i = 0; i < Y; i++)
        for (j = 0; j < Z; j++)
            scanf("%d", &b[i][j]);
```

```
        //初始化C矩阵各元素值为0
        for (i = 0; i < Y; i++)
            for (j = 0; j < Z; j++)
                c[i][j]=0;
        //矩阵乘法
        for (i = 0; i < X; i++)
        {
            for (j = 0; j < Z; j++)
            {
                for (k = 0; k <Y; k++)
                    c[i][j] += a[i][k] * b[k][j];
            }
        }
        //输出结果
        printf("Result is:\n");
        for (i = 0; i < X; i++)
        {
            for (j = 0; j < Z; j++)
                printf("%3d ", c[i][j]);
            printf("\n");
        }
        return 0;
    }
```

【运行结果】

```
Input array A(2×3):
3 2 1
5 3 2
Input array B(2×3):
5 3 2 1
5 6 3 2
1 4 3 5
Result is:
 11  16   9   9
 17  26  15  16
```

【例 5-12】编写函数，打印规定行数（小于 100 行）的杨辉三角。杨辉三角的格式如下：

```
1
1 1
1 2 1
1 3 3 1
1 4 6 4 1
  ......
```

【任务分析】杨辉三角每行的首位与末位均为 1，其他位为其上方与左上方数的和。所以对第一行第一列赋初值。每一行的元素个数等于其所在行数。

【代码】

```
#include <stdio.h>
int main()
{
    int i,j,n = 0;
    int a[100][100] = {1};          //初始化
```

```
    while(n < 1 || n >100)
    {
        printf("请输入要打印的杨辉三角行数:");
        scanf("%d",&n);              //定义杨辉三角行数
    }
    for(i = 1; i < n; i++ )
    {
        a[i][0] = 1;                 //每行第一个元素赋值为 1
        for(j = 1; j <= i; j++)
        {
            a[i][j] = a[i-1][j-1]+a[i-1][j];      //计算元素的值
        }
    }
    for(i = 0; i < n; i++)
    {
        for(j = 0; j <= i; j++)
            printf("%4d",a[i][j]);
        printf("\n");                //行列数相等后换行
    }
    return 0;
}
```

【运行结果】

请输入要打印的杨辉三角行数:6
```
1
1   1
1   2   1
1   3   3   1
1   4   6   4   1
1   5  10  10   5   1
```

5.3　字符数组

字符数组，即存放字符的数组。字符串就是以'\0'结尾的字符型数组。一般用一维字符型数组存储一个字符串，用二维数组存储多个字符串。

5.3.1　字符数组的定义与引用

**字符数组的定义
与引用**

1. 字符数组的定义

一维字符数组定义格式为：

[存储类型符] char 数组名[整型表达式];

例如，"char str[5];"语句定义了一个长度为 5 的字符数组。

二维字符数组定义的格式为：

[存储类型符] char 数组名[整型表达式 1] [整型表达式 2];

例如，"char str[4][5];"语句定义了一个长度为 20 的字符数组。由 4 个字符数组构成，每个字符数组有 5 个元素。

2. 字符数组的引用

字符数组引用格式与前述的一维数组、二维数组相似。

（1）一维字符数组的引用：

数组名 [下标]

（2）二维字符数组的引用：

数组名 [下标 1] [下标 2]

引用规则与方式和一维、二维数组一致，此处不再赘述。

5.3.2 字符串与字符串结束标志

字符串与字符串
结束标志

字符串是用一对双引号括起来的字符序列，如："China"。C 语言并没有字符串类型。C 语言中的字符串是由双引号括起、使用'\0'结尾的一维字符类型数组，其存储方式与普通类型的数组一致。'\0'是一个 ASCII 码为 0、没有显示的空字符，只是一个标记，在表示字符串时，遇到'\0'标志着字符串结束，它占用内存空间但是不计入字符串长度。虽然字符串存储形式约定以'\0'作为结束标志，但在赋值时'\0'不必写出，系统将会自动添加。因此，在定义数组时，必须保证数组长度至少比字符串长度大 1，以用来存储'\0'字符。

例如：

```
char str[6]={"China"};
```

或者：

```
char str[6]="China";
```

"China"本身的长度是 5，但在定义时至少定义长度为 6 的数组。因此这个字符串的长度是 5，所占存储空间为 6 字节。

5.3.3 字符数组的初始化

字符数组的初始化有两种方法，分别为使用字符常量进行初始化和使用字符串进行初始化。

1. 使用字符常量进行初始化

（1）对全部元素初始化。即赋初值的元素个数与数组长度相同，对其中所有的元素一一赋值。例如：

```
char str[5]={ 'C', 'h', 'i', 'n', 'a'};
```

则该数组元素的值分别为 str[0]= 'C'，str[1]= 'h'，str[2]= 'i'，str [3]= 'n'，str[4]= 'a'。

在给全部元素赋初值的情况下，也可以根据初值个数确定数组长度，在这种情况下，数组长度可以省略，例如：

```
char str[]={ 'C', 'h', 'i', 'n', 'a'};
```

其结果与上面相同。

（2）对部分元素初始化。给部分元素赋初值，即初值列表中表达式的个数小于数组长度，此时，对未指定的数组元素赋'\0'。例如：

```
char str[8]={ 'C', 'h', 'i', 'n', 'a'};
```

则该数组元素的值分别为 str[0]= 'C'，str[1]= 'h'，str[2]= 'i'，str[3]= 'n'，str[4]= 'a'，str[5]= '\0'，str[6]= '\0'，str[7]= '\0'。

2．使用字符串进行初始化

直接用字符串常量对数组赋值，编译系统会在字符串末尾自动加上'\0'，因此在定义时要预留充足空间，否则将会导致程序输出的结果错误。例如用以下几种方法对其初始化都是正确的：

```
char str[6]={"China"};
char str[6]="China";
char str[]={"China"};
char str[]="China";
```

它们都能正确表示"char str[6]={ 'C', 'h', 'i', 'n', 'a', '\0'};"。

字符数组的
输入/输出

5.3.4　字符数组的输入/输出

字符数组的输入和输出有两种不同方式，既可以逐字输入/输出，也可以进行整体的输入/输出。

1．%c 逐字符输入/输出

与数值型数组的输入或输出方式相同，利用循环体对数组进行输入和输出的操作。例如：

```
char str[5],i;
for(i=0;i<5;i++)
    scanf("%c",&str[i]);
for(i=0;i<5;i++)
    printf("%c\n",str[i]);
```

具体使用方式与数值型数组一致，不再赘述。

2．%s 整体输入/输出

直接输入整个字符串而无须利用循环体时，在 scanf()函数中，格式控制符号为"%s"，一般对应的地址为字符数组名（即字符数组首地址），表示输入的一串字符将存储于以&str[0]开始的连续内存中。例如：

```
char    str[5];
scanf ("%s", str);
```

直接输出整个字符串而无须利用循环体，此时，从第 0 个字符数组元素开始输出，遇'\0'结束，例如：

```
char str[5]="abcd";
printf ("%s", str);
```

以上将输出 abcd。

```
char str[5]={'a','b','\0','c','\0'};
printf ("%s", str);
```

以上将输出 ab，因遇到'b'字符后的'\0'。

```
char str[5]= {'a','b','c','d','e'};
printf ("%s", str);
```

以上代码输出时，因无字符串结束标志'\0'，在某些编译器中可能会发生意外情况。

【说明】

（1）在 scanf()函数中，使用"%s"实现输入字符数组时直接用字符数组名，而不是字符数组元素，因为数组名是数组的首地址，如下语句都是错误的：

```
scanf("%s", &str);      //改为 scanf("%s", str);
scanf("%s", str[0]);    //改为 scanf("%s", &str[0]);
```

（2）在 scanf()函数中，用"%s"输入字符串时，Space 键、Tab 键和 Enter 键将作为数据分隔符，而不会作为字符串内容读入，例如：

```
char str1[10],str2[10];
scanf("%s%s",str1,str2);
```

在输入时，从键盘输入"Hello world"然后按 Enter 键，系统将"Hello"赋值给 str1，而将"world"赋值给 str2。

（3）在使用"%s"输出字符串时，以'\0'作为结束标志，因此，即使数组长度大于字符串的实际长度，也只是输出到第一个'\0'结束为止。例如：

```
char str[10]={'H', 'e','\0','e','l','o'};
printf ("%s", str);     //输出"He"字符串
```

5.3.5 常用的字符串函数

C 语言没有提供对字符串进行整体操作的运算符，但在 C 语言的函数库中提供了一些用来处理字符串的函数，不同的编译系统提供的函数、函数名和函数功能可能不同，读者使用时可以查阅相关帮助手册。一般地，字符串的处理函数包含在 string.h 头文件中，在调用这些函数前，须在程序前面的命令行中包含标准头文件#include <string.h>（gets()、puts()包含在标准输入输出头文件#include <stdio.h>）中。

1. 字符串输入函数 gets()、字符串输出函数 puts()

（1）gets()

格式：`gets (字符数组名);`

例如：`char str[5];`
　　　`gets(str);`

其功能与"scanf("%s",str)"相似，但使用 scanf()时，如果输入了空格则认为输入字符串操作结束，空格后的字符将作为下一个输入项处理，但 gets()函数将接收输入的整个字符串直到回车为止，换行符会被丢弃，然后在末尾添加'\0'字符。

（2）puts()

格式：`puts (字符数组名);`

例如：`char  str[5]="YoYo";`
　　　`puts(str);`

puts()函数的作用与语句"printf("%s\n",str);"的作用相同，但是 puts()函数只能输出字符串，不能输出数值或进行格式变换。

2. 字符串长度函数 strlen()

格式：`strlen (字符数组名);`

功能：计算指定的字符串的长度，不包括结束字符'\0'及其以后的字符。例如：

```
char str[]="China";
printf("%d",strlen (str));
```

它的运行结果为 5。

【说明】

（1）strlen()函数计算的是字符串的实际长度，遇到第一个'\0'结束，如：

```
char a[10]={'a','\0','b','c','\0'};
printf("%d\n,strlen(a));
```

则输出的 strlen(a)值为 1。

（2）sizeof 返回的是变量声明后所占的内存数，不是实际长度，此外 sizeof 不是函数，仅仅是一个操作符，而 strlen()是函数。

```
char a[10]={'a','\0','b','c','\0'};
printf("%d\n,sizeof(a));
```

则输出的 sizeof(a)值为 10。

3. 字符串比较函数 strcmp()

格式：`strcmp(字符串 1,字符串 2);`

功能：两个字符串自左向右逐个比较字符的 ASCII 码值的大小，至出现不同的字符或'\0'停止。

例如，strcmp(字符串 1, 字符串 2)，从第一个字符开始比较，如果直到最后两个字符串完全相同，则 strcmp()函数输出的值为 0；若出现不同的字符，则根据这个字符 ASCII 码值进行比较，若字符串 1 的 ASCCII 码值大于字符串 2 的 ASCII 码值，则输出大于 0 的整数；反之输出小于 0 的整数。

字符串比较不能用"=="等运算符，必须用 strcmp()。

例如：`char str1[]="Abc", str2 []= "abc";`
　　　`printf (" %d", strcmp(str1, str2));`

输出结果为-1。

【说明】

（1）strcmp()是区分大小写的字符串比较函数。

（2）不能使用关系运算符进行字符串的比较操作。例如：

```
char str1[]="Abc", str2 []= "abc";
int x;
if(str1>str2)
    x=1;
else if(str1<str2)
    x=-1;
else
    x=0;
```

以上代码在编译时，不会出错，但是比较的结果与两字符串内容无关，实际上是对两个地址&str1[0]、&str1[1]的大小进行比较。

4. 字符串比较函数 stricmp()

格式：`stricmp(字符串 1, 字符串 2);`

功能：不区分大小写进行字符串比较，可以使用 stricmp()函数，具体使用方法和原则与 strcmp()函数一致。

5. 字符串连接函数 strcat()

格式：`strcat(字符数组 1, 字符数组 2);`

功能：把字符数组 2 所指向的字符串（包括'\0'）复制到字符数组 1 所指向的字符串后面（删除字符数组 1 原来末尾的'\0'）。例如：

```
char str1[10]="Abc", str2 []= "abc";
strcat(str1, str2);
```

执行结果为 Abcabc。

【说明】

（1）strcat()会将字符数组 2 复制到字符数组 1 所指的字符串尾部。

（2）字符数组 1 最后的结束字符'\0'会被覆盖掉，并在连接后的字符串的尾部再增加一个'\0'。

（3）字符数组 1 与字符数组 2 所指的内存空间不能重叠，且字符数组 1 要有足够的空间来容纳要复制的字符串。

（4）strcat()只能实现整个字符串的复制，若只复制该字符串的前几个字符，可以使用strncat()函数实现，用法与 strcat()大致相同，只是多了一个取前 n 个字符的部分。格式为：

```
strncat(str1, str2, n);
```

（5）不能使用算术运算符连接两个字符串，以下是错误的代码：

```
char str1[10]="Abc", str2[]= "abc";
str1=str1+str2;
```

以上代码编译阶段就会报错，因 str1 为数组名，是一个地址常量，不能被修改。

6. 字符串复制函数 strcpy()

格式：strcpy(字符数组 1, 字符串 2);

功能：将字符串 2 复制至字符数组 1 所指的地址。例如：

```
char str1[10]="Abc", str2 []= " abc";
strcpy(str1, str2);
```

执行结果为 abc。

说明：字符数组 1 必须足够大，否则会导致溢出。不能使用赋值语句为一个字符数组赋值，以下是错误的代码：

```
char str1[5]="Abc", str2 [5]= "abc";
str1= str2;
```

编译以上代码时系统就会报错，因 str1 为数组名，是一个地址常量，不能被修改。

7. 字符串复制函数 strncpy()

格式：strncpy(字符数组 1, 字符串 2,n);

功能：将字符串 2 的前 n 个字符复制至字符数组 1 所指的地址，具体用法与 strcpy()相似。

8. 字符串中大写字母转换为小写字母函数 strlwr()

格式：strlwr(字符串);

功能：将字符串中的大写字母全部转化为小写字母。例如：

```
char str[]="ABCdef123";
strlwr(str);
```

执行结果为 abcdef123。

说明：strlwr()不会创建一个新字符串返回，而会改变原有字符串，所以 strlwr()只能操作字符数组，而不能操作指针字符串。strlwr()只转换字符串中出现的大写字母，不改变其他字符。

9. 字符串中小写字母转换为大写字母函数 strupr()

格式：strupr(字符串);

功能：将字符串中的小写字母全部转化为大写字母。例如：

```
char str[]="ABCdef123";
strupr(str);
```

执行结果为 ABCDEF123。

说明：strupr()不会创建一个新字符串返回，而会改变原有字符串。所以 strupr()只能操作字符数组，而不能操作指针字符串。它只转换字符串中出现的小写字母，不改变其他字符。

5.3.6　程序举例

【例 5-13】输入一行字符，求出其中的英文字母、数字和其他字符的个数并输出。

【任务分析】此题并不难，大致思路如下：使用 3 个整型变量 letter、digit、others 分别记录英文字母、数字和其他字符的个数，遍历这一行字符，根据 ASCII 码值的范围判断属于哪种字符即可。

【程序代码】

```
#include <stdio.h>
#include <string.h>
int main()
{
  char string[60],c;
  int letter,digit,others,i;
  letter=digit=others=0;
  gets(string);
  for(i=0;(c=string[i])!='\0';i++)
    if((c>='A'&& c<='Z')||(c>='a'&& c<='z'))
      letter++;                       /*统计英文字母的个数*/
    else if(c>='0'&& c<='9')
      digit++;                        /*统计数字的个数*/
    else
      others++;                       /*统计其他字符的个数*/
  printf("letter=%d,digit=%d,others=%d",letter,digit,others);
  return 0;
}
```

【程序运行结果】

```
1+10=11abc!
letter=3,digit=5,others=3
```

【例 5-14】求 ss 字符串数组中长度最短的字符串所在的行下标并输出，已知字符串为"Shanghai""Guangzhou""Beijing""Changsha""Chongqing"。

【任务分析】先用二维字符串数组将所有字符串都存入，然后用字符串比较函数 strlen() 对所有字符串长度进行比较。

【代码】

```c
#include <stdio.h>
#include <string.h>
#define M 5
#define N 20
int main()
{
char str[M][N]={"Shanghai","Guangzhou","Beijing","Changsha","Chongqing"};
    int k=N,i,t,len,n=0;
    printf ("\nThe original strings are:\n");
    for(i=0;i<M;i++)
        puts(str[i]);       //输出原数组
    for(t=0;t<M;t++)
    {
        len=strlen(str[t]);
        if(len<k)
            {
                k=len;
                n=t;         //对字符串进行比较，得到最短的行标
            }
    }
    printf("The shortest string is:%d", n);
    return 0;
}
```

【运行结果】

```
The original strings are:
Shanghai
Guangzhou
Beijing
Changsha
Chongqing
The shortest string is:2
```

【指点迷津】在第二个 for 循环中，用字符串函数对其长度进行比较，当所有字符串比较完毕后，输出最小的行坐标。第 5 章函数及第 8 章指针学习结束后，读者可以利用自定义函数和指针数组对本程序进行修改和简化。

【例 5-15】输入一行字符（不超过 200 个），统计其中单词的个数。

【任务分析】英语的书写规则是在每个单词前后都会有空格、标点符号等进行分隔。可定义一个标志变量 flag 来确定单词的起始点，每出现一个单词的起始点，则表示存在一个单词，这样统计出现的单词起始个数，即可获得单词总数。具体描述如下：遍历字符串中每个字符，使用 flag 来标识是否开始了一个新的单词标识：flag=0 表示未出现新单词；flag=1 表示已经出现新单词，遍历结束后输出结果。

【代码】

```c
#include <stdio.h>
#define N 201
int main()
{
```

```
        char s[N];
        int i,n=0,flag=0;
        gets(s);                        //输入字符串
        for(i=0;(s[i])!='\0';i++)       //遍历字符串中的每一个字符
        {
        //若是空格、"！""．""？""，""；"则标识新单词开始
           if(s[i]==' '||s[i]=='!'||s[i]=='.'||s[i]=='?'||s[i]==','||s[i]==';')
              flag=0;
            else if (flag==0)           //否则不是空格，且 flag 为 0
            {
                 flag=1;                //flag 置 1
                 n++;                   //单词个数增加 1
                 }
        }
        printf("There are %d words in it.\n",n);        //输出结果
        return 0;
}
```

【运行结果】

```
Being a Chinese,I love China!
There are 6 words in it.
```

5.4　本章小结及常见错误

5.4.1　本章小结

数组是由相同类型数据组成的构造数据类型，其名字为数组名。数组包含若干个数据，这些数据是按一定顺序排列的，占用一段连续的存储空间，数组所占内存字节数=数组元素个数*sizeof(元素数据类型)。数组元素用数组名和下标确定，使用方法与简单变量相似，数组与循环结合可以处理大批量的数据。

本章主要介绍了一维数组，二维数组、字符数组的定义、初始化、引用及输入与输出，重点介绍了这三种类型数组中常用的算法及字符数组中的字符串处理函数。

5.4.2　常见错误列举

（1）数组必须先定义后使用，不能先使用后定义。如下所示语句是错误的：

a[5]=10;int a[10];//错误，使用 a 数组的元素 a[5]前，未定义数组 a

（2）定义数组的同时给数组元素赋了初值，可以省略数组的长度，若定义数组时未进行赋初值的操作，又未指定数组长度，则是错误的，如：

```
int arr1[]={1,2,3,4,5,6};    //正确，编译系统根据初值个数确定数组长度为 6
int arr2[];                  //错误，未指定长度
```

（3）只能逐个引用数组元素，如下所示语句是正确的：

for(j=0;j<10;j++) printf("%d\t",a[j]);   //正确，for 循环逐个引用数组元素

不能一次引用整个数组，如下所示语句是错误的：

int a[10]; printf("%d",a);   //错误

（4）数组名是地址常量，不能对其赋值，如下所示语句是错误的：

```
int a[10];
a=10;                        //不能对数组名赋值
```

（5）引用数组元素时下标不能越界。这是最常见，也是最容易犯的错误，因为数组元素是从第 0 个开始计的，所以数组下标最大值应该为长度减 1，如下所示语句是错误的：

```
int a[10]; a[10]=10;     //错误，数组有 10 个元素，分别为 a[0]～a[9]，并无 a[10]元素
```

（6）定义数组时出现，数组长度不能为浮点型数据、负数、变量等，如下定义数组的语句是错误的：

```
int a[5.6];              //错误，定义数组时长度不能为浮点型数据
int s[-5];               //错误，定义数组时长度不能为负数
int n=5;int b[n];        //错误，定义数组时长度不能为变量
```

（7）引用数组时，下标不能是浮点型数据、负数等。

```
float i;
for(i=0;i<10;i++)  scanf("%d",&a[i]);       //错误，引用数组元素，下标不能为浮点型数据
```

（8）定义字符串数组时，未留出'\0'的长度。

```
char a[5]={'H','e','l','l','o'};
printf("%s",a);  //用"%s"输出时，遇'\0'结束，而 a 数组中并未存储'\0'
```

（9）不能用 "==" "!=" ">" ">=" "<" "<=" 比较字符数组大小，需使用 strcmp()函数。

```
char str1[]="abc";
char str2[]="abb";
int r;
if(str1==str2)            //错误，应改为 if(strcmp(str1,str2)==0)
   r=0;
else if(str1>str2)        //错误，应改为 if(strcmp(str1,str2)>0)
   r=1;
else
   r=2;
```

（10）不能用 "+" 连接两个字符数组，需使用 strcat()函数。

```
char str1[10]="abc";
char str2[3]="abb";
str1=str1+str2;        //错误，可改为 strcat(str1,str2)
```

（11）不能用 "=" 复制字符串，需使用 strcpy()函数。

```
char str1[10]="abc";
char str2[10]="abb";
str1=str2;              //错误，可改为 strcpy(str1,str2)
```

习题

一、选择题

1. 下列选项中，能正确定义数组的语句是（　　　）。

    A. int num [2008];   B. int num[];

    C. int N = 2008;   D. #define N 2008

```
    int num[N];                              int num[N];
```

2. 若要定义一个具有 5 个元素的整型数组，以下定义语句中错误的是（   ）。

    A. int a[5]={0};   B. int b[]={0,0,0,0,0};

    C. int c[2+3];   D. int i=5,d[i];

3. 若有定义语句"int m[]={5,4,3,2,1},i=4;"，则下面对 m 数组元素的引用中错误的是（   ）。

    A. m[--i]   B. m[2*2]   C. m[m[0]]   D. m[m[i]]

4. 以下数组定义中错误的是（   ）。

    A. int x[][3]={0};

    B. int x[2][3]={{1,2},{3,4},{5,6}};

    C. int x[][3]={{1,2,3},{4,5,6}};

    D. int x[2][3]={1,2,3,4,5,6};

5. 以下选项中正确的语句组是（   ）。

    A. char s[10];s={"BOOK!"};   B. char s ={"BOOK!"};

    C. char s[10];s="BOOK!";   D. char s[10]="BOOK!";

6. 下列选项中，能够满足"若字符串 s1 等于字符串 s2，则执行 ST"要求的是（   ）。

    A. if (strcmp (s2, s1)==0)   B. if(s1==s2)

            ST;   ST;

    C. if (strcpy (s1, s2)==1)   D. if(s1-s2==0)

              ST;   ST;

7. 有以下程序：

```
int main()
{
    char a [30], b [30];
    scanf ("%s", a);
    gets(b);
    printf ("%s\n %s\n", a, b);
    return 0;
}
```

运行程序时若输入 how are you? I am fine 后回车，则输出的结果是（   ）。

    A. how are you?   B. how

       I am fine   are you?I am fine

    C. how are you? I am fine   D. how are you?

8. 有以下程序：

```
int main()
{
    char s[]="012xy\08s34f4w2";
    int i, n=0;
    for(i=0;s[i]!=0;i++)
        if(s[i]>='0'&&s[i]<='9')
        n++;
    printf("%d\n",n);
    return 0;
}
```

运行程序后的输出结果是（   ）。

    A. 0   B. 3   C. 7   D. 8

9. 有以下程序：

```c
#include<stdio.h>
#include<string.h>
int main()
{
  char a[5][10]={"china","beijing","you","tiananmen","welcome"};
  int i,j; char t[10];
  for(i=0;i<4;i++)
       for(j=i+1;j<5;j++)
           if(strcmp(a[i],a[j])>0)
           {
               strcpy(t,a[i]);
               strcpy(a[i],a[j]);
               strcpy(a[i],t);
           }
  puts(a[3]);
  return 0;
}
```

运行程序后的输出结果是（   ）。

    A. beijing   B. china   C. welcome   D. tiananmen

10. 有以下程序：

```c
#include <stdio.h>
#include <string.h>
int main()
{
    char x[]="STRING";
    x[0]=0;
    x[1]='\0';
    x[2]='0';
    printf("%d %d\n",sizeof(x),strlen(x));
    return 0;
}
```

运行程序后的输出结果是（   ）。

    A. 6 1   B. 7 0   C. 6 3   D. 7 1

11. 二维数组 x 有 m 列，若元素 x[0][0]是第一个元素，则 x[i][j]在数组中的位置是（   ）。

    A. i*m+j   B. j*m+i   C. i*m+j-1   D. i*m+j+1

12. 两个数组 a 和 b 进行如下初始化：

```c
char a[ ]="abcdef";
char b[ ]={'a', 'b', 'c', 'd', 'e', 'f'}
```

则下列叙述中正确的是（   ）。

    A. a 和 b 数组完全相同   B. a 数组所占字节数和 b 数组一样多

    C. a 和 b 中都存放字符串   D. a 数组所占字节数比 b 数组多

13. 若有定义"int a[5];"，则数组 a 中首元素的地址可以表示为（   ）。

    A. & a   B. a+1   C. A   D. &a[1]

14. 设有数组定义 "char array[ ]="China";", 则数组所占的空间是（　　　）。

　　A. 4 个字节　　　　　B. 5 个字节　　　　　C. 6 个字节　　　　　D. 7 个字节

15. 若有以下说明 "int a[3][4]={0};", 则下列叙述中正确的是（　　　）。

　　A. 只有元素 a[0][0]可得到初值 0

　　B. 此说明语句不正确

　　C. 数组 a 中各元素都可得到初值，但其值不一定为 0

　　D. 数组 a 中各元素都可得到初值 0

二、填空题

1. 若有如下定义 int a[2][3], 则 a 数组中行下标的下界是（　　　），列下标的上界是（　　　）。

2. 若有定义 int a[3][4]={{1,2},{0},{4,6,8,10}}, 则初始化后，a[1][2]得到的初值是（　　　），a[2][1]得到的初值是（　　　）。

3. 若有定义 "int a[][3]={1,2,3,4,5,6,7};", 则数组 a 的行数为（　　　）。

三、程序填空题

1. 有以下程序，运行后的输出结果是（　　　）。

```c
#include <stdio.h>
int main()
{
  int i,j,a[][3]={1,2,3,4,5,6,7,8,9};
  for(i=0;i<3;i++)
      for(j=i;j<3;j++)
          printf("%d",a[i][j]);
  printf("\n");
  return 0;
}
```

2. 有以下程序，运行时从键盘输入 "How are you?" 后回车，则输出结果为（　　　）

```c
#include <stdio.h>
int main()
{
    char a[20]="How are you?",b[20];
    scanf("%s",b);
    printf("%s %s\n",a,b);
    return 0;
}
```

3. 以下程序运行后的输出结果是（　　　）。

```c
#include <stdio.h>
int main()
{
int i,n[5]={0};
for(i=1;i<=4;i++)
{
n[i]==n[i-1]*2+1;
printf("%d",n[i]);
}
printf("\n");
```

```
    return 0;
}
```

四、程序设计题

1. 编写程序：某同学参加歌唱比赛，输入十位评委对他的评分，并计算该同学最后得分，规则为请去掉最高分和最低分后，取剩下得分的平均值，保留一位小数。

2. 编写程序：已知数组 a={1,3,4,5,9,11,13,15,17,100}。现输入一个数 x，要求按原来的排序规律将 x 插入数组中。

3. 编写程序：输入 10 个整数放入数组 array，将其中的奇数存放到数组 odd 中，将其中的偶数存放到数组 even 中，分别输出数组 odd 和 even 中的各元素。

4. 编写程序：有 100 个人围成一圈，按顺序从 1 到 100 编号。从第一个人开始报数，报数是 3 的倍数的人退出圈子，下一个人从 1 开始重新报数，报数是 3 的倍数的人退出圈子。如此循环，直到留下最后一个人，问留下来的人的编号。

5. 编写程序：输入 20 个整数，找出其中绝对值最大的数及其在数组中的位置。

6. 编写程序：建立并输出一个 5×5 的矩阵。要求：该矩阵两条对角线上元素均为 1，其余均为 2。

7. 编写程序：输入 5×5 的二维数组，求各行之和并输出。

8. 编写程序：输入 3 个字符串，找出其中的最大者并输出。

9. 编写程序：设计凯撒密码的加密和解密算法。在对一个指定的字符串加密之后，利用解密函数能够对密文解密，显示明文信息。加密的方式是将字符串中每个字符加上它在字符串中的位置和一个偏移值 x。若偏移值为 5，以字符串"mrsoft"为例，第一个字符"m"在字符串中的位置为 0，那么它对应的密文是"'m'+0+5"，即 r。整个操作只针对字母进行。

10. 编写程序：判断一个字符串是否为回文数。回文数，即从左边读和从右边读的结果是一模一样的。

第6章 函数

6.1 函数与 C 程序的结构

【例 6-1】求 3! +5! +6!。

【任务分析】根据已有的知识，我们通常可定义三个变量，分别用于存放 3!、5! 及 6! 的值，并求这三个变量之和。

【代码1】

```c
#include <stdio.h>
int main()
{
    int s1,s2,s3,i;
    int s;
    s1=s2=s3=1;
    for(i=1;i<=3;i++)
        s1=s1*i;
    for(i=1;i<=5;i++)
        s2=s2*i;
    for(i=1;i<=6;i++)
        s3=s3*i;
    s=s1+s2+s3;
    printf("3! +5! +6! =%d\n",s);
    return 0;
}
```

【运行结果】

```
3! +5! +6! =846
```

【指点迷津】上述程序虽然可以实现题目所要求的功能，然而，想要实现 5 个或者更多数的阶乘之和，如果继续使用上面的方式，程序就必须有相应个数的循环，以实现求每个数的阶乘，代码会显得烦琐。此时，我们往往会想到，如果有一个求阶乘的函数（如：fact()）可以使用，那么我们就只需输出"fact(3)+fact(5)+fact(6)"值即可，可是在标准的库函数中却没有相关函数。在这种情况下，C 语言允许用户自定义函数并调用，具体程序如下。

【代码2】

```c
#include <stdio.h>
int fact(int n)
{
    int i,t=1;
    for(i=1;i<=n;i++)
        t=t*i;
    return t;
}
int main()
{
```

```
        printf("3! +5! +6! =%d\n", fact(3)+fact(5)+fact(6));
        return 0;
    }
```

【指点迷津】在该程序中，当执行代码时，从 main()函数开始执行，并在 main()函数中调用 fact()函数，实现具体功能。

在编写功能较复杂的程序时，将所需实现的内容全部放在一个程序模块中是不可取的。在程序设计的思维中，往往会将一个较大的程序分为若干个子程序模块，每一个模块用来实现一个特定的功能。在 C 语言中，用函数来实现子程序模块。对于 C 语言程序中的函数，有如下几点需要注意：

（1）一个 C 语言程序可由一个或多个源程序文件组成，一个 C 语言源程序文件由一个或多个函数组成，如图 6-1 所示。

（2）一个 C 语言程序必须有且只能有一个主函数（main()），C 语言程序的执行从 main()函数开始，如有需要，在 main()函数中调用其他函数。最终程序执行将回到 main()函数，并在 main()函数中结束整个程序的运行。

（3）main()函数是系统定义的。

（4）所有函数在定义时都是互相独立的，一个函数并不从属于另一个函数，即函数不能嵌套定义，但函数可以相互调用或递归调用（自己调用自己）。注意，main()函数不能被调用。

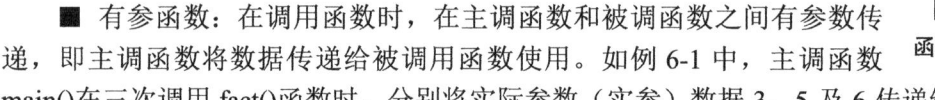

图 6-1　C 语言程序的结构

6.2　函数的分类与应用

函数的分类与应用

从函数的参数或数据传递角度看，函数可分为有参函数和无参函数。

■ 有参函数：在调用函数时，在主调函数和被调函数之间有参数传递，即主调函数将数据传递给被调用函数使用。如例 6-1 中，主调函数 main()在三次调用 fact()函数时，分别将实际参数（实参）数据 3、5 及 6 传递给 fact()函数中相应的形式参数（形参）n，并获取相应结果，形参和实参相关知识可见 6.3.4 部分。

■ 无参函数：主调函数和被调函数之间不进行参数或数据的传递，如例 6-2 所示。

【例 6-2】定义并使用无参函数打印信息。

【代码】

```
#include <stdio.h>
void printstar()
{
    printf("********\n");
}
int main()
{
    printstar();
```

```
    printf("hello!\n");
    printstar();
    return 0;
}
```

【运行结果】

```
********
hello!
********
```

在该程序中，printstar()函数就是无参函数，其被调用时无须提供或传递数据。

从用户定义及使用的角度看，函数分为自定义函数和标准函数。以下，我们将针对自定义函数、标准函数及 C 语言程序中特殊的 main()函数分别进行阐述。

6.2.1　main()函数

main()函数又称为主函数，一个 C 语言程序有且仅有一个 main()函数，任何一个 C 语言程序总是从 main()函数开始又在 main()函数中结束的，main()函数后面的一对小括号不能省略。main()函数的具体格式如下：

```
int main()
{
    //函数体语句
    return 0;
}
```

其中，函数体语句是主函数要实现的功能。

注意：如在 Visual C++6.0 等编译环境中，允许设置 main()函数无返回值，即函数头为"void main()"，那么相应地就可删除"return 0;"语句，但一般不建议这么做。

6.2.2　标准库函数

C 语言处理系统的编译器提供了许多标准函数，即库函数。这是由系统预定义好并提供给用户直接使用的，用户不必自己定义这些函数，如我们通过调用 sin()和 exp()函数求"sin $(5+x)$ +e^{x+1}"的值，具体代码如下。

【代码】

```
#include <stdio.h>
#include <math.h>
int main()
{
    double x,y;
    scanf("%lf",&x);
    y=sin(x+5)+exp(x+1);
    printf("%lf",y);
    return 0;
}
```

注意：在以上代码中，scanf()、printf()、sin()及 exp()均为标准库函数，其中 scanf()和 printf()函数的定义包含在"stdio.h"文件中，sin()和 exp()函数的定义包含在"math.h"文件中，这些文件都是由系统提供的，因此，只需在预处理语句中使用"#include"语句将相应文件引入就能使用相关函数。需要指出的是，不同版本或不同编译环境中的标准库函数可能不同。

6.2.3　自定义函数

当程序中需要使用某个特殊功能，但系统提供的标准库函数中无相关函数可以使用时，C语言允许用户将这些功能自定义为函数。

【例 6-3】有如下 main()函数，用于求出 $S = 1 + \dfrac{2}{1+2} + \dfrac{3}{1+2+3} + \cdots + \dfrac{100}{1+2+\cdots+100}$，其中，自定义函数"double sum(int i)"用于求出 $\dfrac{i}{1+2+\cdots+i}$ 的值，写出该函数代码。

```c
#include <stdio.h>
int main()
{
  int i;
  double s=0;
  for(i=1;i<=100;i++)
      s+=sum(i);
  printf("s=%lf\n",s);
  return 0;
}
```

自定义函数 double sum(int i)相应的代码如下所示。

【代码】

```c
double sum(int i)
{
    int k;
    double t=0;
    for(k=1;k<=i;k++)
        t+=k;
    return i/t;
}
```

【运行结果】

```
S=8.394557
```

【指点迷津】在具体实现该程序的功能时，自定义函数 sum()需写在 main()函数之前，否则，需在 main()函数中添加 sum()函数的声明语句，具体见 6.3 节的叙述。

6.3　自定义函数的定义与调用

6.3.1　函数的定义

自定义函数必须先定义才能被调用，函数定义的一般格式如下：

函数类型　函数名(形式参数及类型列表)
{
　　函数体
}

自定义函数的
定义与调用

（1）函数类型：用于说明自定义函数返回值的类型，应根据函数的功能确定函数的类型，如无返回值，则为"void"。若省略，默认的类型为整型，即 int 类型。

如例 6-1 中，函数 fact()用于计算 k 的阶乘，其计算并返回的值为整型，因此定义该函数时，首行应为"int fact(int k)"，也可写为"fact(int k)"。例 6-3 中函数 sum()用于计算 $\dfrac{i}{1+2+\cdots+i}$ 的值，其计算并返回的值为实型，因此定义该函数时，首行应为"double sum(int i)"，此时的函数类型 double 不能省略。例 6-2 中函数 printstar()不需要返回值，因此函数类型为 void，照样不能省略。

（2）函数名：用户自定义的合法标识符。需要注意的是，函数名不得在函数体中用于赋值、输出等。

（3）形式参数及类型列表：在创建自定义函数时，如需调用该函数的主调程序提供若干数据才能实现自定义函数功能时，须将该若干数据设置为相应的形式参数，如函数 fact(k)中的参数 k。如果不需要参数，则自定义函数中的形式参数为空，但括号不能省。

形式参数及类型列表的一般格式为：

类型 1 形式参数 1,类型 2 形式参数 2,…

（4）函数体：用于实现函数的功能。其中 return 语句为实现函数功能的重要语句，对 return 语句的介绍见 6.3.5 小节。

6.3.2　函数的调用

函数调用的一般格式为：

函数名(实参列表)；

如果调用的是无参函数，则实参列表为空，但小括号不能省略。如果实参列表为多个实参变量，则各参数间用逗号隔开。实参与形参的个数与类型须一致。C 语言程序通过函数的调用实现主调函数和被调函数间的数据传递，在此基础上程序执行被控制从主调函数转移到被调函数，当遇到 return 语句并结束函数时，重新回到主调函数中调用处的下一条语句开始执行。

根据被调函数在主调函数中的使用方式，函数的调用一般可分为以下三种方式。

（1）函数语句。直接将函数的调用作为一个单独语句，如例 6-2 中的：

```
printstar();
```

（2）表达式形式。函数出现在一个表达式中，这时要求函数能返回一个确定的值用来参加表达式的运算，如例 6-3 中的：

```
s+=sum(i);
```

（3）作为函数参数。函数的调用作为自己或另一个函数的参数，如例 6-1 中的：

```
printf("3! +5! +6! =%d\n", fact(3)+fact(5)+fact(6));
```

将 fact()函数的返回值作为 printf()的参数。同时，我们也可以使用"fact(fact(4));"语句求出"(4!)!"值。

6.3.3　函数的声明

细心的读者会发现，在本章前述的案例中，都将自定义函数写在主函数之前，即先有函数的定义，后有函数的调用。这是因为在程序中使用函数，需要先声明函数，函数的声明主要有以下三种方式。

（1）在调用自定义函数的主调函数前，定义该函数，在定义的同时也声明了函数。

【例6-4】求出2～100中的素数的和，要求自定义并调用函数"int prime(int k)"，当k为素数时，返回值k，否则返回值0。

【代码】

```
#include <stdio.h>
int prime(int k)
{
  int i;
  if(k==1) return 0;
  for(i=2;i<k;i++)
    if(k%i==0) return 0;
  return k;
}
int main()
{
  int i,s=0;
  for(i=2;i<=100;i++)
    s+=prime(i);
  printf("2～100 的素数和:%d\n",s);
  return 0;
}
```

【运行结果】

2～100 的素数和:1060

【指点迷津】该程序从main()函数开始执行，当调用prime()函数时，将实参i的值传递给形参k，并执行prime()函数内的函数体语句。如果2到k（不包含k）中的某个整数能整除k，则运行"return 0;"，返回值0，并回到主函数运行；如果均不能整除k，则表明此时k的值为素数，会运行到"return k;"，返回值k，并回到主函数运行。

以上程序在调用prime()函数之前，先定义了该函数，同时达到了声明的效果。按照这种方式声明函数，对各函数在程序中的位置和顺序有一定的要求，而且主函数往往会放在后面，这样程序的可读性和后期的维护会比较困难。因此，我们经常采用第2种函数的声明方式。

（2）在调用自定义函数前声明函数原型。函数原型的格式为：

函数类型　函数名(形参类型列表);

【例6-5】输出1～1000中的所有完全数，所谓"完全数"是指除本身外的所有因子之和等于其本身的自然数。要求自定义并调用函数"int pnumber(int k)"，当k为完全数时，返回值1，否则返回值0。

【代码】

```
#include <stdio.h>
int main()
{
  int i,s=0;
  int pnumber(int);
```

```
   printf("1~1000 间的所有完全数有:\n");
   for(i=1;i<=1000;i++)
     if(pnumber(i)) printf("%d\n",i);
   return 0;
}
int pnumber(int k)
{
  int i,s=0;
  for(i=1;i<k;i++)
    if(k%i==0) s+=i;
  if(s==k)
    return 1;
  else
    return 0;
}
```

【运行结果】

```
1~1000 间的所有完全数有:
6
28
496
```

在该程序中，pnumber()函数的定义放在了调用之后，但须在调用前先对该函数原型进行声明，即：

```
int pnumber(int);
```

函数原型的声明可以包含参数的名字，即声明语句可以写为"int pnumber(int k);"。

（3）把函数原型写到一个文件中，使用"#include"命令将其引入到程序里。该方法类似 C 语言程序中标准库函数的声明和引用。

6.3.4　函数的形式参数和实际参数

根据以上的叙述，我们知道函数在定义和调用时使用参数实现数据的传递，其中，在定义函数时的参数称为"形式参数"，调用函数时的参数称为"实际参数"，可分别简称为"形参"和"实参"。

如例 6-1 中，函数 fact()在定义时首行为"int fact(int k)"，其中的"k"即为形参，类型为整型。在调用该函数时"fact(3)"将实参数值 3 传递给形参 k，计算并返回 3 的阶乘。

【例 6-6】输入两个整数，求出较大的数。

【代码】

```
#include <stdio.h>
int main()
{
  int max(int a,int b);
  int x,y,z;
  printf("please input two integers:");
  scanf("%d,%d",&x,&y);
  z=max(x,y);
  printf("max=%d\n",z);
  return 0;
}
int max(int a,int b)
```

```
{
    int t;
    t=a;
    if(b>t)
        t=b;
    return t;
}
```

【运行结果】

```
please input two integers:3, 7
max=7
```

程序中定义了函数 max()，用于求出两个整数中的较大值，自定义函数的首行为"int max(int a,int b)"（注意：行尾没有分号），表明该函数需要两个形式参数。当主函数调用 max()函数时，使用语句"z=max(x,y);"将实际参数 x 和 y 的值传递给形式参数 a 和 b，并求出较大值。

形参和实参的说明如下：

（1）在定义函数时，如有形参，则必须说明参数类型。

（2）定义和调用函数时，实参和形参的个数与类型必须一致，字符型和整型可以互通，否则将出现"类型不匹配"错误。

（3）实参可以是常量、变量或表达式，如语句"z=max(x+y,10);"可将 x+y 与 10 中的较大值赋给变量 z。

（4）在定义函数时的形式参数变量，在未调用相应函数时，并不占内存中的存储单元。只有在发生函数调用时才被分配相应内存单元，调用结束后，所占的内存单元也被释放。

（5）实参对形参的数据传递为单向传递，即形参的值的变化不会影响实参的值，我们将此数据传递方式称为"值传递"。

【代码】

```
#include <stdio.h>
int add(int a);
int add(int a)
{
    int t;
    a=a+10;
    t=2*a;
    printf("a=%d\n",a);
    return t;
}
int main()
{
    int x=0,y;
    y=add(x);
    printf("x=%d,y=%d\n",x,y);
    return 0;
}
```

【运行结果】

```
a=10
x=0,y=20
```

在该程序中，当主程序运行到"y=add(x);"语句调用 add()函数时，将实参 x 的值传递给形参 a，在自定义函数体中，形参变量 a 的值会变为 10，但实参变量 x 的值并不会发生改变。实际上，形参变量和实参变量是占用不同的内存单元的，如以下程序。

【代码】

```
#include <stdio.h>
void exchange(int a,int b);
void exchange(int a,int b)
{
  int t;
  t=a;
  a=b;
  b=t;
  printf("a=%d,b=%d\n",a,b);
}
int main()
{
  int x=1,y=2;
  exchange(x,y);
  printf("x=%d,y=%d\n",x,y);
  return 0;
}
```

【运行结果】

```
a=2,b=1
x=1,y=2
```

形参变量 a、b 和实参变量 x、y 的变化情况如图 6-2 所示。

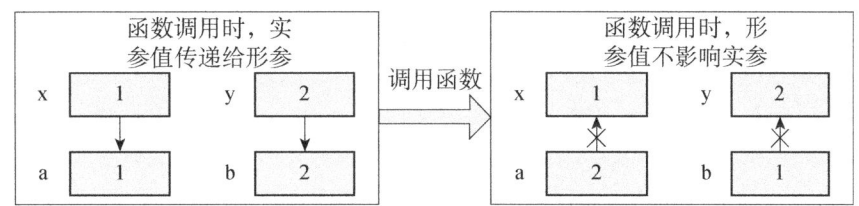

图 6-2　参数间的"值传递"

当调用 exchange()函数时，首先将实参变量 x 和 y 的值传递给形参变量 a 和 b，此时，各变量均分配不同的内存单元，当 a 和 b 的值被交换后，并不会影响 x 和 y 的值。需要指出的是，当 exchange()函数调用结束后，形参变量 a 和 b 的内存单元也随即被释放，实参变量 x 和 y 的内存单元仍然保留并维持原值。

6.3.5　函数的返回值

一般情况下，我们往往希望通过调用函数得到一个确切的值，如 fact(3)能得到 3 的阶乘，即 6，这就是函数的返回值。函数的返回值通常是通过函数中的 return 语句获得的，下面对 return 语句及函数的返回值进行说明。

（1）return 语句。return 语句常被用作将一个确定的值带回到主调函数中去，基本的格式为：

```
return 表达式；
```

或

```
return (表达式);
```

当函数类型为空（即 void）时，函数体中可不写 return 语句，或者可使用

```
return;
```

当函数类型为非空时，函数体中必须有 return 语句。当 return 语句中的表达式的类型与函数类型不一致时，表达式的值将按照不同类型数据赋值转换规则转换为函数类型的值并返回。

当被调用函数的函数体语句执行到 return 语句时，将立即停止被调用函数的执行，带上相关返回值（如有返回值），回到主调函数执行。

（2）如果函数类型为 "void"，如函数体中出现 return 语句，该 return 语句只能用作程序执行控制，不能带回值，如例 6-7 中 goldb() 函数体中的 return 语句后面不能加上表达式，调用该函数时也不能放到表达式中进行运算或赋值，因为其没有返回值。

【例 6-7】将输入的任意一个大于 2 的偶数写成两个素数之和[注：哥德巴赫猜想的内容之一，这个问题是德国数学家哥德巴赫（C. Goldbach，1690—1764 年）于 1742 年 6 月 7 日在给大数学家欧拉的信中提出的，所以被称作哥德巴赫猜想（Goldbach Conjecture）]。

【任务分析】假设输入的偶数为 t，我们可以首先用最小的素数（即 2）去尝试，如果 t-2 的值为素数，即成功获得两个素数 2 和 t-2，其和为 t；若 t-2 不是素数，则用下一个素数 3 去尝试，直到尝试到某个素数 k，并且 t-k 也为素数即可。其中判断一个数是否为素数的自定义函数 "int prime(int k)" 已在例 6-4 中给出，本例中不再重复，在实际调试时，应将该自定义函数的代码复制到本例中。

【代码】

```
#include <stdio.h>
#include <math.h>
void goldb(int p);
int prime(int k);
int main()
{
  int t;
  void goldb(int p);
  printf("please enter an even number greater than 2:");
  scanf("%d",&t);
  goldb(t);
  return 0;
}
void goldb(int p)
{
  int i,a;
  for(i=2;i<=p;i++)
    if(prime(i)!=0 && prime(p-i)!=0)
    {
      printf("%d=%d+%d\n",p,i,p-i);
      return;
    }
}
int prime(int k)
{
  int i;
  if(k==1) return 0;
```

```
  for(i=2;i<=sqrt(k);i++)
    if(k%i==0) return 0;
  return 1;
}
```

【运行结果】

```
please enter an even number greater than 2:88
88=5+83
```

可以看到，在该例中，goldb()函数的类型为"void"，并不需要返回值，函数体中的 return 语句的功能只是确保当找到两个素数，其和为 p 时，退出函数的调用，返回到主函数。

6.4　函数的嵌套与递归调用

6.4.1　函数的嵌套调用

C 语言程序不允许在定义一个函数的函数体中定义另一个函数，也就是说，C 语言的函数定义都是互相平行的、独立的，不允许嵌套定义函数。

函数的嵌套
与递归调用

C 语言不能嵌套定义函数，但可以嵌套调用函数，也就是说，在调用一个函数的过程中，被调用函数又作为另一个函数的主调函数去调用另一个函数。如例 6-7 中，main()函数调用 goldb()函数，在执行 goldb()函数时，又调用 prime()函数。这就是函数的嵌套调用。

6.4.2　函数的递归调用

在调用一个函数的过程中，函数体内又出现直接或间接调用该函数本身的语句，这种调用方式称为递归调用。C 语言允许递归调用。

【例 6-8】用递归调用的方法求 n!。

【任务分析】用递归法求 n!时，用以下递归的方式给出阶乘定义：

$$n! = \begin{cases} 1 & n = 0,1 \\ n \times (n-1)! & n > 1 \end{cases}$$

【代码】

```
#include <stdio.h>
int f(int k);
int main()
{
  int n;
  printf("please input an integer:");
  scanf("%d",&n);
  if(n<0)
    printf("input error\n");
  else
    printf("%d!=%d\n",n,f(n));
  return 0;
}
int f(int k)
{
  if(k==0 || k==1)
    return 1;
  else
```

```
    return k*f(k-1);
}
```

【运行结果】

```
please input an integer:8
8!=40320
```

在上述程序的执行中，当执行主函数并输入整数 8 时，将该值传递给形参 k 并执行函数 f()，带回的值为 8×f(7)；将 7 传递给形参 k 并再次调用执行函数，返回值 7×f(6)，依次执行，直到执行 f(1)，带回值 1。最终得到的值为 8×7×…×1，即为 8!。

6.5　数组作为函数的参数

数组作为函数的
参数及小结

在前面的有关自定义函数的例子中，有参函数的参数均为变量。C 语言程序中，数组也可作为参数，如果数组元素作为实参，其用法和功能与变量相同，此处不再叙述。本部分内容主要针对数组名作为函数参数。

在 C 语言中，没有下标的数组名代表的是指向该数组第一个元素的指针（具体可参见第 9 章指针部分的内容），即数组的首地址。因此，当数组名作为参数时，实参向形参传递的是数组的地址，是一种"地址传递"方式，不同于前述的变量参数"值传递"方式，数组名作为参数时，形参数据的改变会返回到实参中。

【例 6-9】用选择排序法对数组中的 10 个数从小到大排序输出。

【代码】

```
#include <stdio.h>
void sort(int a[],int n);
int main()
{
  int i,array_b[10]={5,4,6,8,7,9,2,1,3,0};
  sort(array_b,10);
  printf("The sorted array is\n");
  for(i=0;i<10;i++)
    printf("%d ",array_b[i]);
  printf("\n");
  return 0;
}
void sort(int array_a[],int n)
{
  int i,j,k,t;
  for(i=0;i<n-1;i++)
  {
    k=i;
    for(j=i+1;j<=n-1;j++)
      if(array_a[j]<array_a[k])  k=j;
    t=array_a[i];array_a[i]=array_a[k];array_a[k]=t;
  }
}
```

【运行结果】

```
The sorted array is
0 1 2 3 4 5 6 7 8 9
```

该程序中，"sort(array_b,10);"语句调用了 sort()函数，将实参数组 array_b 的首地址传递给了 array_a，当 array_a 中的数据发生变化（即排序）后，array_b 的数据也同时改变。

当多维数组作为函数的参数时，被调函数的形参数组可以省略第一维的大小说明，但不能省略其他维的大小说明，如 int arr[3][3]或 int arr[][3]作为形参数组的写法都是合法的，但 int arr[][]或 int arr[3][]作为形参数组的写法都是错误的。可参考第 9 章的关于数组指针内容及"地址传递"的方式来理解上述语句。

【例 6-10】已有一个 3 行 3 列的矩阵，求平均值。

【代码】

```c
#include <stdio.h>
double average(int a[][3]);
int main()
{
  int b[3][3]={{4,3,3},{5,8,2},{9,1,8}};
  printf("The average is %.3lf\n",average(b));
  return 0;
}
double average(int a[][3])
{
  int i,j,s=0;
  for(i=0;i<3;i++)
    for(j=0;j<3;j++)
      s+=a[i][j];
    return s/9.0;
}
```

【运行结果】

```
The average is 4.778
```

6.6　应用举例

【例 6-11】输入两个正整数，求其最大公约数和最小公倍数。

【代码】

```c
#include <stdio.h>
int gcd(int a,int b);
int lcm(int a,int b);
int main()
{
  int m,n;
  printf("Input two integers:\n");
  scanf("%d%d",&m,&n);
  printf("The greatest common divisor is: %d\n",gcd(m,n));
  printf("The lowest common multiple is: %d\n",lcm(m,n));
  return 0;
}
int gcd(int a,int b)
{
  int t,i;
  t=a;
  if(b<t)  t=b;
  for(i=t;i>=1;i--)
```

```
    if(a%i==0 && b%i==0) return i;
}
int lcm(int a,int b)
{
  return a*b/gcd(a,b);
}
```

【运行结果】

```
Input two integers:
16 56
The greatest common divisor is: 8
The lowest common multiple is: 112
```

【例 6-12】写一个函数，将输入的一个字符串逆序存放，并输出。

【代码】

```
#include <stdio.h>
#include <string.h>
void reverse(char a[]);
int main()
{
  char c[200];
  printf("Please input a string:\n");
  gets(c);
  printf("The reverse order of the string is:\n");
  reverse(c);
  puts(c);
  return 0;
}
void reverse(char a[])
{
  int len,i;
  char t;
  len=strlen(a);
  for(i=0;i<len/2;i++)
  {
    t=a[i];
    a[i]=a[len-1-i];
    a[len-1-i]=t;
  }
}
```

【运行结果】

```
Please input a string:
happy
The reverse order of the string is:
yppah
```

【例 6-13】自定义函数 double cal(double e)的功能为计算下列算式 s 的值，直到最后一项的值小于精度 e，在 main()函数中，输入正整数 n，当精度 e 分别取值为 10^{-1}、10^{-2}、10^{-3}、$\cdots$、10^{-n} 时，调用 cal 函数分别计算并输出下列算式的值，以比较不同精度下的结果。

$$s = 1 + \frac{1}{2!} + \frac{1}{3!} + \frac{1}{4!} + \cdots$$

【代码】

```
#include <stdio.h>
#include <math.h>
double cal(double e);
int main()
{
  double s,e;
  int i,n;
  printf("n=");
  scanf("%d",&n);
  for(i=1;i<=n;i++)
  {
    e=pow(10,-i);
    s=cal(e);
    printf("e=%lf,s=%lf\n",e,s);
  }
  return 0;
}

double cal(double e)
{
  double s=0,t=1;
  int i=1;
  while(t>=e)
  {
    s+=t;
    i++;
    t=t/i;
  }
  return s;
}
```

【运行结果】

```
n=3
e=0.100000,s=1.666667
e=0.010000,s=1.708333
e=0.001000,s=1.718056
```

6.7 本章小结及常见错误

6.7.1 本章小结

函数是组成 C 语言程序的基本模块, 本章主要讲解了 C 语言中与函数相关的内容, 主要内容有:

（1）函数的分类。函数分为标准（库）函数和自定义函数, 自定义函数是本章内容的重点。

（2）函数的自定义与调用。自定义及声明函数的格式; 函数的调用与返回值; 调用函数过程中的参数间"值传递"。

（3）函数的嵌套与递归调用。C 语言的函数定义都是互相平行的、独立的, 但可以在调用一个函数的过程中, 被调函数又作为另一个函数的主调函数去调用另一个函数, 即嵌套调用函数；调用一个函数的过程中，函数体内又出现直接或间接调用该函数本身，即递归调用。

（4）数组作为函数参数。当数组名作为函数参数时，实参向形参传递的是数组的地址，是一种"地址传递"方式，形参数据的改变会返回到实参中。

6.7.2 常见错误

（1）函数的返回值是函数功能的主要体现，也是初学者用函数实现具体问题容易出现错误的地方，需要多练、多思考，培养计算思维。

（2）调用函数时参数间的传递：值传递是 C 语言的参数间基本的传递方式，当参数是数组名或指针时，其值为地址值。要注意函数调用后实参的值是否受到影响。

（3）函数的递归调用：递归函数是函数定义中比较特殊也是比较有难度的，对初学者的逻辑思维有一定的要求，有些功能只能通过递归函数的方式定义，如汉诺塔等。

习题

一、选择题

1. 若调用一个函数，且此函数中没有 return 语句，则下列关于该函数的说法中正确的是（　　）。

A. 没有返回值

B. 返回若干个系统默认值

C. 能返回一个用户所希望的函数值

D. 返回一个不确定的值

2. 在一个函数内部定义的变量是（　　）。

A. 简单变量　　　　B. 局部变量　　　　C. 全局变量　　　　D. 标准变量

3. 以下叙述中不正确的是（　　）。

A. 在不同的函数中可以使用相同名字的变量

B. 函数中的形式参数是局部变量

C. 在一个函数内定义的变量只在本函数范围内有效

D. 在一个函数内的复合语句中定义的变量在本函数范围内有效

4. 有以下程序

```
void fun (int a,int b,int c)
{
a=456; b=567; c=678;
}
int main()
{
int x=10, y=20,z=30;
fun (x,y,z);
printf("%d,%d,%d\n",x,y,z);
return 0;
}
```

运行后的输出结果是（　　）。

A. 30,20,10　　　　　　　　　　　　B. 10,20,30

C. 456,567,678　　　　　　　　　　D. 678,567,456

5. 函数调用时，下列关于函数参数的说法中正确的是（　　　）。

A. 实参与其对应的形参各自占用独立的内存单元

B. 实参与其对应的形参共同占用一个内存单元

C. 只有当实参和形参同名时才占用同一个内存单元

D. 形参是虚拟的，不占用内存单元

6. 对于以下递归函数 f()，调用 f(4)，其返回值是（　　　）。

```
#include <stdio.h>
 int f(int n)
{
    if(n) return f(n-1)+n;
    else return n;
}
```

　　A. 10　　　　　　　B. 4　　　　　　　C. 0　　　　　　　D. 以上都不正确

7. 调用函数 f(27)的输出结果是（　　　）。

```
void f(int n)
{
 if(n<5)
    printf("%d", n);
 else{
    printf("%d", n%5);
 f(n/5);
    }
}
```

　　A. 102　　　　　　B. 201　　　　　　C. 21　　　　　　D. 20

8. 以下函数的类型是（　　　）。

```
 sum(double x,double y)
{
    double s;
    s=x+y;
    return(s);
}
```

　　A. 字符型　　　　　B. 不确定　　　　　C. 整型　　　　　D. 实型

9. C 语言规定，简单变量作为参数时，它和对应的形参之间的数据传递方式是（　　　）。

A. 地址传递

B. 单向值传递

C. 由实参传给形参，再由形参传回给实参

D. 由用户指定传递方式

10. 以下函数定义形式中正确的是（　　　）。

　　A.

```
double fun(int x,int y)
  {z=x+y; return z;}
```

　　B.

```
fun(int  x, y)
  {
    int z;
```

```
        return z;
    }
```

C.

```
fun( x, y)
    {
        int x,y;double z;
        z=x+y; return z;
    }
```

D.

```
double fun (int x, int y)
    {
        double z;
        z=x+y;return z;
    }
```

11. 以下函数声明形式中正确的是（   ）。

    A. double fun(int x,int y)   B. double fun(int x;int y)

    C. double fun(int x,int y);   D. double fun(int x, y);

12. 以下程序运行时输入 3,5，程序运行的结果是（   ）。

```
#include <stdio.h>
void swap(int x,int y)
{
    int temp;
    temp=x;
    x=y;
    y=temp;
}
int main()
{
    int a,b;
    scanf("%d,%d",&a,&b);
    if(a<b) swap(a,b);
    printf("\n%d,%d\n",a,b);
    return 0;
}
```

    A. 3,3   B. 3,5   C. 5,5   D. 5,3

13. 下列程序的运行结果是（   ）。

```
#include <stdio.h>
int fun_b(int x,int y)
{
    int z;
    z=x*y%3;
    return(z);
}
int fun_a(int x,int y)
{
    int z;
    x+=x;
    y+=y;
```

```
        z=fun_b(x,y);
        return z*z;
}
int main()
{
        int s=11,t=19;
        printf("%d\n",fun_a(s,t));
        return 0;
}
```

  A. 1   B. 2   C. 3   D. 4

14. 下列程序的运行结果是（　　）。

```
#include <stdio.h>
int kk()
{
        int x=4;
        static int y;
        x+=2;
        y+=2;
        return(x+y);
}
int main()
{
        int j,s=0;
        for (j=0;j<2;j++)
                s=kk();
        printf("s=%d\n",s);
        return 0;
}
```

  A. s=4   B. s=8   C. s=10   D. s=0

二、程序设计题

  1. 编写程序：求 m^n（m 的 n 次幂）。要求：实现求 m^n 的功能用函数实现，在主函数中实现数据 m、n 的输入和结果的输出。其中 n 为正整数，m 为任意实数。

  2. 编写函数：实现将两个字符串连接（不使用库函数 strcat）。

  3. 写一个函数，判断某一个四位数是不是玫瑰花数（所谓玫瑰花数即该四位数各位数字的四次方的和恰好等于该数本身，如 $163^4=1^4+6^4+3^4+4^4$）。在主函数中从键盘任意输入一个四位数，调用该函数，判断该数是否为玫瑰花数，若是则输出 "yes"，否则输出 "no"。

  4. 编写一个函数，函数的功能是求出所有在正整数 M 和 N 之间能被 5 整除但不能被 3 整除的数并输出，其中 $M<N$。在主函数中调用该函数求出 100 至 200（包括 100 和 200）之间，能被 5 整除但不能被 3 整除的数。

  5. 编写一个函数，其功能是检验一个输入的四位数是否是闰年，如果是闰年则返回 1，否则返回 0。在主函数中从键盘输入一个四位数 XXXX，调用该函数进行判断，如果是则输出 "yes"，否则输出 "no"（提示：如果该四位数能被 4 整除但不能被 100 整除，则是闰年；如果该四位数能被 400 整除，也是闰年）。

第7章 变量的作用域与存储类别

变量的作用域是从空间的角度对变量的有效范围进行划分的，指的是变量可以在哪个范围内使用。变量的作用域由变量的定义位置决定，在不同位置定义的变量，它的作用域是不一样的。变量的存储类别是从时间角度对变量的一个划分。变量存放在内存中的区域不同决定了变量生存时间的长短不同。

7.1 变量的作用域

按照变量的作用域来分，变量可分为两种，即局部变量和全局变量。局部变量也称为内部变量，局部变量是在函数内作定义说明的。其作用域仅限于函数内，离开该函数后再使用这种变量是非法的。全局变量也称为外部变量，它是在函数外部定义的变量。它不属于哪一个函数，其作用域是整个源程序。

7.1.1 局部变量

定义在函数内部的变量称为局部变量，它的作用域仅限于函数内部，离开该函数后就是无效的。

【例 7-1】定义两个局部变量 x 和 y，赋值后输出。

【代码】

```
#include <stdio.h>
int main()
{
    int x,y;      //x 和 y 属于局部变量，定义在 main 函数内部
    x=3;
    y=5;
    printf("x=%d,y=%d\n",x,y);
    return 0;
}
```

【运行结果】

```
x=3,y=5
```

【指点迷津】我们在 main 这个函数体内部定义了 x、y 为整型变量。只要在函数体内定义的变量就属于局部变量，所以 x、y 都属于局部变量。

【例 7-2】自定义函数 sum(int begin,int end)，求出从 begin 到 end 之间所有数字之和，在 main 函数中进行调用后输出。例如，起始值是 3，终值是 5，那么它们的和等于 3+4+5=12。

【代码】

```
#include <stdio.h>
int sum(int begin,int end)  //形式参数 begin 和 end 也属于局部变量
{
```

```
    int i,s=0;        //i 和 s 属于局部变量，定义在 sum 函数内部
    for(i=begin;i<=end;i++)
        s=s+i;
    return s;
}
int main()
{
    int x,y,s=0;        //x、y、s 都属于局部变量，定义在 main 函数内部
    x=3;
    y=5;
    s=sum(x,y);
    printf("x=%d,y=%d,s=%d\n",x,y,s);
    return 0;
}
```

【运行结果】

```
x=3,y=5,s=12
```

【指点迷津】

● 形式参数 begin 和 end 属于 sum 函数的局部变量。

● sum 函数中的变量 s，是属于 sum 函数的局部变量；main 函数中的变量 s，是属于 main 函数的局部变量。它们之间没有相关性，都只在自己的函数内部发挥作用。

对于局部变量，它有以下两个特点：

● 在一个函数内部定义，只在本函数范围内有效。

● 随着函数调用的结束而消亡。

全局变量

7.1.2 全局变量

我们都知道定义在函数外部的变量叫全局变量，通常定义在程序的顶部，其作用域是整个程序。

【例 7-3】定义一个全局变量并输出。

【代码】

```
#include <stdio.h>
int x;    //x 是全局变量，定义在程序的顶部
int main()
{
    x=x+5;
    printf("x=%d\n",x);
    return 0;
}
```

【运行结果】

```
x=5
```

【指点迷津】

● x 定义在程序的顶部，它属于全局变量，对整个程序产生影响，所以在 main 函数中也产生影响，main 函数中"x=x+5;"中的 x 属于全局变量。

● 整型的全局变量 x 的初始值为 0。

【例 7-4】对局部变量和全局变量的定义并输出。

【代码】

```
#include <stdio.h>
int x=8,y=3;    //x 和 y 是全局变量，定义在程序的顶部
int main()
{
    int x;           //x 是局部变量，在 main 函数中有效
    x=5;
    printf("x=%d,y=%d\n",x,y);    //x 是局部变量，y 是全局变量
    return 0;
}
```

【运行结果】

x=5,y=3

【指点迷津】在程序中允许全局变量和局部变量的名称相同，但是在函数的内部，全局变量的值会被局部变量的值覆盖，所以 x=8 被 x=5 的值覆盖。

【例 7-5】学会区别全局变量和局部变量值的变化。

【代码】

```
#include <stdio.h>
int x,y;    //x,y 是全局变量，定义在程序的顶部
void change();
void change()
{
    int y;   //该处的 y 是局部变量，定义在 change 函数内部
    y=3;        //y 是局部变量
    x=x+2;   //x 是全局变量，它的初始值为 0，x=x+2 运算后 x=2
    printf("2:x=%d,y=%d\n",x,y);      /*打印出全局变量 x 运行到此处的值为 2，局部变
                                          量 y 的值为 3*/
}
int main()
{
    int x; //x 定义在 main 函数内部，是局部变量，此时其值不确定
    x=5;    //局部变量 x 的值为 5
    y=y+1; //全局变量的初始值为 0，加 1 后 y=1
    printf("1:x=%d,y=%d\n",x,y);      /*打印局部变量目前的值为 5，全局变量 y 的值为
                                          1*/
    change();   //调用自定义函数 change
    printf("3:x=%d,y=%d\n",x,y);      /*x 是属于 main 的局部变量故其值仍为 5，全局
                                          变量 y 在 change 中没有变化，仍然为 1*/
    return 0;
}
```

【运行结果】

1:x=5,y=1
2:x=2,y=3
3:x=5,y=1

【指点迷津】在函数体内定义的变量和全局变量同名时，它就是属于这个函数的局部变量，只在该函数中有效。如 change()函数中定义了变量 y，那么这个 y 就是 change()函数体内

的局部变量。main()函数中的变量 x 也如此。

对于全局变量，它有以下几个特点。

- 在函数外定义，可被本文件中其他函数所共用。
- 作用域：从定义变量的位置开始到文本结束。
- 生存周期：在程序运行的整个周期都存在。
- 若其他文件中的函数调用此变量，须用 extern 进行声明。

以下对全局变量和局部变量的初始化进行相关说明：对于局部变量来说，若定义的时候不对它进行初始化，此时，其值不确定。但是对于全局变量来说，若不对它初始化，系统自动初始化。每个数据类型初始值如表 7-1 所示。

表 7-1　数据类型的初始值

数据类型	初始值
int	0
char	'\0'
float	0
double	0
pointer	NULL

因此，最好在定义变量时就对它进行初始化，避免程序出错，带来意想不到的后果。

7.2　变量的存储类别

变量从时间角度来看，它有一个生命期，指的是变量在内存中的存在时间。存储类别指的是数据在内存中存储的方法，分为静态存储和动态存储两大类。C 语言变量具体包含四种存储类别：自动的（auto）、静态的（static）、寄存器的（register）和外部的（extern）。根据变量的存储类别，可以知道变量的作用域和存储期。

自动变量和
静态变量

7.2.1　auto 变量

auto 只能用来标识局部变量的存储类型，对于局部变量，auto 是默认的存储类型，不需要显式的指定，auto 可以省略。auto 变量的定义格式为：

```
auto int x,y;
```

完全等价于

```
int x,y;
```

【例 7-6】auto 变量的使用。
【代码】

```
#include <stdio.h>
void printx();
void printx()
{
```

```
    auto int x=1;    //"auto int x=1;"完全等价于"int x=1;"
    x=x+2;
    printf("x=%d\n",x);
}
int main()
{
    printx();           //第一次调用自定义函数 printx
    printx();           //第二次调用自定义函数 printx
    return 0;
}
```

【运行结果】

```
x=3
x=3
```

【指点迷津】main 函数中两次调用 printx 函数的结果都是 x=3，是因为 auto 关键字就是修饰一个局部变量 x 为自动的，每次执行到定义该变量时都会产生一个新的变量，并对其重新进行初始化值为 1。

7.2.2 static 变量

静态变量根据变量的类型可以分为静态局部变量和静态全局变量。

● 静态局部变量：它与局部变量的区别在于在函数退出时，这个变量始终存在，但不能被其他函数使用；当再次进入该函数时，将保存上次的值。

● 静态全局变量：只在定义它的源文件中可见，而在其他源文件中不可见的变量。它与全局变量的区别是全局变量可以被其他源文件使用，而静态全局变量只能被所在的源文件使用。

静态变量的定义格式为：

```
static int x,y;
```

【例 7-7】定义一个静态局部变量并输出相应结果。

【代码】

```
#include <stdio.h>
void printx()
{
    static int x=1;     //x 是静态局部变量，初始值为 1
    x=x+2;
    printf("x=%d\n",x);
}
int main()
{
    printx();           //第一次调用自定义函数 printx
    printx();           //第二次调用自定义函数 printx
    return 0;
}
```

【运行结果】

```
x=3
x=5
```

【指点迷津】

● main 函数中第一次调用 printx 函数的时候，静态局部变量 x 初始化 x=1，但请特别注意静态变量 x 的初始化只在第一次执行时起作用。所以第一次的输出结果为 x=3。

● main 函数中第二次调用 printx 函数的时候，静态局部变量将始终保持第一次调用结束后的 x=3，不再进行初始化操作。所以第二次的输出结果为 x=5。

register 变量和
extern 变量

7.2.3　register 变量

各种变量都存放在存储器中，当对一个变量频繁读写时，必然要反复访问存储器，从而花费大量的存取时间。C 语言提供了寄存器变量，这种变量存放在 CPU 的寄存器中，使用时不需要访问内存，直接从寄存器中读写，可提高效率。

register 变量的定义格式为：

```
register x;
```

【例 7-8】定义一个 register 变量并输出结果。

【代码】

```
#include <stdio.h>
int main(){
    register int i,s=0;      //i 和 s 都是 register 变量
    for(i=1;i<1000;i++)
    {
        s=s+i;
    }
    printf("s=%d\n",s);
    return 0;
}
```

【运行结果】

```
s=499500
```

【指点迷津】对于循环次数多的循环控制变量可定义为寄存器变量。对于寄存器变量，它还有以下几个特点：

● 只有局部自动变量和形式参数才可以定义为寄存器变量。

● 受寄存器长度的限制，寄存器变量往往只能是 char、int 和指针类型的变量。

● CPU 中寄存器的个数是有限的，因此只能定义少量的寄存器变量。当没有足够的寄存器用来存放指定的变量时，编译系统将其按自动变量来处理。

● 由于寄存器变量的值是存放在寄存器中而不是内存中的，所以，寄存器变量没有地址，也不能对它进行求地址运算，同时静态局部变量不能定义为寄存器变量。

● 寄存器变量的说明应尽量靠近其使用的地方，用完之后尽快释放其对寄存器的占用，以便提高寄存器的利用率，这可以通过把寄存器变量的声明和使用放在复合语句中来实现。

7.2.4　extern 变量

一个工程是由多个 C 语言源代码文件组成的，这些源代码文件分别编译，然后连接成一个可执行模块。

extern 用来声明在当前文件中引用在整个工程的其他文件中定义的全局变量。如果全局变量未被初始化，自动将其值赋值为 0。全局变量，不管是否被初始化，其生命周期都是整个程序的运行过程。为了节省内存空间，在当前文件中使用 extern 来声明其他文件中定义的

全局变量时，就不会再为其分配内存空间。

extern 变量的声明格式为：

```
extern int x;
```

或者

```
extern x;
```

【例 7-9】extern 变量举例。

【任务描述】引用同一个文件中的变量。

【代码】

```
#include<stdio.h>
int main()
{
    int ext();
    extern int a;
    printf("%d\n",a);
    ext();
    return 0;
}
 int a=2;
 int ext()
{
    a=a+1;
    printf("%d\n",a);
    return 0;
}
```

【运行结果】

```
2
3
```

【指点迷津】变量 a 在 main() 函数的后边进行声明和初始化的话，那么在 main() 函数中是不能直接引用 a 这个变量的。可以用 extern 关键字加以声明，则可以使用在后边定义的变量。

7.3 本章小结及常见错误

7.3.1 本章小结

本章主要介绍了变量的作用域和变量的存储类别。变量从作用域（空间）角度可以分为全局变量和局部变量。从变量值存在的时间（即生存期）角度来分，可以分为静态存储方式和动态存储方式，具体包括 4 种：自动的（auto）、静态的（static）、寄存器的（register）、外部的（extern）。

本章重点要掌握 extern 和 static 用法。一个全局变量的作用域为从定义之处到程序结束。而如果想在程序一开始就能调用该变量，可以像函数的声明那样，在函数开始处"声明"。若一个程序包括多个文件，且都要用到一个外部变量，不能分别在多个文件中一一声明，而应该在一个文件中定义，在其他要调用该变量的文件中用 extern 进行声明即可。而如果不想一个文件中的外部变量被其他文件调用，则用 static 进行声明。此外可在局部变量前加 static 来修饰，使一个局部变量在该函数被执行一次后，该变量的值并不释放。

7.3.2 常见错误

（1）函数的局部变量与形参同名，如：

```
void varerr(int data)
{
    ...
    float data[10]; //数组名与形参同名，错误
}
```

（2）误认为形参的改变会影响实参的值，如：

```
int main()
{
    int a=1,b=2;
    swap(a,b);
    ...
}
void swap(int x,int y)
{
    int temp;
    temp=x;x=y;y=temp;
}
```

习题

一、选择题

1. 在一个函数内部定义的变量是（　　）。
   A. 简单变量　　　　B. 局部变量　　　　C. 全局变量　　　　D. 标准变量

2. 在 C 语言中，变量的隐含存储类别是（　　）。
   A. auto　　　　　　B. static　　　　　C. extern　　　　　D. 无存储类别

3. 在 C 语言中，内部函数需要添加的关键字是（　　）。
   A. extern　　　　　B. static　　　　　C. this　　　　　　D. auto

4. 在 C 语言中，声明外部函数需要添加的关键字是（　　）。
   A. extern　　　　　B. static　　　　　C. this　　　　　　D. auto

5. 关于 C 语言中的局部变量，下列描述中错误的是（　　）。
   A. 局部变量就是在函数内部声明的变量
   B. 局部变量只在函数内部有效
   C. 局部变量只有当它所在的函数被调用时才会被使用
   D. 局部变量一旦被调用，其生存周期持续到程序结束

6. 关于 C 语言中的全局变量，下列描述中正确的是（　　）。
   A. 全局变量的作用域一定比局部变量的作用域范围大
   B. 静态类别变量的生存周期贯穿于整个程序的运行期间
   C. 函数的形参都属于全局变量
   D. 未在定义语句中赋初值的 auto 变量和 static 变量的初值都是不确定值

7. 当全局变量与局部变量重名时，那么在调用时（　　）。
   A. 局部变量会被屏蔽

B. 全局变量会被屏蔽

    C. 都不会调用，系统会报错

    D. 会调用两次，先调用局部变量，再调用全局变量

8. 在 C 语言中，关于变量的作用域，下列描述中错误的是（   ）。

    A. 局部变量只在整个函数的运行周期中有效

    B. 全局变量的作用域为整个程序的运行周期

    C. 当全局变量与局部变量重名时，局部变量会屏蔽掉全局变量

    D. 全局变量会覆盖掉所有与它重名的局部变量

9. 全局变量的存储类型可以定义为（   ）。

    A. auto 或 static   B. extern 或 register

    C. auto 或 extern   D. extern 或 static

10. C 语言中，变量和函数具有的两个属性是（   ）。

    A. 作用域和生存期   B. 类型和存储类别

    C. 作用域和类型   D. 作用域和存储类别

二、程序阅读题

1. 写出下列程序的运行结果。

```c
#include <stdio.h>
int kk()
{
    int x=4;
    static int y;
    x+=2;
    y+=2;
    return(x+y);
}
int main()
{
    int j,s=0;
    for (j=0;j<2;j++)
        s=kk();
    printf("s=%d\n",s);
    return 0;
}
```

2. 写出下列程序的运行结果。

```c
#include <stdio.h>
int x=6,y=2;
int a()
{
    int x=4;
    x-=2;
    y*=6;
    printf("%d,%d\n",x,y);
    return x;
}

int main()
{
```

```
    x=x+a();
    y=y+3;
    printf("%d,%d\n",x,y);
    return 0;
}
```

3. 写出下列程序的运行结果。

```
#include<stdio.h>
int a=1，b=2;
void funl(int a, int b)
{printf( "%d %d", a, b); }
void fun2()
{ a=3;b=4; }
main()
{ funl(5，6);fun2();
printf("%d %d\n", a, b);
    }
```

4. 写出下列程序的运行结果。

```
#include
void func(int n)
{ static int num=1;
num=num+n;printf("%d", num);
}
main()
{func(3);func(4);printf("\n"); }
```

三、问答题

1. 全局变量能否和局部变量重名？
2. 如何引用一个已经定义过的全局变量？
3. static 局部变量和普通局部变量有何不同？

第 8 章 编译预处理

编译器在实际编译之前所需完成的操作称为编译预处理。C 语言的预处理主要有三个方面的内容，分别是宏定义、文件包含和条件编译，它们都以#开头。预处理指令不是 C 语言的语句（不以分号 ";" 结尾），而是传给编译程序的指令。

8.1 宏定义

宏定义分为无参数的宏定义和带参数的宏定义两种。

8.1.1 无参数的宏定义

无参数的宏定义的一般格式为：

#define 标识符 字符序列

其中：

（1）#define 为宏定义指令名称。

（2）标识符称为宏定义名（简称宏名），要求宏名与字符序列之间用空格符分隔。

（3）字符序列被称为宏体，可以使用任意以回车结束的字符序列。

在编译预处理阶段，将会进行宏替换工作，将源程序中所有与宏名相同的标识符替换为字符序列。例如：

#define E 2.72

则在此程序中出现的所有的 E 都会用 2.72 代替。

【例 8-1】输入圆半径，编程求圆周长和面积并输出。

【代码】

```
#include <stdio.h>
#define PI 3.14159
int main()
{
  float r,t,s;
  scanf("%f",&r);
  t=2*PI*r;
  s=PI*r*r;
  printf("%.2f  %.2f",t,s);
  return 0;
}
```

【运行结果】

```
1
6.28  3.14
```

【指点迷津】进行编译预处理时，系统将用 3.14159 代替程序中的符号 PI。

宏定义命令一般放在程序的开头，宏名的作用范围是从#define 位置开始，到它所在的文件结束。若需要提前终止宏的作用域时，可使用#undef 命令，一般格式为：

#undef 标识符

【例 8-2】

```c
#include <stdio.h>
#define PI 3.14159            //宏 PI 辖域开始
float area(float r);
float area(float r)
{
    float s;
    s=PI*r*r;
    return s;
}
#undef PI                     //宏 PI 辖域结束
int main()
{
    float r,s;
    scanf("%f",&r);
    s=area(r);
    printf("%.2f  %.2f",r,s);
    return 0;
}
```

【运行结果】

```
1
1.00  3.14
```

【说明】

（1）在宏定义的＃之前可以有若干个空格、制表符，但不允许有其他字符。

（2）宏定义在源程序中单独另起一行，换行符是宏定义的结束标志。

（3）宏定义一行空间不够时，可采用续行的方法，即在键入回车符之前先键入符号"/"。

（4）宏定义通常放在程序开始的位置，并且以#开头，宏定义不是 C 语言程序的语句，因此末尾不加分号，如果末尾加上分号，则分号也作为宏内容替换，如：

```c
#define PI 3.14;           //定义宏 PI 内容为 3.14;
float area(float r)
{
    double s;
    s=PI*r*r;
    return s;
}
```

则宏替换时，"s=PI*r*r;"将被替换为：s=3.14;*r*r。

（5）宏定义的有效范围称为宏定义名的辖域，辖域从宏定义的开始到其所在的源程序文件末尾，或者遇#undef 结束。

（6）宏名一般用大写字母来表示，但不是大写字母也不会出现编译错误，这只是一种书写习惯。

（7）双引号里面与宏名一样的字符不参与替换，如：

```
#define PI 3.14
char *name ="PI";    //""中的PI不会参与替换
```

（8）宏名可被重复定义，如：

```
#include <stdio.h>
#define PI 3.14          //定义宏PI内容为3.14
float area(float r)
{
    double s;
    s=PI*r*r;
    return s;
}
#undef PI
#define PI 3.14159        //宏PI重新定义，内容为3.14159
int main()
{
    float r,s1,s2;
    scanf("%f",&r);
    s1=area(r);
    s2=PI*r*r;
    printf("%.6f  %.6f",s1,s2);
    return 0;
}
```

（9）宏定义可以嵌套定义，但不能递归定义。如下嵌套定义是正确的：

```
#define R 1
#define PI 3.14
#define C 2*PI*R
```

如下递归定义是不正确的：

```
#define R R*2
```

（10）预处理程序在处理宏定义时，只做字符序列的替换工作，不做任何语法的检查。如果宏定义处理不当，错误要到预处理之后的编译阶段才能发现。

（11）无参数宏定义的优点是，可提高源程序的可维护性、可移植性。

8.1.2 带参数的宏定义

带参数宏定义在字符序列替换的同时还能进行参数替换。带参数宏定义的一般格式为：

```
# define 标识符(参数表) 带形参的字符序列
```

其中：

（1）#define 为宏定义指令名称。

（2）标识符称为宏定义名（简称宏名）。

（3）参数表中的参数没有数据类型符，且必须是合法的标识符，参数可以是 1 个或者多个，之间用逗号分隔。

（4）带形参的字符序列中要包含参数表中的参数，是宏内容文本，也被称为宏体。

在进行带参数的宏定义时，宏名标识符与左圆括号之间不允许有空白符，否则就是无参数的宏定义。进行编译预处理时处理带参数的宏步骤如下：将宏内容文本中的宏参数替换为实参文本，再将源程序中的宏标识符替换为宏的实际内容文本。

例如，有以下带参数的宏定义：

```
#define M(y) ((y)*(y)+3*(y))
```

若在程序中出现"x=M(4);"，则意为"x=((4)*(4)+3*(4));"。

下面来看两个例子并进行比较。

【例 8-3】利用带参数的宏定义实现求某数的平方，对字符序列加上小括号。

【代码】

```
#include <stdio.h>
#define M(y) (y)*(y) //定义带参数的宏定义 M(y)，在程序中出现时自动进行平方运算
int main()
{
    int a, t;           //定义整型变量 a，t
    printf("input a number: ");
    scanf("%d", &a);
    t = M(a+1);         //对（a+1）的值进行平方运算，并将最后结果赋值给 t
    printf("t = %d\n", t);
    return 0;
}
```

【运行结果】

```
input a number: 3
t = 16
```

【指点迷津】在运行时，t 的赋值执行过程为 M(a+1)→（a+1）*（a+1）→（3+1）*（3+1）→16。

【例 8-4】考虑如下程序能否实现：利用带参数的宏定义实现求某数的平方？

【代码】

```
#include <stdio.h>
#define M(y) y*y          //定义带参数的宏定义 M(y)
int main()
{
    int a, t;           //定义整型变量 a，t
    printf("input a number: ");   //告知用户输入一个数字
    scanf("%d", &a);              //将输入的数字赋值给变量 a
    t = M(a+1);         //对（a+1）的值进行运算，并将最后结果赋值给 t
    printf("t = %d\n", t);        //输出 t 的最终结果，并换行
    return 0;
}
```

【运行结果】

```
input a number: 3
t = 7
```

【指点迷津】在运行时，t 的赋值行的执行过程为 M(a+1)→a+1*a+1→3+1*3+1→7，因此，上面程序的结果并不是我们预想的那样。

带参数的宏定义的特点有：

（1）带参数的宏定义效率比函数高。

（2）宏定义为纯粹的文本替换，不会参与运算。

（3）宏名和形参表之间不能有空格出现。

（4）形式参数不分配内存单元，因此不必做类型定义，但在调用时需要进行类型说明。

（5）在带参数的宏定义中，参数和结果都要带上小括号，否则后果出乎意料之外。

带参数的宏定义和有参函数类似：都需要实际参数，要求实际参数和形式参数的数目、顺序一致。但它们也有不同之处：

（1）函数调用在程序运行时执行，而宏调用是在编译的预处理阶段进行的。

（2）函数调用占用程序运行时间，宏调用只占编译时间。

（3）函数调用对实际参数有类型要求，而宏调用实际参数与宏定义形式参数之间没有类型的概念，只有字符序列的对应关系。

（4）函数调用时，实际参数表达式分别求值在前，执行函数体在后。宏调用是实际参数字符序列替换形式参数。

8.2　文件包含

文件包含处理是指在一个源文件中，通过文件包含命令将另一个源文件的内容全部包含在此文件中。在源文件编译时，连同被包含进来的文件一同编译，生成目标文件。#include 叫作文件包含命令，用来引入对应的头文件。文件包含命令的两种格式为：

```
#include<头文件名>
#include "头文件名"
```

使用 "#include<头文件名>"，一般用于包含系统文件，先从系统目录开始查找。

使用 "#include "头文件名""，一般用于包含项目文件，先从项目开始查找。

预编译器处理文件包含步骤为：将被包含的文件插入到源程序中#include 命令的位置，形成新的源程序。

对文件进行包含使用时，还需要注意：

（1）#include 指令允许嵌套包含，但是不允许递归或循环包含，如 "a.h" 文件中包含 "b.h"，而 "b.h" 文件中又包含 "a.h" 是不合法的。

（2）使用#include 指令可能导致多次包含同一个头文件，引用多次该文件的内容，降低编译效应，此时，可使用条件编译。

（3）文件包含中可以指定包含文件的路径，如#include "c:\\source\\mymath.h"。

同时，用户也可以自定义文件包含，来看下面例子。

```
//cpp1.cpp:
double square(double a)
{
    double  s;
    s= a*a;
    return s;
}

//cpp2.cpp:
int main()
{
    double area_1, area_2, a, b;
    scanf("%lf,%lf", &a, &b);
    area_1 = square(a);      //第一次调用 cpp1.cpp 中的 square 函数
    area_2 = square(b);      //第二次调用 cpp1.cpp 中的 square 函数
```

```
        printf("area_1=%.0lf,area_2=%.0lf", area_1, area_2);
        return 0;
}
```

【运行结果】

```
5,6
area_1=25,area_2=36
```

8.3　条件编译

条件编译是指预处理器根据条件编译指令，有条件地选择源程序代码中的一部分代码作为输出，送给编译器进行编译。其主要是为了有选择性地执行相应操作，防止宏替换内容（如文件等）的重复包含。由于条件编译在代码编译前执行，因此条件的判断不能用代码中的变量等，条件编译一般与宏定义一起使用。

常见的编译指令如下所示。

● #if：如果条件为真，则执行相应操作。

● #elif：如果前面的条件为假，而该条件为真，则执行相应操作。

● #else：如果前面的条件均为假，则执行相应操作。

● #endif：结束相应的条件编译指令。

● #ifdef：如果该宏已定义，则执行相应操作。

● #ifndef：如果该宏没有定义，则执行相应操作。

条件包含主要有以下形式。

1. #if…#endif

功能为：若表达式 1 的值为真（非 0），编译程序段 1，否则若表达式 2 的值为真（非 0），编译程序段 2，…，若所有表达式都不成立，则只需编译程序段 n。

一般格式为：

```
#if    表达式 1
        程序段 1
#elif  表达式 2
        程序段 2
  …
#else
        程序段 n
#endif
```

说明：

（1）#elif 和#else 可以省略，#elif 可以有多个，但#if 和#endif 必须存在。

（2）if 后必须是常量表达式，通常为宏名，条件可以不用加括号"{}"。

（3）每个命令要独立占用一行。

【例 8-5】

```
#include<stdio.h>
#define P 1              //定义宏 P 内容为 1
int main ( )
{
    #if !P               //若 P==0，编译 printf("FALSE!\n");
        printf("FALSE!\n");
    #else                //否则，编译 printf("TRUE!\n");
```

```
        printf("TRUE!\n");
    #endif                //#if 的标志结束
        return 0;
}
```

【运行结果】

TRUE!

2. #ifdef…#endif

其功能为：当所指定的标识符已经被#define 命令定义为宏名，则在程序编译阶段编译程序段 1，否则编译程序段 2。

一般格式为：

```
#ifdef  标识符
        程序段 1
#else
        程序段 2
#endif
```

说明：

（1）#else 可以省略，但#ifdef 和#endif 必须存在。

（2）"ifdef 标识符"的功能为判断是否定义了标识符作为宏。

（3）每个命令要独立占用一行。

【例 8-6】

```
#include<stdio.h>
#define DEBUG
int main( )
{
    #ifdef DEBUG
        printf("YES\n");
    #else
        printf("NO\n");
    #endif
    return 0;
}
```

【运行结果】

YES

3. #ifndef…#endif

其功能为：当所指定的标识符未被定义过，则编译程序段 1，否则编译程序段 2。

一般格式为：

```
#ifndef 标识符
    程序段 1
#else
    程序段 2
#endif
```

【例 8-7】

```
#include<stdio.h>
#define DEBUG
```

```
int main( )
{
    #ifndef DEBUG
        printf("YES\n");
    #else
        printf("NO\n");
    #endif
    return 0;
}
```

【运行结果】

NO

条件编译与选择分支语句相似，但有明显差别：

（1）条件编译是 C 语言中预处理部分的内容，而选择分支语句在程序运行时处理。

（2）条件编译是有条件地编译生成目标程序，不满足编译条件时，不进行代码编译；选择结构分支语句的所有代码将被预编译，生成目标程序。

（3）条件编译中的条件只能为常量表达式，而选择分支结构中，条件可以为常量、变量表达式，甚至可以为函数的调用。

8.4　本章小结及常见错误

8.4.1　本章小结

C 语言的预处理命令以"#"开头，在编译之前进行的处理，其主要作用是改进程序设计环境，提高编程效率。C 语言中主要有 3 类预处理命令：宏定义、文件包含、条件编译。

虽然预处理命令实际上不是 C 语言的一部分，但却扩展了 C 语言程序设计的环境。本节将介绍如何应用预处理程序和注释简化程序开发过程，并提高程序的可读性。

8.4.2　常见错误

（1）宏定义时末尾加分号，则进行宏替换时，分号也将被替换，若有如下语句：

```
#define PI 3.14;      //应改为#define PI 3.14
#define R 1.0;        //应改为#define R 1.0
#define C 2*PI*R;     //应改为#define C 2*PI*R
```

若有如下宏定义语句：

```
area=C;
```

宏替换的结果为"area=2*3.14;*1.0;;;"，明显这是错误的。

（2）使用宏定义字符串常量时，漏掉双引号，如：

```
#define STR c language
#include <stdio.h>
int main()
{
    printf(STR);      //应改为printf("STR");
    return 0;
}
```

宏替换的结果为"printf(c language);"，显然错误。

（3）在带参数的宏定义中，参数或结果未加小括号，如有如下宏定义：

```
#define ADD(x) x+x    //应改为#define ADD(x) ((x)+(x))
```

如下宏调用：

```
sum=ADD(m+n)*k;
```

则宏替换结果为"m+n+m+n*k"，显然结果出乎意料之外。

习题

一、选择题

1. 在宏定义#define PI 3.14 中，宏名 PI 代替一个（   ）。

    A. 单精度数   B. 双精度数   C. 常量   D. 字符串

2. C 语言的编译系统对宏命令的处理是（   ）。

    A. 在程序运行时进行的

    B. 在程序连接时进行的

    C. 和 C 语言程序中的其他语句同时进行的

    D. 在对源程序中其他语句正式编译之前进行的

3. 在文件包含预处理语句中，被包含文件名用"< >"括起时，寻找被包含文件的方式是（   ）。

    A. 直接按系统设定的标准方式搜索目录

    B. 先在源程序所在目录搜索，再按系统设定的标准方式搜索

    C. 仅仅在源程序所在目录搜索

    D. 仅仅搜索当前目录

4. 以下不会引起错误的宏定义是（   ）。

    A. #define ADD(x) y-y

    B. #define ADD(x) (y-y)

    C. #define ADD(x) (y)-(y)

    D. #define ADD(x) ((y)-(y))

5. 有如下程序：

```
#define N 2
#define M N+1
#define NUM 2*M+1
#include <stdio.h>
int main()
{
    int i;
    for(i=1;i<=NUM;i++)
        printf("%d\n",i);
    return 0;
}
```

该程序中的 for 循环执行的次数是（   ）。

    A. 5   B. 6   C. 7   D. 8

6. 以下程序的输出结果是（　　　　）。

```
#define M(x,y,z) x*y+z
#include <stdio.h>
int main()
{
    int a=1,b=2, c=3;
    printf("%d\n", M(a+b,b+c, c+a));
    return 0;
}
```

  A. 19   B. 17   C. 15   D. 12

二、填空题

1. C 语言提供的预处理功能主要有（　　　　）、（　　　　）、（　　　　）等三种。

2. C 语言规定预处理命令必须以（　　　　）开头。

3. 以头文件 header.h 为例，文件包含的两种格式为：（　　　　）一般用包含系统文件，先从系统目录开始查找；（　　　　）一般用包含项目文件，先从项目开始查找。

4. 定义宏的关键字是（　　　　）。

三、编程题

1. 利用带参数的宏替换，实现输入 3 个整数，求其中的最大值。

2. 定义一个带参数的宏替换，实现两个整数的交换。

第 9 章 指针

指针是 C 语言最重要的特性，更是 C 语言的精华所在。通过合理地利用指针，可以操作前几章所学的任意一种数据类型及函数等，并且可以动态地利用内存空间，使得程序更简洁、更高效。在众多的计算机语言中，C 语言在作用、速度和安全上表现优异。尤其是指针在其中扮演了重要的角色。当然在实践过程中，不合理地使用指针也会造成内存泄露等其他问题。C 语言的"哲学"是充分相信程序员，所以程序员要有驾驭 C 语言的高超能力，特别是需要正确地、合理地使用指针。

本章内容首先通过讨论指针与地址之间的关系，引入指针变量及指针类型。接着讨论如何通过指针操作数组、字符串及函数等内容。然后介绍多级指针的本质与用法。最后讲解如何高效地动态使用内存空间。通过本章的学习，能有效地掌握指针相关内容，并熟练地利用指针的优势，实现逻辑更为复杂但代码更为简洁的程序。

指针的具体优势，如下所述：

指针前言

- 可以利用指针在运行期间动态地申请或者释放内存空间。
- 可以从函数中返回多个数值。
- 可以通过地址引用的方式将数组作为参数传入函数。
- 可用于高效地访问数组元素。
- 可用于构建动态的数据结构，比如队列、栈、链表、树等。
- 可以加快代码执行速度。

9.1 引入指针

9.1.1 指针变量

1. 地址与寻址空间

在正确编写 C 语言代码文件之后，需通过编译、链接等语句解析与翻译步骤，最终获得二进制可执行文件，并需将其加载到内存后，再依赖于中央处理单元，代码才能正常运行。

内存（或内存条）是实实在在的物理硬件，主要可用于动态地存储数据。内存中各个存储单元一般称为地址，更准确地说应该是物理地址。每个物理地址都对应一个唯一的存储单元，且最小的存储单元为 1 个字节，所以物理地址便是标记内存中每个存储单元的标号。此标号必然是一个整型的数值。在常使用的 64 位 Windows 操作系统下，其取值的最大范围是在 $0 \sim 2^{64}-1$ 之间。在计算机里，地址常常用其对应的十六进制数来表示，如 0x000000000012FF7C。

在 C 语言程序中，每定义一个变量，便在内存中占有一定的存储空间，比如一个 int 类型变量一般连续占用 4 个字节大小的存储空间。为了正确地访问这些变量，便需要通过地址信息定位到存储单元，然后取出当前地址中的内容，此内容便是所需要的变量数据。C 语言允许在程序中通过取地址运算符&获得变量的地址信息，那么针对各存储单元，便包含了地址与内容两个属性。

【例 9-1】打印基本变量及 main 函数的地址信息。

【任务分析】首先定义基本数据类型，包括整型、浮点类型、字符型等，以及存储类别，再定义静态存储、寄存器存储等一些变量，接着通过打印语句输出各变量及 main 函数的地址信息。

【代码】

```c
#include <stdio.h>
#define N 5
int main()
{
    int a = 100, i = 0;          //定义整型变量
    double b = 100.0;            //定义双精度浮点类型变量
    static int x = 100;          //定义静态的整型变量
    char z[N] = "abcd";          //定义一维字符数组
    printf("%p %p %p %p\n", &a, &b, &x, main);        //打印语句
    for (i = 0; i < N; i++)      //循环输出字符数组中各元素的地址
        printf("%p ", &z[i]);
    printf("\n");
    return 0;
}
```

【运行结果】

```
000000000062FE18 000000000062FE10 0000000000403010 0000000000401530
000000000062FE00 000000000062FE01 000000000062FE02 000000000062FE03
000000000062FE04
```

【指点迷津】本例中采用控制符%p，其一般以十六进制形式输出变量地址信息。由于通过计算机存储的各个存储单元都是有序的，并以字节编码，且字节是最小的存储单位，所以针对字符数组 z 中的每个元素，它们之间的间隔为 1，即 1 个字节。通过打印语句，也可以输出 main()函数的地址信息。无论是变量名还是函数名，都可以映射到具体地址，即可将变量名或函数名看作是地址的别名。

值得一提的是，中央处理单元在运行时，只能通过地址信息获取以二进制形式存储于内存中的代码和数据，而不是变量名或函数名。变量名或函数名只是地址的一种助记符，当源文件被编译和链接成可执行程序后，它们都会被替换成地址。变量名或函数名为用户提供了方便，让用户在编写代码的过程中可以使用易于阅读和理解的英文字符串，不用直接面对二进制地址。另外，在编写代码的过程中，通常认为变量名表示的是数据本身，而函数名、字符串名和数组名表示代码块或数据块的首地址。但是，中央处理单元无法从格式上区分某块内存到底存储的是数据还是代码。

事实上，在运行二进制可执行代码的时候，操作系统将可执行映像有序地装载到内存中，此映像被称为 C 语言程序的内存布局，如图 9-1 所示。

C 语言程序的内存布局空间一般包含五个部分，即文本部分、数据部分、堆部分、栈部分与未被映射/保留部分。

（1）文本部分主要包括 C 语言程序的可执行指令集合，也可以称为代码段，且通常代码段是只读的。

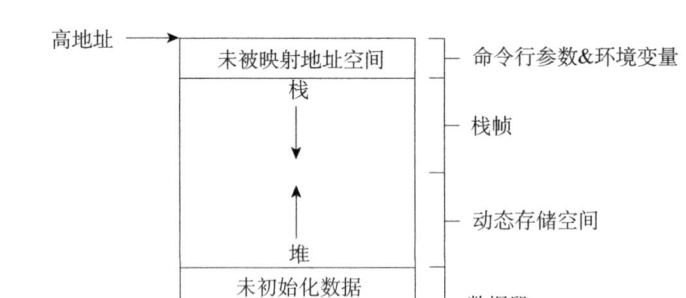

图 9-1　C 语言程序的内存布局

（2）数据部分包括初始化数据与未初始化数据两个部分，初始化数据包括静态与全局变量。未初始化数据包括所有的全局和静态变量。

（3）堆部分是用于动态分配的地址空间。程序可从这个内存空间中申请一定的资源，也可以将申请的资源使用后释放掉。

（4）栈部分用于存储局部变量的信息。此处的局部变量是针对每个函数而言的，包括 main() 函数及其他子函数。当一个函数被调用，一个栈帧将被创建，当这个函数返回的时候，这个栈帧将被销毁，包括其内部的局部变量。栈帧内包含返回数据的地址、传入函数的参数、局部变量及其他能使函数被正确使用的信息。

（5）未被映射/保留部分用于存储命令行参数及其他程序相关数据，比如可执行映像的低地址与高地址信息。

2. 指针与指针变量

鉴于可通过地址找到所需变量的存储单元，可以说地址指向变量单元。从一般角度来说，地址也可被形象化地称作指针，即指针与地址具有相似的含义。指针可以更容易体现地址与存储单元之间的指向关系。如果存在某个变量用于存储其他变量的地址，则称它为指针变量。指针变量可以存储基本数据类型变量或者自定义变量，以及函数、数组、结构体、枚举类型变量等，甚至是指针变量本身的地址。在一般使用时，也可将指针与指针变量这两个术语混用，但是要特别注意：假设存在变量 val，其地址为 0xFFFF，可以说 val 变量的指针是 0xFFFF，但不可以说 val 的指针变量是 0xFFFF。指针与指针变量两个概念不同，指针是一个地址，而指针变量是存放地址的变量。

定义指针变量的一般形式为：

类型说明符*变量名;

其中，指针运算符（*）作为一个修饰符号，用于指明此时定义的变量为指针变量。

```
int *ptr;
int i = 100;
ptr = &i;
```

此时，定义了一个 int 类型的变量 i 与指针变量 ptr。类型说明符 int 表示该指针变量所能指向的变量类型仅为整型，所以可以通过赋值语句将变量 i 的地址赋值给 ptr。此时，可以说指针 ptr 指向变量 i，或者指针变量 ptr 内含变量 i 的地址。另外，已知 ptr 的类型为 int*，也可说 ptr 指针的基类型为 int。

通俗地理解，指针变量就是一个存放地址的变量。当指针指向某个变量，此时这个指针里就存放了那个变量的地址。只要在指针前加*便可取其值（也就是被指向变量的值）。指针运算符*也可称作地址解引用运算符，亦称为间接访问运算符。而取地址运算符&也可称作地址引用运算符。

【例9-2】获取普通变量和指针变量的地址信息，并分析它们之间的指向关系。

【任务分析】首先定义整型变量、指针变量等，并灵活运用取地址符号&与指针运算符*输出地址或其他信息。

【代码】

```
#include <stdio.h>
int main()
{
    int num = 2525;      //赋值语句1
    int* p = &num;       //赋值语句2
    double* pt;          //定义语句1
    printf("addr_num = %p, num = %d\n", &num, num);        //打印语句1
    printf("p = %p, *p = %d, addr_p = %p\n", p, *p, &p);   //打印语句2
    printf("*&num = %d\n", *&num); //打印语句3
    // pt = 2525.0;       //报错1
    // pt = &num;         //报错2
    return 0;
}
```

【运行结果】

```
addr_num = 000000000062FE1C, num = 2525
p = 000000000062FE1C, *p = 2525, addr_p = 000000000062FE10
*&num = 2525
```

【指点迷津】

（1）针对打印语句 1，通过取地址运算符&获取并打印 num 变量的地址，以及采用直接访问方式打印 num 的值。

（2）针对打印语句 2，直接打印 p 指针变量的内容（必为一个地址值），并采用间接访问方式输出 num 的值，以及输出指针变量 p 本身的地址。在此过程中通过&运算符取地址，通过*运算符解析地址。

（3）针对*运算符，定义语句 1 中*运算符主要用于说明指针变量类型，而在打印语句 2 和打印语句 3 中则用于地址解析。

（4）针对打印语句 3，复合地使用取地址运算符和指针运算符，运算顺序从右至左，也就是输出 num 变量本身的数值。

（5）针对报错 1，由于指针变量 pt 的类型是 double*，而 2525.0 是 double 类型的常量，类型不匹配。

（6）针对报错 2，&num 的类型是 int*，由 int*转换到 double*需要显式类型转换，故需要将其改成 pt = (double*)&num。

3. 指针变量的大小

由于指针变量存放的都是地址信息，其在 64 位的编译器下进行编译运行时，占用 64 位，即 8 个字节，而在 32 位的编译器下时，则占用 32 位，即 4 字节。

【例9-3】利用 sizeof 运算符获得不同类型指针变量大小。

【任务分析】sizeof 运算符可以获得变量的存储空间大小，并返回以字节为单位的数值，能反映不同指针变量本身的存储空间大小。

【代码】

```
#include <stdio.h>
struct INFO
{ //结构体类型
    int     a;
    char    b;
    double  c;
};
int main()
{
    int* p0;            //整型指针
    char* p1;           //字符指针
    float* p2;          //单精度指针
    double* p3;         //双精度指针
    struct INFO* p4;    //结构体指针
    void* p5;           //void 指针或通用指针
    printf("  int point size is: %d\n", sizeof(p0));
    printf(" char point size is: %d\n", sizeof(p1));
    printf("float point size is: %d\n", sizeof(p2));
    printf("double point size is: %d\n", sizeof(p3));
    printf("struct point size is: %d\n", sizeof(p4));
    printf("  void point size is: %d\n", sizeof(p5));
    return 0;
}
```

【运行结果】

```
   int point size is: 8
  char point size is: 8
 float point size is: 8
double point size is: 8
struct point size is: 8
  void point size is: 8
```

【指点迷津】本实例包含了整型、字符型、单精度浮点型、双精度浮点型、结构体类型及空类型指针，通过 sizeof 运算符获得每类指针的存储空间。在实际应用中，也可通过 sizeof(int)或 sizeof(int*)来获取整型与整型指针类型的存储空间。

9.1.2　指针类型

指针类型主要包括空指针（null_ptr）、野指针（wild_ptr）、悬摆指针（dangle-ptr）、通用指针（generic_ptr）、复杂指针（complex_ptr）等类别。

指针类型

1. 空指针

空指针也被称为 NULL 指针，它指向的内容为空。每种类型的指针都含有一个该类型的特殊的值，称为空指针值。值为空的指针不指向任何变量或函数（解引用空指针是未定义行为），而且与相同类型的且值为空的指针比较为 TRUE。初始化指针为空，或将空值赋给已存在的指针，可以使用空指针常量（NULL，或其他任何拥有零值的整数常量）。静态初始化时也会自动将指针初始化为空值。

定义空指针的方式有：

```
int     *ptr=(int   *)0;
float   *ptr=(float *)0;
```

```
char    *ptr=(char  *)0;
double  *ptr=(double*)0;
char    *ptr='\0';
int     *ptr=NULL;
```

其中，NULL 是一个宏常量，已被定义于 C 标准头文件（stdio.h，alloc.h，mem.h，stddef.h，stdlib.h）中：

```
#define NULL 0
```

所以下述语句也是成立的：

```
int *ptr=0;
```

【例 9-4】空指针实践。

【任务分析】定义空指针，并打印空指针值。

【代码】

```
#include <stdio.h>
int main()
{
    int* ptr = NULL;
    printf("ptr 的值为 %u\n", ptr);
    return 0;
}
```

【运行结果】

```
ptr 的值为 0
```

2. 野指针

未被初始化的指针称为野指针，野指针将指向某些随机的内存地址，非合理使用野指针将导致未定义情况。

【例 9-5】一个造成野指针情况的实例。

【任务分析】制造未被初始化的指针情况，分析野指针的行为。

【代码】

```
int main()
{
    int *ptr;              //此时 ptr 为野指针
    printf("%d", *ptr);    //报错，ptr 未被初始化
    return 0;
}
```

【指点迷津】此时，ptr 指针为野指针。避免野指针的最佳实践是在定义指针变量的时候，赋予具体某个变量或者函数的地址，或以 NULL 进行初始化。

3. 悬摆指针

如果指针原本指向具有一定数值的变量内存地址，之后这个数值又从当前内存地址中删除了，可是指针仍旧指向当前内存地址空间，那么这个指针就被称为悬摆指针，上述情况也称为悬摆指针问题。简单地说，指向不存在的内存地址的指针称为悬摆指针。以下阐述两种会出现悬摆指针的情况。

【例 9-6】悬摆指针的第一种情况：超出作用范围。

【任务分析】首先赋值 NULL 定义空指针，在内部代码块中指向字符变量 ch，当离开此代码块的时候，导致 ptr 成为悬摆指针。

【代码】

```c
#include <stdio.h>
int main()
{
    char* ptr = NULL;
    //...
    { //内嵌代码块开始
        char ch = 'A';
        ptr = &ch;
    } //内嵌代码块结束
    printf("ch = %c", ch);      //报错，ch 变量超过作用域
    printf("*ptr = %c", *ptr); //此时 ptr 指针变为悬摆指针
    return 0;
}
```

【运行结果】

```
*ptr = A
```

【指点迷津】由于字符变量 ch 的作用域位于内嵌代码块之间，离开后 ch 变量将不被自动释放。但 ptr 的作用域是从 main 函数的开始到结束。那么离开内嵌代码区域后，ptr 本身仍旧可用。最佳实践是在离开内嵌代码后，赋予具体某个变量或函数的地址，或 NULL。

【例 9-7】悬摆指针的第二种情况：释放内存空间。

【任务分析】首先定义了字符指针 ptr，并动态分配了一定的空间（动态内存分配将在后面章节中详细讲解）；接着执行一些语句之后，释放之前分配给指针的空间，即所指向的地址变为无效。

【代码】

```c
#include <stdio.h>
#include <stdlib.h>
int main()
{
    char* ptr = (char*)malloc(50);      //表示动态内存分配
    ptr[0]='A'; ptr[1]='B'; ptr[2]='C'; ptr[3] ='\0';
                        //其他代码...
    free(ptr);              //表示动态内存释放，此时 ptr 指针变为悬摆指针
                           //之后不能随意使用 ptr，否则行为未定义
    printf("%s", ptr); //输出内容不定，一般为任意乱码
    return 0;
}
```

【指点迷津】起初字符指针通过 malloc()函数指向具有 2 个字符大小的动态存储空间，接着当通过 free()函数释放 ptr 指针所指向空间的时候，ptr 指针立即变成悬摆指针。

4. 通用指针

在 C 语言中，void 指针可被称为通用指针或者虚值指针。void 指针可以指向任意类型的数据。通用指针可以持有任何类型的指针，包括字符指针、结构体指针、数组指针等，并且不需要类型强制转换。鉴于一般不能构建 void 类型的普通变量，指针将不能指向其他任意数据，因此也不能被引用。为了使用它，需要将它强制转换为其他类型的指针。因此被称作通用指针。特别地，当想用指针多次指向不同类型的数据，采用通用指针是一个好办法。

【例 9-8】用通用指针多次指向不同类型的数据及通用与普通指针的转换关系。

【任务分析】首先定义整型变量 i 和字符变量 c，接着定义既是空指针也是通用指针的 p1 指针变量，接着分别指向变量 i 和 c，并通过强制类型转换方式间接地获得各自的值并输出。另外，定义整型指针 p2，并与 p1 之间进行相互操作，表明其相互间的转换关系。

【代码】

```c
#include <stdio.h>
int main()
{
    int i = 6;
    char c = 'a';
    void* p1 = NULL;
    int* p2 = &i;
    p1 = &i;
    printf("*(int*)p1 = %d\n", *(int*)p1);
    p1 = &c;
    printf("*(char*)p1 = %c\n", *(char*)p1);
    p1 = p2;            //合法
    p2 = p1;            //报错
    p2 = (int*)p1;   //合法
    return 0;
}
```

【运行结果】

```
*(int*)p1 = 6
*(char*)p1 = a
```

【指点迷津】在通过通用指针 p1 多次指向不同类型的变量后，需要采用强制类型转换操作将原本 void*类型的指针转换为 int*或者 char*，相当于告诉编译器采用 int 或 char 的编码格式解析所指物理地址中的二进制内容，那么再通过地址解析符号*便可返回相应的数值。

通过 p1 和 p2 之间的赋值关系，可以验证通用指针在没有强制类型转换的前提下持有任何类型的指针，但是整型指针（或者某一具体类型的指针）必须在强制类型转换的前提下才能持有其他类型的指针。

值得一提的是 void 与 void*的含义和区别，void 的字面意思是"无类型"，void*则为"无类型指针"。

对于 void，如果定义"void a;"将会出现编译错误。void 的作用可以用于对函数返回值的限定及对函数参数的限定。当函数不需要返回值时，必须使用 void 限定，如"void func (int, int);"。当函数不同意接收参数时，必须使用 void 限定，如"int func(void);"。

对于 void*，其可以指向任何类型的数据，无须进行强制类型转换。但是 void 指针转换为其他基本类型指针时，需要进行强制显式类型转换。由于 void 指针能够指向随意类型的数据，也就可以用随意数据类型的指针对 void 指针赋值，因此还能够用 void 指针作为函数的形参，这样函数就能够接收随意数据类型的指针作为参数。

最常见的应该是库函数，比如 memset，memcpy 等。内存操作函数 memcpy 和 memset 的函数原型分别为：

```c
void* memcpy(void *dest, const void *src, size_t len);
void* memset(void *buffer, int c, size_t num);
```

如此，任何类型的指针都可以传入 memcpy 和 memset 中，这也真实地体现了内存操作函数的意义，因为它操作的对象仅仅是一片内存，而不论这片内存是什么类型的。

5. 复杂指针

复杂指针类别包括以下指针：指向函数的指针、指向函数数组的指针、指向一维数组的指针、指向二维数组的指针、指向三维数组的指针、指向字符串指针数组的指针、多级指针的指针、指向常量的指针、常量指针等。

复杂指针举例：

```
void f(int);              //子函数 f
void (*pf1)(int) = &f;    //函数指针指向函数 f
void (*pf2)(int) = f;     //等价于 void (*pf2)(int) = &f;

int m();                  //子函数 f
int (*p)() = m;           //函数指针 p 指向 m
(*p)();                   //通过函数指代器调用函数 m
p();                      //直接通过指针调用 m

int a[2];                 //整型数组
int *p = a;               //整型指针指向 a[0]
int b[3][3];              //整型二维数组
int (*row)[3] = b;        //数组指针 row 指向 b[0]

const int *ptr_to_constant;    //指向常量的指针
int *const constant_ptr;       //常量指针
```

本小节主要针对各种类别的指针进行简要的说明，具体相关知识将会在之后章节中进行详细阐述。

9.1.3 整型指针作为函数参数

整型、浮点型、字符型等基本类型数据可以作为函数参数，指针类型也可出现在函数的参数列表中。指针类型作为形参可传入外部变量的地址。所以一般将通过基本类型向函数传输数据的方式，称为数值传递（单向传递）；而将通过指针类型向函数传输数据的方式，称为地址传递（双向传递）。

整型指针作为
函数参数

下面通过几个例子阐述数值传递与地址传递之间的区别及它们对代码执行所产生的影响。

【例 9-9】定义两个整数 a、b 并分别赋值-5、+5。在不定义和利用子函数的情况下，通过指针交换 a 和 b 的值，并输出结果。

【任务分析】除了需要定义两个整型变量，还需要定义两个整型指针变量指向它们。在交换的过程中，需利用一个中间指针实现指针的交换。

【错误代码】

```
#include <stdio.h>
int main()
{
    int a = -5, b = +5;
    printf("  a=%+i,  b=%+i\n", a, b);
    int* pa = &a, * pb = &b;
    int* pt = pa;
    pa = pb;
    pb = pt;
```

```
        printf("  a=%+i,  b=%+i\n", a, b);
        printf("*pa=%+i,*pb=%+i\n", *pa, *pb);
        return 0;
    }
```

【运行结果】

```
  a=-5,  b=+5
  a=-5,  b=+5
*pa=+5,*pb=-5
```

【指点迷津】此代码并未达到任务描述的要求，a 与 b 的值交换并未成功，但是指针 pa 和 pb 的内容却发生了变化。因为通过中间指针 pt 交换信息后，pa 指针指向了 b，而 pb 指针指向了 a。但是 a 和 b 本身的值并未交换。所以从输出结果可以看出，此代码只实现了指针变量之间值的交换，而未实现 a 和 b 变量之间值的交换。指针变量之间所交换的值是一般变量的地址值，而 a 和 b 变量之间需要交换的值是其内部的数值。下面的代码，将修改这个错误，实现任务要求。

【正确代码】

```
#include <stdio.h>
int main()
{
    int a=-5, b=+5;
    printf("  a=%+i,  b=%+i\n", a, b);
    int *pa=&a, *pb=&b;
    int t=*pa;
    *pa=*pb;
    *pb=t;
    printf("  a=%+i,  b=%+i\n", a, b);
    printf("*pa=%+i,*pb=%+i\n", *pa, *pb);
    return 0;
}
```

【运行结果】

```
  a=-5,  b=+5
  a=+5,  b=-5
*pa=+5,*pb=-5
```

【指点迷津】相比较于错误代码，此代码仅修改了交换的过程。此时，通过中间变量 t 交换 pa 指针所指向的内容*pa 和 pb 指针所指向的内容*pb。已知*pa 等价于 a 变量本身，*pb 也等价于 b 变量本身，本代码仅通过指针运算间接地交换了 a 变量和 b 变量的数值。所以，此代码能够实现任务要求。

【例 9-10】定义两个整数 a、b 并分别赋值-5、+5。定义和利用具有不同信息传递方式的子函数交换 a 和 b 的值，并输出结果，并通过打印变量地址观察内外变量之间的关系。

【任务分析】本题中，需要实现采用数值传递或地址传递，以及不同的交换过程的子函数，实现对两个整数的交换。但是每个子函数的行为是不同的，有些函数并不能完成整数的交换任务。需要比较各子函数的过程，分析它们的意图。

【代码】

```
#include <stdio.h>

void swap1(int  x, int  y); // 数值传递
```

```
void swap2(int* px, int* py); // 地址传递
void swap3(int* px, int* py); // 地址传递

int main()
{
        int a = -5, b = +5, * pa = &a, * pb = &b;
        printf("swap0:addr_a=%p,addr_b=%p\n", &a, &b);
        swap1(a, b);
        printf("swap1:  a=%+i,  b=%+i\n", a, b);
        printf("swap1:*pa=%+i,*pb=%+i\n", *pa, *pb);

        a = -5; b = +5; pa = &a; pb = &b;
        swap2(pa, pb);
        printf("swap2:  a=%+i,  b=%+i\n", a, b);
        printf("swap2:*pa=%+i,*pb=%+i\n", *pa, *pb);

        a = -5; b = +5; pa = &a; pb = &b;
        swap3(pa, pb);
        printf("swap3:  a=%+i,  b=%+i\n", a, b);
        printf("swap3:*pa=%+i,*pb=%+i\n", *pa, *pb);
        return 0;
}

void swap1(int   x, int   y)
{
        printf("swap1:addr_x=%p,addr_y=%p\n", &x, &y);
        int t;
        t = x;
        x = y;
        y = t;
        printf("swap1:addr_x=%p,addr_y=%p\n", &x, &y);
}

void swap2(int* px, int* py)
{
        printf("swap2:   px=%p,    py=%p\n", px, py);
        int t;
        t = *px;
        *px = *py;
        *py = t;
        printf("swap2:   px=%p,    py=%p\n", px, py);
}

void swap3(int* px, int* py)
{
        printf("swap3:   px=%p,    py=%p\n", px, py);
        int* pt;
        pt = px;
        px = py;
        py = pt;
        printf("swap3:   px=%p,    py=%p\n", px, py);
}
```

【运行结果】

```
swap0:addr_a=000000000062FE0C,addr_b=000000000062FE08
swap1:addr_x=000000000062FDE0,addr_y=000000000062FDE8
swap1:addr_x=000000000062FDE0,addr_y=000000000062FDE8
swap1:  a=-5,  b=+5
swap1:*pa=-5,*pb=+5
swap2:    px=000000000062FE0C,    py=000000000062FE08
swap2:    px=000000000062FE0C,    py=000000000062FE08
swap2:  a=+5,  b=-5
swap2:*pa=+5,*pb=-5
swap3:    px=000000000062FE0C,    py=000000000062FE08
swap3:    px=000000000062FE08,    py=000000000062FE0C
swap3:  a=-5,  b=+5
swap3:*pa=-5,*pb=+5
```

【指点迷津】

（1）swap1 函数的参数列表是采用数值传递的，即整型形参 x 仅获得的是 a 的值，整型形参 y 类似。通过观察运行结果，可知 a(b)的地址与 x(y)不一致，即 a(b)与 x(y)有各自的存储地址。所以在 swap1 函数中通过中间变量 t 对 x 和 y 进行交换之后，并不会改变 a 和 b 的值。可知，通过数值传递，实参可以改变形参，而形参不可以改变实参，如图 9-2 所示。

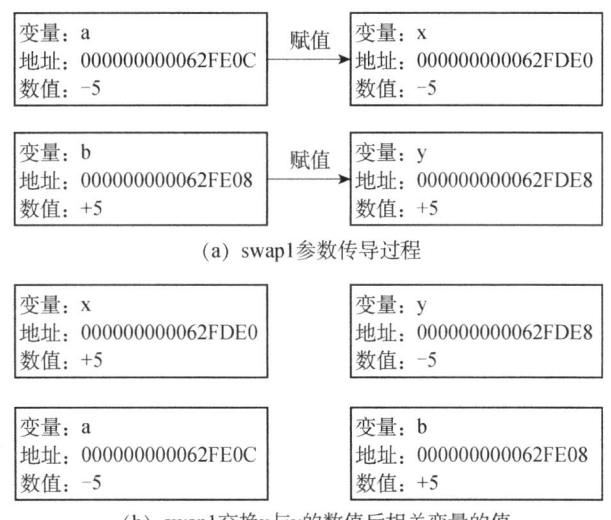

（a）swap1参数传导过程

（b）swap1交换x与y的数值后相关变量的值

图 9-2　swap1 函数参数

（2）swap2 函数的参数列表是采用地址传递的，即 pa 和形参 px 指向 a 的地址，pb 和形参 py 指向 b 的地址。swap2 函数调用"swap2(pa, pb);"与"swap2(&a, &b);"等价。此函数改变*px、*py 的值。因为*px 和 a 在同一存储单元，*py 和 b 在同一存储单元，此函数改变实参指针变量所指向的变量的值。所以*pa 和*pb 的值也改变了，最后输出结果也就改变了，如图 9-3 所示。

（3）swap3 函数的参数列表也是采用地址传递的，即 pa 和形参 px 指向 a 的地址，pb 和形参 py 指向 b 的地址。但是在内部交换的过程中，仅改变了 px 与 py 两个临时指针变量所指向的地址，不会影响到 pa 和 pb 的值，且未改变所指向地址的内容，如图 9-4 所示。本例虽然采用了地址传递方式，但是其所改变的内容却是指针形参的内容，而不是指针形参所指向地址的内容。

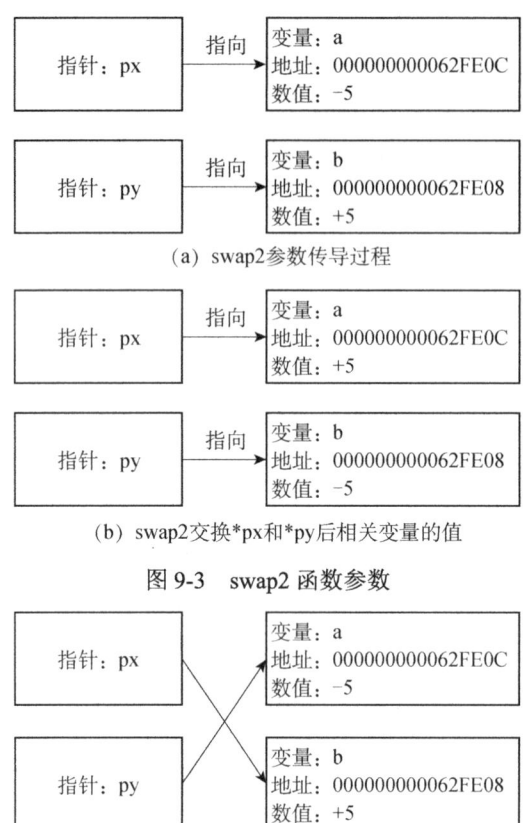

（a）swap2参数传导过程

（b）swap2交换*px和*py后相关变量的值

图 9-3　swap2 函数参数

图 9-4　swap3 交换 px 和 py 并返回主函数

9.2　指针与数组

9.2.1　指针与一维数组

1. 通过指针引用数组元素

已知通过数组下标可以确定数组元素在数组中的顺序和存储地址。由
于每个数组元素相当于一个变量，因此指针变量可以指向数组中的各个元素，也就是说可以
用指针方式访问数组中的元素。对一个指向数组元素的指针变量的定义和赋值方法与指针变
量相同。例如：

指针与数组

```
int a[10]={ 1, 3, 5, 7,11,
        13,17,19,23,29};    //定义一个包含 10 个整型数据的一维数组 a
int *p;                     //定义一个能指向整型变量的指针 p
p=&a[0];                    //将 a[0]元素的地址赋给指针变量 p
```

C 语言规定，数组名代表数组首地址，也就是第 1 个元素（下标为 0）的地址。

```
p=a;          //等价于 p=&a[0];
int *p=a;     //等价于 int *p=&a[0];
```

其中，p 的基类型是 int，而 p 的类型是 int*。无论是 a 还是&a[0]，它们的类型都是 int*，也
可写作 int[]。a 既可以称作数组名，也可以作为一维数组的首地址，也是第 1 个元素的地址。

更进一步，已知指向一维数组首地址的指针为 p，那么 p+i（或 a+i）就是数组元素 a[i]

的地址，*(p+i)（或*(a+i)）便是 a[i]的值。如果指针变量 p 已指向数组中的某一个元素（非最后一个元素），则 p+1 指向同个一维数组中的下一个元素。此时，便可以采用两种方法来访问数组元素，即：

（1）下标法，即以 a[i]形式访问数组元素，在介绍数组时便采用此种方式。

（2）指针法，即采用*(a+i)或*(p+i)形式，用间接访问方式来获取数组元素。

需要注意的是，偏移量 i 的单位是由指针变量 p 的基类型决定的。由于此时 p 的基类型为 int，所以表达式 p+i 是指针 p 加上 i 个 sizeof(int)字节的偏移，也就是说 i 的单位是 sizeof(int)个字节。具体来说，对于 32 位操作系统而言，sizeof(int)等于 4 个字节。

【例 9-11】定义一个具有 10 个元素的整型一维数组，并通过下标法与指针法循环打印一维数组中的元素。

【任务分析】本例子需要使用一维数组、循环语句等知识，需要注意地址变量与地址常量之间的关系。

【代码】

```
#include <stdio.h>
int main()
{
    int i = 0;
    int a[5] = { 1, 2, 3, 4, 5 };
    int* p = a;
    for (i = 0; i < 5; i++)
        printf("a[%d]:%d %d %d\n", i, a[i], *(p++), *(a + i));
    printf("\n");
    return 0;
}
```

【运行结果】

```
a[0]:1 1 1
a[1]:2 2 2
a[2]:3 3 3
a[3]:4 4 4
a[4]:5 5 5
```

【指点迷津】

（1）因为 p 是指针变量，而 a 是指针常量，所以 p++（p--）合法而 a++（a--）不合法。当然在循环过程中索引元素时不能超过数组的范围。

（2）由于 p 和 a 存储的值都表示地址，所以即使进行加或减操作，仍然表示地址，再通过地址解析符操作便可获得当前地址内所包含的内容。

（3）参考运算符优先级及结合性，*(p++)与*p++是等价的，即先执行地址解析运算符，再执行结合方向为自右向左的自增运算符。然而，*++p 是先执行结合方向为自右向左的自增运算符，再执行地址解析运算符。

在例 9-11 所示代码中，指针 p 只能指向一维数组中从第 1 个元素开始的每个元素。当然，也可以通过一个特殊指针指向一维数组中的多个元素，或者多维的数组，这类指针一般称为数组指针。具体地，数组指针即是指向整个一维数组的指针。当应用于二维数组时，也称作行指针，即此指针能指向二维数组中每一行数组。

其语法规则定义为：

类型说明符 (*变量名)[数组大小];

例如，int (*ptr)[10];

其中，ptr 是一个指向具有 10 个元素的一维数组的指针，即数组指针。注意，此时 ptr 的基类型是 int[10]，且外部圆括号绝对不能省略，否则将变成指针数组（指针数组内容将在 9.2.3 中讲解）。

【例 9-12】 定义指向整型数据的指针与指向一维整型数组的指针，分别通过这两个指针打印一维数组内容，并区分这两个指针的使用方法及含义。

【任务分析】 仔细区分指向数组第 1 个元素的指针与指向数组全体元素的指针的定义形式。在代码中，必然会使用到下标方法与指针方法。

【代码】

```c
#include <stdio.h>
int main()
{
    int i = 0;
    int* p;              //定义能指向整型数据的指针
    int(*ptr)[5];        //定义能指向具有 5 个元素的一维整型数组的指针
    int arr[5] = { 3, 5, 6, 7, 9 };
    p = arr;             //指针 p 指向第 1 个元素的地址，基类型为 int
    ptr = &arr;          //指针 ptr 指向整个数组，基类型为 int[]
    printf("p = %p, ptr = %p\n", p, ptr);
    p++;
    ptr++;
    printf("p = %p, ptr = %p\n", p, ptr);
    ptr = &arr;
    for (i = 0; i < 5; i++)
    {
        printf("%p a[%d]:%d %d %d\n",
               &arr[i], i, arr[i], (*ptr)[i], *(*ptr + i));
    }
    return 0;
}
```

【运行结果】

```
p = 000000000062FDF0, ptr = 000000000062FDF0
p = 000000000062FDF4, ptr = 000000000062FE04
000000000062FDF0 a[0]:3 3 3
000000000062FDF4 a[1]:5 5 5
000000000062FDF8 a[2]:6 6 6
000000000062FDFC a[3]:7 7 7
000000000062FE00 a[4]:9 9 9
```

【指点迷津】

（1）p 是一个指向数组 arr 第 1 个元素的指针，而 ptr 是指向数组 arr 全体元素的指针。那么，p 的基类型是 int，而 ptr 的基类型是 int[5]。

（2）已知指针算术运算主要基于基类型的大小，所以假设执行 ptr++ 操作，那么 ptr 指针的值将会向前移动 20 个字节，即 5*sizeof(int)，然而 p++ 操作之后，p 指针的值将会向前移动 4 个字节，即 1*sizeof(int)。通过计算输出结果的相对数值关系，也可以获得上述结论，例如，$\{000000000062FDF4\}_{16} - \{000000000062FDF0\}_{16} = \{4\}_{16} = 4$ 字节。

（3）一个指针指向引用之后，就是其基类型的首地址。(*ptr)[i] 等价于 arr[i]，*(*ptr+i) 等价于 *(arr+i)。

（4）注意，"ptr = &arr;"中的&运算符是不能够省略的，且 p 的基类型是 int 且它是 int*
类型的指针，而 ptr 的基类型是 int[5]且它是 int(*)[5]类型的指针。明确指针变量的基类型有
利于分析不同类型的指针变量及它们之间的关系。

【例 9-13】获取数组指针、指针、行指针的大小及地址信息。

【任务分析】采用%p 打印变量的地址或指针的内容，并通过 sizeof 运算符获得各变量的
存储空间大小。

【代码】

```
#include <stdio.h>
int main()
{
    int arr[] = { 3, 5, 6, 7, 9 };
    int* p = arr;
    int(*ptr)[5] = &arr;
    printf("p = %p, ptr = %p\n", p, ptr);
    printf("*p = %d, *ptr = %p\n", *p, *ptr);
    printf("sizeof(p)=%d, sizeof(*p)=%d\n",sizeof(p), sizeof(*p));
    printf("sizeof(ptr)=%d, sizeof(*ptr)=%d\n",sizeof(ptr), sizeof(*ptr));
    return 0;
}
```

【运行结果】

```
p = 000000000062FDF0, ptr = 000000000062FDF0
*p = 3, *ptr = 000000000062FDF0
sizeof(p)=8, sizeof(*p)=4
sizeof(ptr)=8, sizeof(*ptr)=20
```

【指点迷津】在大多数情况下，通过指针与数组方式获取数组元素值等其他信息的方式
是一致的，但是它们也存在很多区别。

（1）sizeof 运算符。sizeof(arr)返回的是整个数组所具有的整体的存储大小；sizeof(ptr)仅
返回指针本身的存储大小。

另外，由于*ptr 等价于 arr，所以 sizeof(*ptr)的值等于 20，为这一数组的全部存储大小。

（2）取地址运算符&。&array 与&array[0]获取的都是当前数组的第一个元素的地址；
&pointer 返回的是指针本身的地址。

（3）指针变量可以被赋值（即 ptr=arr 合法），因为数组名为常量，所以不能被赋值（即
arr=ptr 不合法）。

2. 数组指针作为函数参数

以下将讨论用数组名作函数形参与用指向数组的指针作函数形参的异同。

【例 9-14】通过使用指向数组的指针作函数参数实现子函数，计算并输出数组的和。

【任务分析】指向数组的指针作函数参数将采用地址传递的方式。子函数中不改变原本
数组内的数据，仅采用循环语句计算累加值。

【代码】

```
#include <stdio.h>
void sum(int* array, int length);
void sum(int* array, int length)
{
    int i, sum_of_array = 0;
```

```
    for (i = 0; i < length; i++)
        sum_of_array = sum_of_array + *(array + i);
    printf("数组的和为 %d\n", sum_of_array);
}
int main()
{
    int array[] = { 2, 4, -6, 5, 8, -1 };    //一维整型数组
    sum(array, 6);                            //调用 sum 子函数
    return 0;
}
```

【运行结果】

数组的和为 12

【指点迷津】

（1）如果要改成用数组名作函数参数的形式，则仅需将函数的参数列表改成如下形式：

```
void sum(int array[], int length);
```

（2）由于子函数不更改数组 **array** 的数据内容，所以也可以将函数的参数列表添加一个 const，其形式如下：

```
void sum(const int  array[], int length);
void sum(const int *array,   int length);
```

【例 9-15】通过使用指向数组的指针作函数参数实现子函数，计算并返回数组的均值。

【任务分析】指向数组的指针作函数参数将采用地址传递的方式。子函数中不改变原本数组内的数据，仅采用循环语句计算累加值，并计算平均值。最终数据将通过函数返回，而不是在函数中打印结果。

【代码】

```
#include <stdio.h>
double getAverage(int* arr, int size);
double getAverage(int* arr, int size)
{
    int  i, sum = 0;
    double avg;
    for (i = 0; i < size; ++i) { sum += arr[i]; }
    avg = (double)sum / size;
    return avg;
}
int main() {
    int balance[5] = { 1000, 2, 3, 17, 50 };
    double avg;
    avg = getAverage(balance, 5);
    printf("平均值为 %lf\n", avg);
    return 0;
}
```

【运行结果】

平均值为 214.400000

【指点迷津】"double getAverage(int *arr, int size);" 等价于 "double getAverage(int[], int);"。

9.2.2　指针与多维数组

指针与多维数组

在二维数组中，需要两个下标才能索引到一个元素。其中第一个下标表示行号，第二个下标表示列号。除了采用下标法索引到二维数组的元素以外，也可以采用指针方式进行索引。

【例 9-16】通过下标方式和指针方式打印二维数组，并分析它们之间的关系。

【任务分析】通过初始化列表构建一个二维数组，并通过两层循环结构，以下标方式和指针方式打印数组中的元素。

【代码】

```c
#include <stdio.h>
int main()
{
    int arr[3][4] = { { 10, 11, 12, 13 },
                      { 20, 21, 22, 23 },
                      { 30, 31, 32, 33 } };
    int i, j;
    for (i = 0; i < 3; i++)
    {
        printf("第%d行首地址:%p %p\n", i, arr[i], *(arr + i));
        for (j = 0; j < 4; j++)
            printf("%d %d ", arr[i][j], *(*(arr + i) + j));
        printf("\n");
    }
    return 0;
}
```

【运行结果】

```
第 0 行首地址:000000000062FDE0 000000000062FDE0
10 10 11 11 12 12 13 13
第 1 行首地址:000000000062FDF0 000000000062FDF0
20 20 21 21 22 22 23 23
第 2 行首地址:000000000062FE00 000000000062FE00
30 30 31 31 32 32 33 33
```

【指点迷津】本例中给出了一个二维数组 arr[3][4]，其逻辑结构如图 9-5 所示。

在内存中二维数组存储方式是线性的。一般来说二维数组是按照行进行顺序存储的，称为行主序（row-major），与之相对应的是列主序（column-major）。图 9-6 展示了二维数组在内存中以行主序的存储结构。

	列1	列2	列3	列4
行1	10	11	12	13
行2	20	21	22	23
行3	30	31	32	33

图 9-5　arr[3][4]的逻辑结构

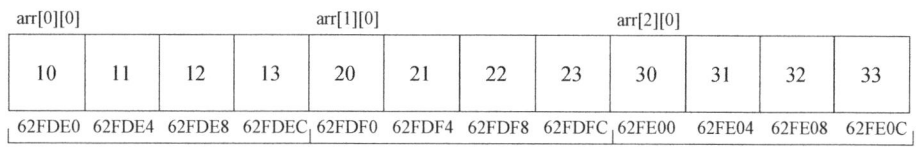

图 9-6　二维数组在内存中以行主序的存储结构

二维数组中的每一行都可以认为是一个独立的一维数组。那么二维数组可以认为是多个一维数组按照顺序组合而成的集合。所以针对上述例子，arr 可以认为是一个具有 3 个元素的一维数组，其中每个元素又是一个具有 4 个整数值的一维数组。

已知数组的名称是一个指向一维数组第一个元素首地址的常量指针。由于 arr 的基类是 int[4]，即 arr 为指向具有 4 个整数数值的一维向量的指针，称为行指针。这样的行指针有 3 个，分别为 arr[0]、arr[1] 及 arr[2]。由于 arr 指向的地址是 5000，那么参考指针算术操作，arr+1 指向的地址是 5016；arr+2 指向的地址是 5032；那么此时也可以说 arr 指向第一个一维数组，arr+1 指向第二个一维数组，arr+2 指向第三个一维数组。具体指向关系，如图 9-7 所示。

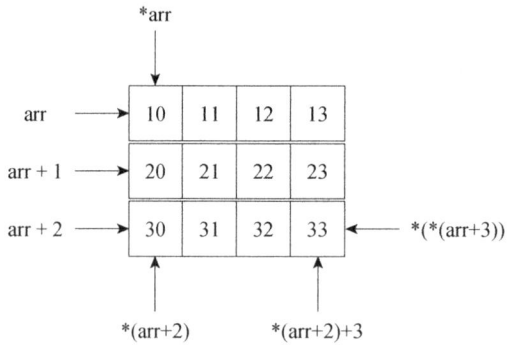

图 9-7　arr[3][4]具体指向关系

接下来解释*(*(arr+i)+j)与 arr[i][j]为什么输出结果相同且是等价的？

arr+i 指向 arr 的第 i 个一维数组，也指向当前一维数组的第一个元素。针对本例，i 的值只能取 0、1、2。*(arr+i)等价于 arr[i]，表示第 i 个一维数组的首地址，指向当前一维数组的第一个元素。再者，表达式(arr+i)和*(arr+i)都是指针，但是它们的基类型是不一样的。(arr+i)的基类型是 int[4]；*(arr+i)的基类型是 int，所以表达式*(arr+i)可以获得第 i 个一维数组的基地址；再基于一维数组与指针之间的关系，*(arr+i)+j 表示在第 i 个一维数组中偏移 j 个位置，并且其仍为地址，且基类型仍旧为 int 类型。若再添加一个地址解析运算符，即*(*(arr+i)+j)，则表示获得当前地址的数值，也就是通过下标方法 arr[i][j]获得的数值。

【例 9-17】通过下标方式和指针方式打印二维数组，并分析它们之间的关系。

【任务分析】通过初始化列表构建一个二维数组，并通过两层循环结构，以下标方式和指针方式打印数组中的元素。

【代码】

```
#include <stdio.h>
int main()
{
    int arr[3][4] = { { 10, 11, 12, 13 },
                      { 20, 21, 22, 23 },
                      { 30, 31, 32, 33 } };
    int i = 0;
    for (i = 0; i < sizeof(arr) / sizeof(int); i++)
    {
        printf("%d ", *(*arr + i));
        if (i != 0 && (i + 1) % 4 == 0)
            printf("\n");
    }
    return 0;
```

```
}
```

【运行结果】

```
10 11 12 13
20 21 22 23
30 31 32 33
```

【指点迷津】

（1）通过 sizeof(arr)/sizeof(int)表达式很容易获得二维数组中元素的个数。

（2）已知*arr 指向第一行的第一个元素，且基类型为 int.。考虑到二维数组所有元素都是线性存储的，为了索引到二维数组所有的元素，也可采用单个下标 i。以此方式也可以遍历二维数组甚至更高维度的数组。

【例 9-18】通过行指针操作二维数组，并分析它们之间的关系。

【任务分析】通过初始化列表构建一个二维数组，采用与此二维数组相匹配的行指针操作数组，并输出地址及元素信息。

【代码】

```
#include <stdio.h>
int main()
{
    int arr[3][4] = { { 10, 11, 12, 13 },
                      { 20, 21, 22, 23 },
                      { 30, 31, 32, 33 } };
    int(*ptr)[4] = arr; // arr 的基类型是 int[4]，是行指针；

    printf("%p %p %p\n", ptr, ptr + 1, ptr + 2);
    printf("%p %p %p\n", *ptr, *(ptr + 1), *(ptr + 2));
    printf("%d %d %d\n", **ptr, *(*(ptr + 1) + 2),
                                 *(*(ptr + 2) + 3));
    printf("%d %d %d\n", ptr[0][0], ptr[1][2], ptr[2][3]);

    printf("%p %p %p\n", arr, arr + 1, arr + 2);
    printf("%p %p %p\n", *arr, *(arr + 1), *(arr + 2));
    printf("%d %d %d\n", **arr, *(*(arr + 1) + 2),
                                 *(*(arr + 2) + 3));
    printf("%d %d %d\n", arr[0][0], arr[1][2], arr[2][3]);

    return 0;
}
```

【运行结果】

```
000000000062FDE0 000000000062FDF0 000000000062FE00
000000000062FDE0 000000000062FDF0 000000000062FE00
10 22 33
10 22 33
000000000062FDE0 000000000062FDF0 000000000062FE00
000000000062FDE0 000000000062FDF0 000000000062FE00
10 22 33
10 22 33
```

【指点迷津】ptr 的基类型是 int[4]，它的类型是 int(*)[4]，是行指针，并且其元素个数是 4 个，与 arr 每行的元素个数相匹配。ptr 行指针初始赋值时，相当于指向了这个二维数组的第一行。其实，也可以将 ptr 指针看作 arr 的别名。若将 ptr 替换为 arr 执行相同的打印语句，从运行结果可以看出，两次打印结果都是一致的。

通过对上述几个代码运行过程与结果的分析，针对二维数组可以有如下的总结：假设存在二维数组 arr，且每行为 4 个元素，并且其行下标为 i，列下标为 j，则各种指针表达式具有如表 9-1 所示的关系与含义。

表 9-1　各种指针表达式的关系和含义

表达式	含　义
arr	指向第 1 个一维数组，基类型为 int[4]，行指针
*arr	指向第 1 个一维数组的第 1 个元素，基类型为 int
arr+i	指向第 i 个一维数组，基类型为 int[4]，行指针
*(arr+i)	指向第 i 个一维数组的第 1 个元素，基类型为 int
*(arr+i)+j	指向第 i 个一维数组的第 j 个元素，基类型为 int
((arr+i)+j)	访问第 i 个一维数组的第 j 个元素的数值，表达式内的所有括号都不能省略

在三维数组中要获取某一元素的值，一般需要采用三个下标进行索引。参考一维数组、二维数组与指针之间的关系，针对三维及更高维度的数组，也可以采用指针方式进行索引或者进行基于指针运算符的其他相关操作，此处不再赘述。

9.2.3　指针数组

指针数组

虽然从字面意义上来说，指针数组和数组指针容易混淆，但是它们具有较大的区别。指针数组，英文称作 array of pointers，即用于存储指针的数组，也就是数组元素都是指针；而数组指针，英文称作 a pointer to an array，即指向数组的指针，也作行指针。

针对指针数组，其定义方式为：

```
类型说明符 * 变量名 [数组大小];
```

例如，"int *a[4];"表达式定义了一个指针数组 a，其中的元素都是为 int 类型的指针，相当于定义了 4 个整型指针：

```
int *a[0], *a[1], *a[2], *a[3];
```

在实际的应用中，经常采用如下的形式进行定义：

```
typedef int* pInt;
pInt a[4];
```

【例 9-19】通过指针数组和数组指针操作一维数组，并索引和打印相关元素数值。

【任务分析】通过初始化列表构建一维数组，还需初始化数组指针，并通过循环语句初始化指针数组。

【代码】

```
#include <stdio.h>
int main()
{
    int c[4] = { 1, 2, 3, 4 }, i = 0;
    int* a[4];          //指针数组(相当于定义了 4 个整型指针)
    int(*b)[4];         //数组指针(相当于定义了能指向 4 个整数的指针)
    b = &c;             //&运算符不能省略
```

```
    for (i = 0; i < 4; i++) { //将数组 c 中元素赋给数组 a
        a[i] = &c[i]; }
    printf("*a[1] = %d\n", *a[1]);
    printf("(*b)[2] = %d\n", (*b)[2]);
    return 0;
}
```

【运行结果】

```
*a[1] = 2
(*b)[2] = 3
```

【指点迷津】从运行结果来看，输出的分别是一维数组的第 2 和 3 位的数据。

针对数组指针 b，其外层的圆括号，在声明和索引的时候，都不能省略。数组指针 b 可看作是一维数组 c 的别名，可直接通过下标索引一维数组元素。

针对指针数组，相当于每个元素都有对应的一个指针指向它。各指针的名字分别为 a[0]、a[1]、a[2] 及 a[3]。一般在编程时，为了不混淆概念，*a[1] 最好写作 *(a[1])。在定义时，也可写作 int *(a[4])。

9.3　指针与字符串

9.3.1　字符指针

指针与字符串

可以采用两种方式存取字符串：第一种方式是采用字符数组存放一个字符串，并可通过数组名与下标引用字符串中的一个字符，也可以通过数组名和格式声明 %s 输出该字符串。第二种方式是采用字符指针变量指向一个字符串常量，通过字符指针变量便可引用此字符串常量。

【例 9-20】通过字符数组和字符指针处理字符串，并打印字符串内容。

【任务分析】相似的字符串分别通过数组和指针形式进行存储，并通过 sizeof 和 strlen 获取字符数组和字符指针的大小，从而说明两种方式引用字符串的区别。

【代码】

```
#include <stdio.h>
#include <string.h>
int main()
{
    int i = 0;
    char strA[] = "China World Center!";    // 数组形式存储
    char strB[] = "China World Center.";
    char* strC = "China World Center?";     // 指针形式存储

    char* p = strA;
    printf("Length of strA: %d\n", strlen(strA));
    printf("Size of strA: %d\n", sizeof(strA));
    for (i = 0; i < strlen(strA); i++)
        printf("%c", strA[i]);
    printf("\n");
    for (i = 0; i < strlen(strA); i++)
        printf("%c", *(p++));
    printf("\n");
    for (i = 0; i < strlen(strA); i++)
```

```
            printf("%c", *(strA + i));
        printf("\n");

        printf("Length of strB: %d\n", strlen(strB));
        printf("Size of strB: %d\n", sizeof(strB));
        printf("%s\n", strB);
        for (i = 0; i < sizeof(strB) / sizeof(char); i++)
            printf("%c", strB[i]);
        printf("\n");

        printf("Length of strC: %d\n", strlen(strC));
        printf("Size of strC: %d\n", sizeof(strC));
        printf("%s\n", strC);
        for (i = 0; i < sizeof(strB) / sizeof(char); i++)
            printf("%c", strC[i]);
        printf("\n");
        return 0;
}
```

【运行结果】

```
Length of strA: 19
Size of strA: 20
China World Center!
China World Center!
China World Center!
Length of strB: 19
Size of strB: 20
China World Center.
China World Center.
Length of strC: 19
Size of strC: 8
China World Center?
China World Center?
```

【指点迷津】

（1）字符数组与字符指针。strA 与 strB 存储于内存布局空间中的栈部分，其内容可以被修改；strC 指针变量所指向的常量字符串存储于内存布局空间中数据部分的常量区，其内容不可以被更改，其定义语句也可更改为：

```
const char *strC="China World Center?";
```

也就是说，strC 指针为指向字符串常量的指针，即 strC 指向字符串常量"China World Center?"的首地址。

（2）字符指针与整型指针。针对字符指针与整型指针大多数操作方式都是相同的，但是 char*字符指针与 int*相比在形式上多了一种赋值方式，即可直接指向常量字符串。

```
char* ch="hello world";    //正确
int* i=100;                //报错
```

实质上字符串常量"hello world"返回的也是首地址，而不是字符串常量本身。但是针对整型常量 100，其无法返回首地址，且会报错。在某些编译器上，可将整型数值解释为有效的地址信息，此时便不会报错。

（3）sizeof 运算符与 strlen 库函数。sizeof 运算符用于计算某类型或某变量的存储大小。

针对 strA 与 strB，因为其内部包含 20 个字符，其中包含最后一位的'/0'，并且它们的类型是
char[]，所以得到的值就是 20 个字符。但是 strC 指针的类型是 char*，所以获得的大小仅是
指针本身的存储大小，即 4 个字节。

strlen 库函数在计算字符串存储大小时，将忽略字符串结束标志'/0'，所以针对本例中任
何一个字符串，其输出值都是 19。由于 strlen 库函数的参数列表是 const char*_STR，采用地
址传递方式，传入的是字符串的首地址，那么只要检测到字符串的结束标志，便可返回字符
串的存储大小，而不考虑传入首地址采用的是数组名形式，还是字符指针形式。

【例 9-21】通过下标方式和指针方式、库函数，复制字符串，并打印出来。

【任务分析】复制字符串，可以采用基于字符数组名的指针形式，或者基于其他指针变
量的间接引用复制，或者采用库函数复制字符串内容。

【代码】

```c
#include <stdio.h>
#include <string.h>
int main()
{
    char fma[] = "Department";
    char toa[25], tob[25], toc[25];
    char* p1, * p2;
    printf("fma: %s\n", fma);

    int i = 0;
    for (i = 0; *(fma + i) != '\0'; i++)        //基于字符数组名复制字符串
        *(toa + i) = *(fma + i);
    *(toa + i) = '\0';
    printf("toa: %s\n", toa);

    p1 = fma, p2 = tob;
    for (; *p1 != '\0'; p1++, p2++)             //基于指针变量间接引用复制
        *p2 = *p1;
    *p2 = '\0';
    printf("tob: %s\n", tob);

    strcpy(toc, fma);                          //采用库函数复制字符串内容
    printf("toc: %s\n", toc);

    return 0;
}
```

【运行结果】

```
fma: Department
toa: Department
tob: Department
toc: Department
```

【指点迷津】

（1）基于字符数组名复制字符串。由于字符数组名本身是一个地址常量，所以采用
*(toa+i)的形式在循环语句中进行字符串的复制。字符数组名是常量，故数组名不能进行自
增运算。由于字符串通常以'/0'作为结束标志，所以停止条件设置为是否检测到这个结束标
志。由于需要在循环语句外添加字符串结束标志，所以用于指示下标的整型变量 i 一般定义

于外部，使得其作用域可以扩展到 for 循环之后。

（2）基于指针变量间接引用复制。指针变量可以执行自增自减操作实现元素索引，所以在循环语句中通过 p1++ 的形式执行自增语句，而且也在循环语句外部添加最后的结束标志 '\0'，以保证其为完整的字符串。

（3）采用库函数复制字符串内容。strcpy 库函数的形式为：

```
char* strcpy(char *dst, const char *src);
```

其中，形参 dst 需指向已申请的内存区域，并具有足够大的空间能容纳来自 src 的数据。由于 strcpy 库函数仅用于复制字符串，所以 src 中的内容需要保持不变，多添加一个关键字 const，而 dst 形参则不需要。

9.3.2　字符指针作为函数参数

有如下三种在函数中调用字符数组的方法：

（1）以字符数组作为形参，以字符数组作为实参调用（用字符数组名作为函数参数）。

（2）以字符数组作为形参，以指针作为实参调用（用字符指针变量作为实参）。

（3）以字符指针作为形参，以指针作为实参调用（用字符指针变量作为形参和实参）。

【例 9-22】 定义三种类型的字符复制函数，实现字符复制功能。

【任务分析】 熟悉并区别三种类型的复制方式。

【代码】

```
#include <stdio.h>
#include <stdlib.h>

void cpy_1(char sa[], const char sb[]);
void cpy_2(char sa[], const char sb[]);
void cpy_3(char *sa, const char *sb);

int main()
{
    char a[] = "I am a student.";
    char b[] = "I am a kid.";
    char c[] = "I am a boy.";
    char d[] = "I am a girl.";

    printf("a:%s\n", a);
    printf("b:%s\n", b);
    printf("c:%s\n", c);
    printf("d:%s\n", d);

    cpy_1(a, b);
    printf("new a:%s\n", a);

    cpy_2(a, c);
    printf("new a:%s\n", a);

    cpy_3(a, d);
    printf("new a:%s\n", a);
```

```
        return 0;
    }

    void cpy_1(char sa[], const char sb[])
    {
        int t;
        for (t = 0; sb[t] != '\0';t++)
            sa[t] = sb[t];
        sa[t] = '\0';
    }

    void cpy_2(char sa[], const char sb[])
    {
        int t;
        for (t = 0; *(sb + t) != '\0'; t++)
            *(sa + t) = *(sb + t);
        *(sa + t) = '\0';
    }

    void cpy_3(char *sa, const char *sb)
    {
        for (; *sa != '\0';sa++, sb++)
            *sa = *sb;
        *sa = '\0';
    }
```

【运行结果】

```
a:I am a student.
b:I am a kid.
c:I am a boy.
d:I am a girl.
new a:I am a kid.
new a:I am a boy.
new a:I am a girl.
```

【指点迷津】字符数组与指针作为形参最大的区别在于：以字符数组作为形参，编译时会为它分配若干存储单元，而以指针作为形参，编译时只会分配一个存储单元。

9.3.3　字符指针与字符数组

用字符数组和字符指针变量都可实现字符串的存储和运算。通过上述几个例子，已知两者存在一定的区别，在实践时应注意以下几个问题。

1. 初始化的含义

```
char *ptr = "I Love China!";    //定义字符指针
char str[] = "I Love China!";   //定义字符数组
printf("%p\n", str);    //输出：0096FA88
printf("%p\n", ptr);    //输出：00EB9B40
```

字符指针与字符数组

字符数组是由若干个数组元素组成的。字符数组的整体赋值只能在字符数组初始化时使用，此后只能通过对其各元素单独赋值，也不能给字符数组名单独赋值。然而，字符串指针变量本身是一个变量，用于存放字符串的首地址。而字符串本身是存放在以该首地址为首的一块连续的内存空间中的，并以 '\0' 作为该串的结束。注意：若字符串常量出现在表达式中，代表的值为该字符串常量的第一个字符的地址。所以此时"I Love China!"仅代表的是其首地址。通过输出上述两个具有相同字符数据的字符串首地址信息，发现它们的首地址是不一致的，也就是说它们存储于内存映射空间中的不同区域。

2. 存储单元大小

```
char *ptr = "I Love China!\0abcde";    //定义字符指针
char str[] = "I Love China!\0abcde";   //定义字符数组
printf("%d, %d\n", sizeof(ptr), strlen(ptr)); //输出：8,13
printf("%d, %d\n", sizeof(str), strlen(str)); //输出：20,13
```

从存储单元的内容和大小来说，不管什么数据类型的指针变量，VC++编译器都为其分配 8 个字节的存储空间，用来存储地址，而字符数组的存储空间根据数据类型的不同而不同，VC++为字符数组分配每个字符一个字节的空间（字符串数组还有一个结束符）。strlen 库函数只能计算在首字符与结束符\0 之前的字符个数，无论在结束符\0 后写任何的其他字符，都不会计入总字符个数，且通过%s 打印此字符串，也只打印到结束符\0 之前为止。

3. 二维字符数组

```
char *str[]={"Hello", "C++", "World"};
printf("%s\n", *str);        //输出：Hello
printf("%c\n", *str[0]);     //输出：H
```

其中，str 是一个二维的字符数组，在初始化时也可写成 char str[3][]={...}。str[0]或*str 为字符串"Hello"的首地址；str[0]+1 为字符串"Hello"的第二个字符'e'的地址；str[2]或 str+2 为第三个字符串"World"的首地址。所以输出语句中，可以分别打印第一个字符串及第一个字符串中的第一个字符。请参考指针与多维数组的相关知识进行理解。

4. 指向内容属性

```
char str[] = "It Is Great!";
char *p = "It Takes Time!";
str[3] = 'W'; //欲改变第四个数组元素的值（成功）
p[3] = 'W'; //欲改变第四个数组元素的值（失败）
```

其中，str 为字符数组，p 为字符串指针变量。初始化后，str 的存储空间大小应为13 个字节，而 p 的存储空间大小为 4 个字节。虽然可以基于指针 p 通过下标索引相关元素，但是其所指向的字符串为常量，所以改变常量的值将失败并报错。

5. 特殊使用方式

```
char *control_format = "%c %s %d\n";
char ch = 'V';
char str[] = "Free Style!";
int i = 10;
printf(control_format, ch, str, i); //输出：V Free Style! 10
```

其中，control_format 指针变量定义了基本的输出格式，便可以作为 printf 的第一个参数，将单字符、字符串及整数以有效的格式进行输出。

9.4　指针与函数

9.4.1　函数指针——指向函数的指针

指针与函数

1. 函数指针基础

在 C 语言中，类似于普通指针类型（如 int*、char*等），也可以创建函数指针。函数指针也就是能够指向函数的指针。指向函数的指针可由函数地址（或函数名）进行初始化。不同于一般函数，指向函数的指针还能存储于数组中，并可以进行复制、赋值，也可作为参数传递给其他函数等。

定义函数指针的一般形式为：

返回类型说明符（*变量名）（形参列表）；

【例 9-23】使用函数指针调用现有函数。

【任务分析】定义一个符合类型要求的函数指针，并通过此函数指针调用并执行所指函数的过程。

【代码】

```
#include <stdio.h>
void fun(int a);
void fun(int a)
{
    printf("a 的值为%d\n", a);
}
int main()
{
    void (*fun_ptr)(int) = &fun;
    (*fun_ptr)(10);    //相当于执行 fun(10)
    return 0;
}
```

【运行结果】

a 的值为 10

【指点迷津】

（1）函数指针的赋值。本例代码中，所创建的函数指针 fun_ptr 间接调用 fun 函数，并打印一个字符串。针对 fun_ptr 函数指针的初始化语句，也可以分为两条语句执行，如下所示：

```
void (*fun_ptr)(int);
fun_ptr = &fun;
```

也就是说，首先定义函数指针，再通过赋值语句获得所指函数的地址。由于函数名称也可以被用作函数的地址，所以不采用取地址符号&，也可以直接赋值给函数指针。

```
void (*fun_ptr)(int) = fun;//正确
```

为什么需要在指针 fun_ptr 的外层再添加一个括号呢？

如果移除外层圆括号，那么"void(*fun_ptr)(int)"将会变成"void* fun_ptr(int)"，后者仅表示 fun_ptr 为一个返回 void 类型指针的函数，而不是函数指针。

（2）函数指针的调用。函数指针 fun_ptr 间接调用 fun 函数时，也可省略指针运算符*，即下述调用形式也是符合语法要求的：

```
fun_ptr(10); //此时可将 fun_ptr 看作 fun 函数名的别名
```

（3）函数指针的特点。普通指针一般存储整型、浮点型或者字符型等基本数据类型变量的地址。但是函数指针与普通指针不同，其存储的是可执行函数代码块的起始地址。不能为函数指针开辟内存空间或者释放内存空间（动态开辟内存与释放内存空间将于 9.6 节中进行阐述）。

（4）函数指针的形式。函数指针所能指向的函数必须要满足两个条件：第一，函数参数列表的形参类型必须相互一致；第二，函数返回值类型必须相互一致，否则函数指针不能指向这个函数。如果相互之间类型不一致，在调用执行时会报错。

【例 9-24】定义函数指针数组，并通过数组元素调用相应函数。

【任务分析】首先定义三个子函数，分别是 add、substract 及 multiply 函数。并且，它们的形参都是两个整型参数，它们的返回类型都是 void 类型。在主函数中，通过定义函数指针数组，使得其指针元素能够分别指向这三个子函数，便于函数调用。

【代码】

```c
#include <stdio.h>

void add(int a, int b);
void subtract(int a, int b);
void multiply(int a, int b);

int main()
{
    void (*fun_ptr_arr[])(int, int) = { add,subtract,multiply };
    int ch, a = 15, b = 10;
    while (1)
    {
        printf("输入选择：0-加法,.1-减法, 2-乘法\n");
        scanf("%d", &ch);
        if (ch > 2 || ch < 0) return 0;
        (*fun_ptr_arr[ch])(a, b);
    }
    return 0;
}

void add(int a, int b) {
    printf("和为 %d\n", a + b);
}
void subtract(int a, int b) {
    printf("差为 %d\n", a - b);
}
void multiply(int a, int b) {
    printf("积为 %d\n", a * b);
}
```

【运行结果】

```
输入选择：0-加法,.1-减法, 2-乘法
0
和为 25
输入选择：0-加法,.1-减法, 2-乘法
1
差为 5
输入选择：0-加法,.1-减法, 2-乘法
2
积为 150
输入选择：0-加法,.1-减法, 2-乘法
-1
```

【指点迷津】与普通数组或指针数组类似，本例代码中构造了函数指针数组 fun_ptr_arr。此数组包含 3 个元素，分别为 add、substract 与 multiply 函数，并且这些函数包含两个整型参

数且返回类型为 void。

那么 add 等价于 fun_ptr_arr[0]；substract 等价于 fun_ptr_arr[1]；multiply 等价于 fun_ptr_arr[2]函数。通过用户输入的数字作为下标，可以调用执行不同的函数，相当于通过函数指针数组的下标实现了 switch…case 的选择过程。如此，便可使用函数指针避免代码冗余。

2. 函数指针作为函数参数

与普通类型指针类似，函数指针也可作为函数参数。

【例 9-25】将函数指针作为函数参数，并分析其调用方式与规范。

【任务分析】首先定义两个子函数 fun1 和 fun2，它们的形参列表都为空，并且它们的返回类型都为 void。两个子函数的功能都是打印简单字符串。wrapper 函数的形参为函数指针 fun，其形式都与两个子函数相同。主函数中分别将 fun1 和 fun2 作为 wrapper 函数实参，通过输出字符串的结果，便可获知函数指针作为函数参数时的调用方式与规范。

【代码】

```
#include <stdio.h>

void fun1() { printf("function-1\n"); } //子函数 1
void fun2() { printf("function-2\n"); } //子函数 2

void wrapper(void (*fun)())
{ //将函数指针 fun 作为 wrapper 函数的形参
    fun();
}

int main()
{
    wrapper(fun1); //调用子函数 1 作为 wrapper 的实参
    wrapper(fun2); //调用子函数 2 作为 wrapper 的实参
    return 0;
}
```

【运行结果】

```
function-1
function-2
```

【例 9-26】分析库函数中将函数指针作为函数参数的情况。

【任务分析】首先定义两个分别比较整型数据与字符数据的函数 cmp_int 和 cmp_char，接着在主函数中通过调用 qsort 库函数，并将上述两个子函数作为此库函数的实参，从而可以对整型数组 arri 和字符数组 arrc 进行有效的排序。

【代码】

```
#include <stdio.h>
#include <stdlib.h>

int cmp_int(const void* a, const void* b)
{
    return (*(int*)a - *(int*)b);
}

int cmp_chr(const void* a, const void* b)
{
    return (*(char*)a - *(char*)b);
```

```
    }

    int main()
    {
        int  arri[] = { 10, 5, 15, 12, 90, 80 };
        char arrc[] = "adjibklidhskdf";
        int i, n;

        n = sizeof(arri) / sizeof(arri[0]);
        qsort(arri, n, sizeof(int), cmp_int);
        for (i = 0; i < n; i++) printf("%d ", arri[i]);
        printf("\n");

        n = sizeof(arrc) - 1;
        qsort(arrc, n, sizeof(char), cmp_chr);
        for (i = 0; i < n; i++) printf("%c ", arrc[i]);
        printf("\n");

        return 0;
    }
```

【运行结果】

```
5 10 12 15 80 90
a b d d d f h i i j k k l s
```

【指点迷津】qsort 函数的声明为如下形式：

```
void qsort(void *ptr,int count,int size,
int (*comp)(const void*, const void*) );
```

qsort 的作用是以非降序的方式来排列内容。其中，ptr 指向待排序的数组或指针并同时用于返回排序后的结果；count 表示数组的元素数目；size 表示数组中每个元素的字节大小；comp 为函数指针，并且只能接收两个 void 类型的指针。

参考 cmp_int 和 cmp_char 的定义，若第一个数值小于第二个数值，则返回负数；反之则返回正数；若两者相等，则返回零。qsort 函数便基于从 comp 函数返回的值作为指示值，决定是否交换数组元素中的数据。如此，打印输出后可以得到针对整型数组和字符数组的非降序的排序结果。如果希望得到非升序的排序结果，可以将"(*(int*)a-*(int*)b)"改成"(*(int*)b-*(int*)a)"。

9.4.2 指针函数——返回指针的函数

指针函数——
返回指针的函数

指针函数就是能够返回指针的函数，注意其与函数指针之间的区别。函数指针是一类特殊的指针，而指针函数是一类特殊的函数。

定义指针函数的一般形式：

返回类型 * 函数名 (形参列表) {函数体}

【例 9-27】比较两个整数的数值大小，并返回较大整数的值。

【任务分析】定义返回类型为整型指针的函数 findLarger，同时在主函数中输入两个整型数值保存于整型变量中，再通过调用 findLarger 函数返回较大整型变量的指针，最后打印输出较大整数的值。

【代码】

```c
#include <stdio.h>
#include <stdlib.h>

int* findLarger(int*, int*);     //声明 findLarger 指针函数

void main()
{
    int numa = 0, numb = 0;
    int* result = NULL;
    printf("输入第一个数字: ");
    scanf("%d", &numa);
    printf("输入第二个数字: ");
    scanf("%d", &numb);
    result = findLarger(&numa, &numb);
    printf("数字 %d 较大!\n", *result);
}

int* findLarger(int* n1, int* n2)
{ //定义 findLarger 指针函数
    if (*n1 > * n2)
        return n1;
    else
        return n2;
}
```

【运行结果】

输入第一个数字: 45
输入第二个数字: 56
数字 56 较大!

【指点迷津】指针函数的基本形式，即指针函数的返回值类型为指针类型。针对本例代码，其中 findLarger 的返回值类型是整型指针 int*，其实也就是返回某一整型值的地址。最终在主函数中赋值给 result 整型指针变量。

【例 9-28】通过指针函数获取 10 个随机整数，并在主函数中打印这些数据。

【任务分析】首先需要定义指针函数 getRandom，其中包含一个静态数组。鉴于静态变量的作用域为当前变量单元（即单个*.c 文件），所以在主函数中可经整型指针 p 获取返回地址后通过循环语句进行打印。

【代码】

```c
#include <stdio.h>
#include <time.h>
#include <stdlib.h>

int* getRandom()
{
    static int r[5];
    int i = 0;
    srand((unsigned)time(NULL));
    for (i = 0; i < 5; ++i)
        r[i] = rand();
    return r;
```

```
}

int main()
{
    int* p = NULL;
    int i = 0;;
    p = getRandom();
    for (i = 0; i < 5; i++)
        printf("*(p + [%d]) : %d\n", i, *(p + i));
    return 0;
}
```

【运行结果】

```
*(p + [0]) : 14727
*(p + [1]) : 24910
*(p + [2]) : 29483
*(p + [3]) : 17773
*(p + [4]) : 3272
```

【指点迷津】本例代码中 getRandom 是一个指针函数，通过随机数发生器获得 10 个随机数，并保存到静态变量整型数组 r 中。由于其为静态数组，所以其生存周期将贯穿于整个执行过程。当 getRandom 函数返回这个整型数组 r 的首地址之后，此数组仍旧存储于静态存储区，而不会像其内部的临时变量 i 一样被直接释放掉。在主函数中，整型指针 p 所指向地址的信息仍旧是存在的，所以可以通过循环语句进行打印，而不会变成悬摆指针。

已知指针函数与函数指针、指针数组与数组指针之间的关系，此时需要定义一个可接收一个整型数组或指针的且能返回 4 个整型指针的函数指针。应该如何构建此函数指针呢？

以下是构建满足上述要求的函数指针 function 的过程。

首先，构建一个可以接收 int*形参的一般函数：

```
function(int*)
```

接着，添加一个可以指示 function 指针的标志：

```
(*function(int*))
```

然后，添加一个可以指示返回 4 个元素的标志：

```
(*function(int*))[4]
```

最后，添加一个可以指示返回整型指针的标志：

```
int*(*function(int*))[4];
```

9.5 多级指针

9.5.1 多级指针基础

1. 多级指针含义

二级指针是指向指针的指针。一级指针，即普通指针，其用于指向一般变量的地址。当定义二级指针时，此指针将指向另一个指针的地址，而这个指针再指向具体的一般变量或者函数的地址。这也就是为什么它们被称为二级指针。

多级指针

定义二级指针的一般语法规则为：

类型标识符 ** 变量名;

例如，"int **ptr;"，其中，ptr 为整型的二级指针，其包含两个含义：ptr 本身为指针；ptr 能指向指针。

【例 9-29】通过间接方式改变整型变量的值，并打印修改结果。

【任务分析】通过直接修改，还有一级间接、二级间接的方式修改普通变量的数值。

【代码】

```c
#include <stdio.h>
int main()
{
    int var = 1024;
    printf("var:%d, var-addr:%p\n", var, &var);
    int* ptr1 = &var;
    printf("*ptr1:%d, ptr1:%p, ptr1-addr:%p\n", *ptr1, ptr1, &ptr1);
    int** ptr2 = &ptr1;
    printf("**ptr2:%d, ptr2:%p, ptr2-addr:%p\n", **ptr2, ptr2, &ptr2);
    return 0;
}
```

【运行结果】

```
var:1024, var-addr:000000000062FE1C
*ptr1:1024, ptr1:000000000062FE1C, ptr1-addr:000000000062FE10
**ptr2:1024, ptr2:000000000062FE10, ptr2-addr:000000000062FE08
```

【指点迷津】本例代码中，ptr1 为整型的一级指针，ptr2 为整型的二级指针。从运行结果中可知，可以通过直接方式（var）、间接方式（*ptr1）及二级间接方式（**ptr2）来获得 var 整型变量的数值。从输出地址信息可以发现它们之间存在指向与被指向的关系，图 9-8 展示了上述示例中各变量之间的指向关系。

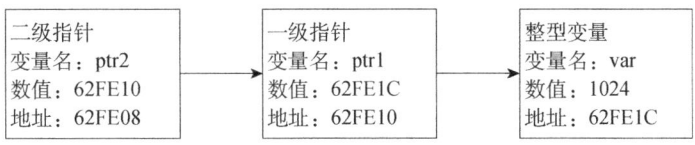

图 9-8　各变量之间的指向关系

图 9-8 中，二级指针 ptr2 存储了一级指针 ptr1 的地址，而一级指针 ptr1 存储了整型变量 var 的地址。请注意框图中的数值表示在具体地址上所存储的内容。

【例 9-30】通过一级指针、二级指针，甚至是多级指针，说明它们之间的指向关系。

【任务分析】首先定义普通整型变量、一级至四级的指针变量。通过输出结果说明多级指针的本质。

【代码】

```c
#include <stdio.h>
int main() {
    int i = 10;
    int* p = &i;
    int** q = &p;
    int*** m = &q;
    printf("&p=%p p=%d\n",
```

```
                    p, *p);
    printf("q=%p *q=%p **q=%d\n",
           q, *q, **q);
    printf("m=%p *m=%p **m=%p ***m=%d\n",
           m, *m, **m, ***m);
    return 0;
}
```

【运行结果】

```
&p=000000000062FE14 p=10
q=000000000062FE08 *q=000000000062FE14 **q=10
m=000000000062FE00 *m=000000000062FE08 **m=000000000062FE14 ***m=10
```

【指点迷津】在本例代码中，通过连续构建更高级别的指针来存储更低级别的指针或者变量地址，即：

普通变量的地址需要用一级指针来保存

一级指针的地址需要用二级指针来保存

二级指针的地址需要用三级指针来保存

但是读者也许会感到疑惑，一级指针本身就可以保存地址信息，那为什么指针的地址却不能都用一级指针来保存，而非要使用多级指针呢？

在具体编程实践中，若将一个二级指针的地址赋给一个一级指针变量，编译器是不会报错的，但会提出一个警告，即二级指针的地址应该赋给一个三级指针。注意这仅仅是一个编译器警告，而不是一个语法错误。在本质上，多级指针的编写方式仅仅是 C 语言的一种书写规范。事实上任何指针变量都可以保存任何地址（一级指针可以保存四级指针的地址，四级指针也可以保存一级指针的地址）。但如此书写，程序的阅读性将会不理想。

此处需要着重强调的情况是：无论多少级指针，不管指针变量名前面有多少个指针符号*，赋值的地址永远都只会保存在变量名称中。例如：

```
int ***p3=&p2;
```

其中，p2 一般为二级指针，且能输出 p2 地址信息的只会是 p3，而不是**p3。

2. 多级指针与字符数组

【例 9-31】用字符指针实现字符串的比较与交换。

【任务分析】涉及多重指针、多级指针与数组；采用插入排序的方式重新组织二维字符数组或者一维字符串数组中的排列顺序。

【代码】

```
#include <stdio.h>
#include <string.h>

void sort(char* name[], int n)
{
    char* temp = NULL;
    int i = 0, j = 0, k = 0;
    for (i = 0; i < n - 1; i++)
    {
        k = i;
        for (j = i + 1; j < n; j++)
            if (strcmp(name[k], name[j]) > 0) k = j;
        if (k != i)
```

```
        {
            temp = name[i];
            name[i] = name[k];
            name[k] = temp;
        }
    }
}

void print(char* name[], int n)
{
    int i = 0;
    for (i = 0; i < n; i++)
        printf("%s\n", name[i]);
}

int main(void)
{
    char* name[] = { "Follow me",
                     "Basic",
                     "Great Wall",
                     "FORTRAN",
                     "Computer Design" };
    int n = 5;
    sort(name, n);
    print(name, n);
    return 0;
}
```

【运行结果】

```
Basic
Computer Design
FORTRAN
Follow me
Great Wall
```

【指点迷津】

（1）二维字符数组与一维字符指针数组。举例来说，char arrchr[3][10]={"abc","def","kkk"}定义了一个二维的字符数组。其中行数为 3，表示具有 3 个字符串；而 char *ptrchr [2] = {"bei","sha"}定义了一个具有两个元素的指针数组，其中第一个指针 ptrchr[0]指向 char 字符串常量"bei"，第二个指针 ptrchr[1]指向字符串常量"sha"。

（2）两个子函数的等价形式：void sort(char **name, int n)与 void print(char **name, int n)。此时 name 便是一个针对字符元素的二级指针。

9.5.2　主函数的形参

主函数的形参

1. 主函数的形式

在前述各章节中，主函数一般包括以下形式：

```
void main(){ ... }
int  main(){ ... return 0;}
int  main(void){ ... return 0;}
```

上述主函数的参数列表都是空的。因为在大多数情况下无须向主函数传递任何参数。

在某些代码实践中，需要向主函数传递某些参数，此时一般会采用如下形式：

```
int main(int argc, char *argv[]){ ... return 0;}
int main(int argc, char **argv) { ... return 0;}
```

上述两种带参数列表的主函数是相互等价的。其中，参数 argc 和 argv 用于运行时，将命令行参数传入主程序。arg 是指 arguments，即参数。执行命令行操作，需要打开 cmd 应用，并找到代码编译完成后可执行文件的位置或者在 VS 当中设置初始给定参数。

2. 形参含义

（1）argc。argc 的英文名为 arguments count（参数计数），表示运行程序时传送给 main 函数的命令行参数总个数，此计数包括可执行程序名本身。当 argc 为 1 时表示只有一个程序名称，此时存储在 argv[0]中。当存在 n 个其他参数时，参数以字符串形式存储于 argv[1]至 argv[n]。

（2）argv。argv 的英文名为 arguments value/vector（参数值/参数向量）。其可视为一个一维的字符串数组且元素个数为 argc，且每个元素（字符串）指向一个参数。在命令行输入时以空格分隔参数。数组下标从 0 开始，argv[0]包含程序名称的完整路径，argv[1]包含第一个参数，argv[2]包含第二个参数，以此类推，最后 argv[argc]必为 NULL。

【例 9-32】打印命令行参数个数 argc，并查看 argv 二维数组存储的具体字符串。

【任务分析】采用的主函数包含完整的参数列表。在获知参数个数后，通过循环语句打印程序名称及相关输入参数。

【代码】

```
#include <stdio.h>
#include <stdlib.h>

int main(int argc, char *argv[])
{
    int i;
    printf("参数个数=%d\n",argc);
    for(i=0; i<argc; i++)
    {
        printf("参数序号=%d ",i);
        printf("参数值=%s\n",argv[i]);
    }
    system("PAUSE");
    return 0;
}
```

【执行方式与运行结果】假设编译构建之后获得 arg.exe，并打开 cmd 定位到 arg.exe 所在目录{...}。

在命令行中，输入 arg，返回结果：

```
参数个数=1
参数序号=0 参数值={...}/arg exe
```

在命令行中，输入 arg A B C D E，返回结果：

```
参数个数=6
参数序号=0 参数值={...}/arg.exe
参数序号=1 参数值=A
参数序号=2 参数值=B
参数序号=3 参数值=C
```

参数序号=4　参数值=D
参数序号=5　参数值=E

【指点迷津】C 程序代码必须以 main()函数作为执行入口，而且它不能被其他函数调用，因此不能在程序内部向主函数传递实参。在本例代码中，在文本命令行 cmd 中分别运行了无参数的和带参数的命令。包括可执行文件名在内，其余参数都会通过 argv 这个字符串数组或二维字符数组传递进主函数中。在编程实践中，不仅可以打印主函数的相关参数信息，还可以通过判断各参数数值，将其作为选项或其他重要信息进行处理。

9.6　内存动态管理

1. 内存动态分配基础

内存动态管理

数组元素占用内存中连续的存储空间，当定义一个数组时，其所需要的内存空间在编译时就被分配，但是也可以用动态内存分配方式在运行时为它分配内存。从程序内存布局相关内容获知，代码中不同部分将会被映射到不同的区域进行合理管理。变量一般可以存储于堆（Heap）或栈（Stack）。在栈上定义的变量一般会有作用域的限制，如果超过作用域或者使用范围则将自动释放，但是在堆上动态分配的空间，需要开发者合理地释放和再申请。

依据 C 语言标准，系统中提供了用于内存动态分配和释放的库函数。

（1）malloc。C 语言库函数提供了两个函数：malloc 和 free，分别用于执行动态内存分配和释放。当程序员需要一些内存时，调用 malloc 函数，malloc 从内存中提取一块大小合适的内存空间，并返回一个指向这块内存的指针（或首地址）。当申请的内存不再使用时，程序调用 free 函数将它归还内存池。

malloc 函数原型如下：

```
void* malloc(unsigned int num_bytes);
```

此内存申请函数可以保证返回的内存地址是对齐的。malloc 函数的参数仅包含需要分配的字节数 num_bytes。如果内存池中的可用空闲内存可以满足这个需求，malloc 函数就返回一个指向被分配的内存块起始位置的指针。如果内存池不能满足需求，则返回一个 NULL 指针，所以对每个从 malloc 函数返回的指针进行检查是非常有必要的。

虽然 malloc 函数仅能返回一个 void*类型的指针，但是 C 语言标准规定一个 void*类型的指针可以通过强制类型转换为其他相关类型的指针，并且返回的内存空间并没有以任何方式进行初始化。若需对这块内存空间进行初始化，要么使用 calloc 函数，要么使用循环语句。此外，最常用的方法是使用 malloc 和 strcpy 函数分配内存并将字面量复制到字符串中：

```
char *header=(char*)malloc(strlen("Media Player")+1);
strcpy(header,"Media Player");
```

（2）calloc。calloc 函数原型如下：

```
void* calloc(size_t num_elements, size_t element_size);
```

其中，num_elements 表示元素的个数，element_size 表示每个元素所占的字节数。

calloc 函数也是用于分配内存的函数，但 malloc 函数和 calloc 函数之间存在区别。calloc 函数在返回指针之前将相关内存空间初始化为 0，malloc 函数不能自动进行初始化。另一个区别是它们请求内存及数量的方式不同。calloc 函数的参数包括所需元素的数量和每个元素的字节数。根据这些值能计算出总共所需分配的内存空间大小。

（3）realloc。realloc 函数原型如下：

```
void* realloc(void* ptr,size_t new_size);
```

realloc 函数用于修改一个原先已经分配的内存空间（由 ptr 指针变量指示）。使用此函数，可以对已分配的内存空间进行动态扩大或者缩小。如果它用于扩大一块内存块，那么这块内存的原先内容依然保留，且新增内存添加到原先内存的后面，但是新增内存区域并未以任何方法进行初始化。如果它用于缩小一个内存块，该内存块尾部的部分内存被拿掉，剩余部分内存的原先内容依旧保留。

因为通过 realloc 函数的内存空间必须是连续的，如果原先的内存块无法改变大小，realloc 函数将从其他内存区域分配一块大小合适且连续的内存，并把原先那块内存的内容复制到新的块上。所以在编程实践中，调用 realloc 函数后不能再使用指向旧内存的指针，而应该改用 realloc 函数所返回的新指针。

（4）free。free 函数原型如下：

```
void free(void* ptr);
```

传递给 free 函数的实参可以是一个先前通过 malloc 或 calloc 函数获得内存空间的指针变量，也可以是 NULL。另外需要注意的是，不能对已释放内存空间的指针变量再次执行 free 函数操作，否则将产生内存错误等问题。

2. 动态分配释放内存

【例9-33】联合使用 malloc、free 函数进行内存动态分配与释放，并初始化、打印字符串。

【任务分析】首先定义字符数组 a 与字符指针 b，并且对字符指针进行内存动态分配。接着通过输入库函数分别获得字符串，并打印相关字符串数据。

【代码】

```
#include <stdio.h>
#include <stdlib.h>
int main()
{
    char a[10];
    char* b = (char*)malloc(sizeof(char) * 10);
    //动态分配 10 个字节空间
    printf("输入字符串 a:\n");
    scanf("%s", a);
    printf("%s\n", a);
    printf("输入字符串 b:\n");
    scanf("%s", b);
    printf("%s\n", b);
    free(b);
    return 0;
}
```

【运行结果】

```
输入字符串 a:
abcdef
abcdef
输入字符串 b:
xyz
xyz
```

【例 9-34】 综合使用 malloc、free、calloc 及 realloc 函数实现内存动态分配与释放。

【任务分析】 通过使用 malloc、calloc 函数申请内存空间，并用 realloc 函数增大或缩小已分配的内存空间，以及通过 free 函数释放内存空间。

【代码】

```c
#include <stdio.h>
#include <stdlib.h>
int main()
{
    int* p1 = (int*)malloc(4 * sizeof(int));
    int* p2 = (int*)malloc(sizeof(int[4]));
    int n = 0;
    if (p1)
    {
        for (n = 0; n < 4; ++n)
        {
            p1[n] = n * n;
            printf("p1[%d] == %d\n", n, p1[n]);
        }
    }
    else {
            printf("out of memory\n");
            return 0;
    }
    free(p1);
    free(p2);

    int* p3 = (int*)calloc(20, sizeof(int));
    if (p3) printf("p3_addr: 0x%p\n", p3);
    int* p4 = (int*)realloc(p3, 100 * sizeof(int));
    if (p4)
    {
        printf("p4_addr: 0x%p\n", p4);
        int* p5 = (int*)realloc(p4, 2000 * sizeof(int));
        if (p5)
        {
            printf("p5_addr: 0x%p\n", p5);
            printf("free p5 memory\n");
            free(p5);
        }
        else {
            printf("free p4 memory\n");
            free(p4);
        }
    }
    else {
            printf("free p3 memory\n");
            free(p3);
    }

    return 0;
}
```

【运行结果】

```
p1[0] == 0
p1[1] == 1
p1[2] == 4
p1[3] == 9
p3_addr: 0x0000000000156D10
p4_addr: 0x0000000000156D10
p5_addr: 0x0000000000156EB0
free p5 memory
```

【指点迷津】

（1）sizeof 操作符。在本例代码中，需要定义指向 4 个整型的连续内存空间的指针，既可通过 4*sizeof(int)，也可通过 sizeof(int[4])来获得 32 个字节的内存空间。

（2）在本例代码中，如果在原本 20 个整型空间（即 p3）上再重新连续分配 100 个整型空间，旧指针 p3 和新指针 p4 的地址是一样的。而当需要再次分配的空间从 100 个整型空间变为 2000 个整型空间时，分配函数会先分配一个大小为 2000 个连续的整型空间。此时旧指针 p4 和新指针 p5 的地址是不一样的。再将已存在的 100 个整型空间内容复制到这 2000 个整型空间中，最后释放原本的 100 个整型空间，从而完成内存的再分配和信息的转存操作。

【例 9-35】动态地构建可自由控制大小的二维数组。

【任务分析】通过定义整型变量 m 和 n，用于获得需要动态创建的二维数组。通过定义整型变量 i 和 j，用于遍历二维数组的行与列。利用二级指针及内存分配函数申请一个二维数组，并再次分析动态分配内存的特性。

【代码】

```c
#include <stdio.h>
#include <stdlib.h>

int main(void)
{
    int i, j;
    int m, n;

    printf("请输入行数\n");
    scanf_s("%d", &m);

    printf("请输入列数\n");
    scanf_s("%d", &n);

    int **arr = (int**)malloc(sizeof(int*)*m);
    for (i = 0; i < m; i++)
        arr[i] = (int*)malloc(sizeof(int)*n);

    for (i = 0; i < m; i++) {
        for (j = 0; j < n; j++) {
            printf("%p ", &arr[i][j]);
        }
        printf("\n");
    }

    for(i=0; i<m; i++)
        free(arr[i]);
```

```
        free(arr);
        return 0;
}
```

【运行结果】

请输入行数
3
请输入列数
3
000000000026D30 0000000000026D34 0000000000026D38
000000000026D50 0000000000026D54 0000000000026D58
000000000026D70 0000000000026D74 0000000000026D78

【指点迷津】

（1）动态分配二维数组的各行指针。

```
int **arr = (int**)malloc(sizeof(int*)*m);
```

其中，arr 为一个二级指针。通过 malloc 函数申请获得 m 个整型指针的空间。从运行结果的地址排布来看，m 个行指针的地址都是不连续的，存在较大的地址间距。分配的内存空间经过强制类型转换后，指针 arr[0]、arr[1]至 arr[m-1]便可指向这些不连续的地址。

（2）动态分配二维数组的各行空间。

```
arr[i] = (int*)malloc(sizeof(int)*n);
```

其中，arr[i]表示每一个行指针。通过 malloc 函数申请获得 n 个整型大小的空间。从运行结果的地址排布来看，每行中各元素之间的地址间隔都是 4，即 4 个字节。通过强制转换值之后，便可由 arr[i]指向这些连续的内存空间。

（3）动态释放二维数组的各行空间。

```
free(arr[i]);
```

由于 free 函数仅能释放连续的内存空间，所以不能直接采用 free(arr)来释放通过动态分配方式构建的二维数组 arr。但是 arr[i]指向了本行连续的地址空间，所以在本例代码中，必须采用循环语句释放每一个元素的内存空间。

9.7 综合实例

【综合实例 9-1】编写一个函数，删除字符串中的从第 k 个位置开始的 n 个字符，如果第 k 个位置之后的字符个数小于 n，则删除第 k 个位置之后的所有字符，并返回字符串的首地址。

【代码】

```
#include <stdio.h>
#include <stdlib.h>
#include <string.h>
#define N 100
void delchar_arr(char* p, int k, int n)
{
    int i = 0, num = 0;
    for (i = 0;p[i] != '\0';i++)        //循环计算字符串的长度
        num++;
    if (k - 1 + n > num) //若k个字符后的n个字符长度大于num
```

```
                p[k - 1] = '\0';
        else {
            for (i = k - 1;i < k - 1 + n, p[i] != '\0';i++)
            {
                if (p[i + n] != '\0')        //若 n 个字符后面还有字符
                    p[i] = p[i + n];
                else
                    p[i] = '\0';             //若 n 个字符后面没有字符
            }
        }
}
int main()
{
    char str[N];
    int k, n;
    printf("请输入一段长度为不超过 100 的字符串: \n");
    scanf("%s", str);               //输入字符串
    printf("请输入需要去掉从第几个开始的多少个字符: \n");
    scanf("%d %d", &k, &n);
    delchar_arr(str, k, n);         //函数调用
    printf("删除后的字符串为: \n");
    puts(str);                      //输出删除后的数组
    return 0;
}
```

【运行结果】

请输入一段长度为不超过 100 的字符串:
abcdefghijklmnopqrstuvwxyz
请输入需要去掉从第几个开始的多少个字符:
1 5
删除后的字符串为:
fghijklmnopqrstuvwxyz

【综合实例 9-2】写一个函数，从传入的 num 个字符串中找出最长的一个字符串，并通过形参指针 max 传回该字符串的地址，接着在主函数中打印最长的字符串。

【代码】

```
#include <stdio.h>
#include <string.h>

#define N 5
#define size 100

char* fun(char a[N][size], int num, char** max)
{
    //形参是字符和输入字符串的数目
    char* p = a[0]; //字符指针初始化为 a 的第 0 行首地址
    int i = 0;
    for (i = 1;i < num;i++) { //比较并找出最长的字符串
        if (strlen(a[i]) > strlen(p))
            p = a[i];
        *max = p; //max 指向的地址存储 p 的值
    }
    return p;
```

```
}

int main()
{
    char s[N][size] = { "China", "Hongkong",
                        "Macau", "Wuhan", "Chongqing" };
    char* ps;
    ps = fun(s, N, &ps);
printf("最长的字符串: %s\n", ps);
return 0;
}
```

【运行结果】

最长的字符串: Chongqing

【综合实例 9-3】通过动态内存分配方式构建数据，并获取用户输入的一系列数据，接着找出其中最大值并打印输出。

【代码】

```
#include <stdio.h>
#include <stdlib.h>
int main()
{
    int num;
    float *data;
    printf("Enter the total number of elements: ");
    scanf("%d", &num);
    // 分配能够容纳 num 个单精度数据的内存空间
    data = (float *)calloc(num, sizeof(float));
    if (data == NULL)
    {
        printf("Error!!! memory not allocated.");
        exit(0);
    }
    // 通过用户输入获取数据
    for(int i = 0; i < num; ++i)
    {
        printf("Enter Number %d: ",i+1);
        scanf("%f", data + i);
    }
    // 寻找最大值
    for (int i = 1; i < num; ++i)
    {
        if (*data < *(data + i))
            *data = *(data + i);
    }
    printf("Largest number = %.2f",*data);
    return 0;
}
```

【运行结果】

```
Enter the total number of elements: 5
Enter Number 1: 3.4
Enter Number 2: 233.34
```

```
Enter Number 3: -45
Enter Number 4: 6.7
Enter Number 5: 233.01
Largest number = 233.34
```

9.8 本章小结及常见错误

本章主要介绍了指针变量及其与数组、字符串、函数等之间的互操作关系。由于与程序运行相关的数据、函数都需要加载到内存中才能执行，所以可以通过指针变量对内存中的所有数据与代码进行灵活的操作。鉴于指针是 C 语言的精华，也是 C 语言中的难点。本节对指针的相关知识进行简单的归纳总结，希望读者熟练掌握指针的用法。

1. 变量地址

C 语言中的所有数据都是有类型的数据，或带类型的数据。数据类型指明数据所占字节数。如果有一个变量专门用于存放另一个变量的地址信息，则称它为指针变量。定义指针变量时，必须包含数据基类标志，如此才能正确地从目标地址提取相应的字节数。指针变量可存放基本类型变量的地址，也可以存放数组、函数及其他指针变量的地址。在编写代码的过程中，可以将变量名视作数据本身，而函数名、字符串名和数组名则表示代码块或数据块的首地址。编译和链接后，名字符号都会消失，取而代之的是它们对应的地址。

2. 指针内涵

指针变量是一种用于存储地址的特殊变量。指针变量可以表示指向关系，一种类型的指针变量仅可指向与其基类型一致的对象。指针变量与指针虽可混用，但指针一般仅能单纯表示地址，而指针变量可用于存放地址。指针变量包含 4 个方面的内容：指针变量的类型、指针变量所指向对象的类型、指针变量所指向的内存区、指针变量本身所占据的内存区。其中，从指针的值所指示的内存起始地址开始，长度为"sizeof(指针所指向的类型)"的一片内存区便是此指针变量所指向的内存区。

3. 类型分析

变量类型及分析如表 9-2 所示。

表 9-2　变量类型及分析

变量定义	类型	类型解析
int p;	int	整型变量
int p[n];	int[]	整型数组
int *p;	int*	整型指针（一级指针）
int *p[n]	int*[]	整型的指针数组（多个指针构成的数组）
int **p	int**	二级整型指针
int (*p)[n]	int (*)[n]	整型的数组指针（指向 n 个元素的指针）
int p(int)	int (int)	能接收（值传递方式）并返回整型数据的函数
int (*p)(int)	int (*)(int)	能指向具有接收并返回整型数据功能的函数的函数指针
int *p()	int* ()	指针函数（返回指针的函数）

4. 指针运算

与指针相关的运算符包括取地址运算符&和解引用运算符*。针对某一变量 a，&a 的运算结果是一个地址，且不存在&&a 之类的表达式。&运算符也可用于声明某变量的别名。针对指针变量 p，*p 的运算结果是 p 所指向的对象本身。对象的类型应与指针变量的基类型保持一致。指向数组的指针可以通过自增、自减或增减一个数值方式在当前数组内进行滑动。指针地址增减量的单位是 sizeof（所指向的类型）个字节。一般来说，两个指针不能进行加法运算，这是非法操作；可以进行减法操作，但必须类型相同，一般仅用于数组操作。

5. 类型转换

初始化指针或为指针赋值时，需要两边的类型保持一致，所指向的类型也应一致。如果不一致的话，需要进行强制类型转换。强制类型转换通常发生于通用指针，若将一个通用指针赋值给一个整型指针，就需要添加强制转换语句"(int*)"。通用指针在强制类型转换后是一个新指针，该新指针的类型是 int*，它指向的类型是 int，它指向的地址与原指针指向的地址相同。另外，若一个函数使用了指针作为形参，那么在调用函数时实参和形参的赋值过程中，也必须保证类型一致，否则需要进行强制类型转换。

6. 术语解释

指针等术语含义如表 9-3 所示。

表 9-3　指针等术语含义

术语名称	术语含义
指针	与地址等价，表示指向关系
指针变量	存储地址的变量，一般为有效地址
指向	表示指针变量与其存储地址所对应变量之间的对应关系
行指针	多用于二维数组，可指一个一维数组的所有元素
数组指针	一般指行指针，多用于指向具有多元素或多维度的数组
指针数组	包含两个或多个指针变量的数组，可通过下标索引各个指针变量
函数指针	可用于指向相同类型函数的指针变量
指针函数	可返回指针的函数

7. 常见错误

（1）使用未初始化的指针，即产生野指针问题。

（2）引用无效地址，即产生悬摆指针问题。

（3）向空指针中写入数据或进行解引用操作。

（4）没有释放内存、释放位置不对或多次释放内存，都可能造成内存泄露。

（5）对分配的内存进行操作时越界或访问用于动态分配之外的内存空间。

（6）未检查所请求的内存是否成功分配。

（7）访问已经被 free 函数释放了的内存。

习题

一、选择题

1. 以下程序的运行结果是（　　　）。

```
void sub(int x, int y, int* z)
{
    *z = y - x;
}

int main()
{
```

```
    int a, b, c;
    sub(10, 5, &a);
    sub(7, a, &b);
    sub(a, b, &c);
    printf("%4d, %4d, %4d\n", a, b, c);
    return 0;
}
```

  A. 5,2,3   B. -5,-12,-7

  C. -5,-12,-17   D. 5,-2,-7

2. 已有定义 "int k=2;" 与 "int*ptr1,*ptr2;" 且 ptr1 和 ptr2 均已指向变量 k，下面不能正确执行的赋值语句是（　　）。

  A. k=*ptr1+*ptr2;   B. ptr2=k;

  C. ptr1=ptr2;   D. k=*ptr1*(*ptr2);

3. 若有语句 "int*point,a=4;" 和 "point=&a;"，下面均代表地址的一组选项是（　　）。

  A. a, point, *&a   B. &*a, &a, *point

  C. *&point, *point, &a   D. &a, &*point, point

4. 下列判断中正确的是（　　）。

  A. "char *a="china";" 等价于 "char *a;*a="china";"

  B. "char str[10]={"china"};" 等价于 "char str[10];str[]={"china"};"

  C. "char *s="china";" 等价于 "char *s; s="china";"

  D. "char c[4]="abc",d[4]="abc";" 等价于 "char c[4]=d[4]="abc";"

5. 下面程序段中，for 循环的执行次数，即打印*符号的次数是（　　）。

```
char* s = "\ta\18bc";
for (; *s != '\0'; s++) printf("*");
```

  A. 9   B. 5

  C. 6   D. 7

6. 下面程序段的运行结果是（　　）。

```
char* p = "%d,a=%d,b=%d\n";
int a = 111, b = 10, c = 0;
c = a % b;
p += 3;
printf(p, c, a, b);
```

  A. 1,a=111,b=10   B. a=1,b=111

  C. 11,a=111,b=10   D. a=111,b=10

7. 若有以下定义和语句，则对 a 数组元素的正确引用为（　　）。

```
int a[2][3], (*p)[3]; p=a;
```

  A. (p+1)[0]   B. *(*(p+2)+1)

  C. *(p[1]+1)   D. p[1]+2

8. 设有以下程序段：

```
char str[4][10]={"first","second","third","fourth"}, *strp[4];
int n = 0;
for(n=0; n<4; n++) strp[n]=str[n];
```

若 k 为 int 型变量，且 0≤k<4，则对字符串的不正确引用是（　　）。

　　A. strp　　　　　　　　　　　B. str[k]

　　C. strp[k]　　　　　　　　　　D. *strp

9. 若有函数 max(a,b)，并且已使函数指针变量 p 指向函数 max，当调用该函数时，正确的调用方法是（　　）。

　　A. (*p)max(a,b);　　　　　　　B. *pmax(a,b);

　　C. (*p)(a,b);　　　　　　　　　D. *p(a,b);

10. 已有定义 "int(*p)();"，那么指针 p 可以（　　）。

　　A. 代表函数的返回值

　　B. 指向函数的入口地址

　　C. 表示函数的类型

　　D. 表示函数返回值的类型

11. 若有以下说明和语句：

```
char *language[]={"FORTRAN","BASIC","PASCAL","JAVA","C"};
char **q; q=language+2;
```

则语句 "printf("%p\n",*q);"（　　）。

　　A. 输出的是 language[2]元素的地址

　　B. 输出的是字符串 PASCAL

　　C. 输出的是 language[2]元素的值，它是字符串 PASCAL 的首地址

　　D. 格式说明不正确，无法得到正确的输出

12. 若要对 a 进行++自增操作，则 a 应具有下面（　　）的说明。

　　A. int a[3][2];　　　　　　　　B. char *a[]={"12","ab"};

　　C. char (*a)[3];　　　　　　　　D. int b[10],*a=b;

二、填空题（阅读代码并分析功能，选择或填写最佳答案）

1. 下述代码，输入 10 个整数，将它们从小到大排序后输出。

```
#include <stdio.h>
_____(1)_____)
void sort(_____(2)_____)
{
    int i, index, k;
    for(k=0;k<n-1;k++)
    {
        index=k;
        for(i=k+1;i<=n;i++)
        {
            if(a[i]<a[index])
                _____(3)_____;
        }
    }
}
void swap(int *x, int *y)
{
    int t;
    t=*x;*x=*y;*y=t;
}
```

```
int main()
{
    int i, a[10];
    printf("Enter 10 integers:");
    for(i=0;i<10;i++)
        scanf("%d",&a[i]);
        (4)     ;
    printf("After sorted:");
    for(i=0;i<10;i++)
        printf("%d ",a[i]);
    printf("\n");
    return 0;
}
```

（1）A. void swap(int *x, int *y)   B. ;

　　C. void swap(int *x, int *y);   D. void swap(int *x, *y)

（2）A. int &a, int n   B. int *a, int *n

　　C. int *a, int n   D. int a, int *n

（3）A. swap(*a[index], *a[i])   B. swap(a[index], *a[i])

　　C. swap(index, i)   D. swap(&a[index], &a[i])

（4）A. sort(a)   B. sort(a[10])

　　C. sort(a[], 10)   D. sort(a, 10)

2. 执行以下程序后，a 的值为＿＿＿(1)＿＿＿，b 的值为＿＿＿(2)＿＿＿。

```
int main()
{
    int a, b, k=4, m=6, *p1=&k, *p2=&m;
    a=p1==&m;
    b=(-*p2)/(*p1)+7;
    printf("a=%d\n", a);
    printf("b=%d\n", b);
    return 0;
}
```

（1）A. -1   B. 1   C. 0   D. 4

（2）A. 5   B. 6   C. 7   D. 10

3. 下面程序的功能是从输入的 10 个字符串中找出最长的那个字符串。

```
#include <stdio.h>
#include <string.h>
#define N 10
int main()
{
    char str[N][81], **sp;
    int i;
    for(i=0; i<N; i++) gets(str[i]);
    sp=    (1)    ;
    for(i=1; i<N; i++)
        if(strlen(sp)<strlen(str[i]))
            sp=    (2)    ;
```

```
        printf("sp=%d,%s\n", strlen(sp), sp);
        return 0;
}
```

（1）A. str[i]　　　　B. &str[i][0]　　　　C. str　　　　　　D. str[N]

（2）A. str[i]　　　　B. &str[i][0]　　　　C. str　　　　　　D. str[N]

4. 下面程序的功能是用递归法将一个整数存放到一个字符数组中。存放时按逆序存放，如 483 存放成 384。

```
#include <stdio.h>
void convert(char *a, int n)
{
    int i;
    if((i=n/10) != 0)
        convert(_____(1)_____, i);
    *a=_____(2)_____;
}
int main()
{
    int number;
    char str[10]=" ";
    scanf("%d", &number);
    convert(str, number);
    puts(str);
    return 0;
}
```

（1）A. a++　　　　　B. a+1　　　　　　C. a--　　　　　　D. a-1

（2）A. n/10　　　　　B. n%10　　　　　 C. n/10+'0'　　　 D. n%10+'0'

5. 下面程序的功能是按字典顺序比较两个字符串 s、t 的大小；如果 s 大于 t，则返回正值；等于，则返回 0；小于，则返回负值。

```
#include <stdio.h>
int funs(char *s, char *t)
{
    for(; *s==*t; _____(1)_____)
        if (*s=='\0') return 0;
    return (*s-*t);
}
int main()
{
    char a[20], b[10], *p, *q;
    int i;
    p=&a;
    q=&b;
    scanf("%s %s", a, b);
    i=funs(_____(2)_____);
    printf("%d\n", i);
    return 0;
}
```

（1）A. s++　　　　　B. t++　　　　　　C. s++;t++　　　　D. t++,s++

（2）A. p,q　　　　　 B. q,b　　　　　　C. a,p　　　　　　D. b,p

6. 以下程序能找出数组中的最大值和该值的元素下标，数组元素值从键盘输入。

```
int main()
{
    int x[10], *p1, *p2, k;
    for(k=0; k<10; k++) scanf("%d", x+k);
    for(p1=x, p2=x; p1-x<10; p1++)
        if(*p1 > *p2) p2= _____(1)_____;
    printf("MAX=%d, INDEX=%d\n", *p2, _____(2)_____);
    return 0;
}
```

（1）A. p1   B. p2[p1]   C. x[p2]   D. x-p1

（2）A. p1-x   B. p1   C. p2-x   D. x-p2

7. 以下 count 函数的功能是统计 substr 在母串 str 中出现的次数。

```
int count(char *str, char *substr)
{
    int i, j, k, num=0;
    for(i=0; _____(1)_____; i++)
    {
        for(_____(2)_____, k=0; substr[k]==str[j]; k++, j++)
            if(substr[_____(3)_____]=='\0')
            {
                num++;
                break;
            }
    }
    return num;
}
```

（1）A. str[i]==substr[i]   B. str[i]!='\0'

     C. str[i]=='\0'   D. str[i]>substr[i]

（2）A. j=i+1   B. j=I   C. j=i+10   D. j=1

（3）A. k   B. k++   C. k+1   D. ++k

8. 以下 Conj 函数的功能是将两个字符串 s 和 t 连接起来。

```
char *Conj(char *s, char *t)
{
    char *p=s;
    while(*s) _____(1)_____;
    while(*t)
    {
        *s= _____(2)_____;
        s++;
        t++;
    }
    *s='\0';
    _____(3)_____;
}
```

（1）A. s--   B. s++   C. s   D. *s

（2）A. *t   B. t   C. t--   D. *t++

（3）A. return s   B. return t   C. return p   D. return p-t

9. 下面程序的运行结果是（　　）。

```
#include <stdio.h>
int main()
{
    int a=28, b;
    char s[10], *p;
    p=s;
    do{
        b=a%16;
        if(b<10) *p=b+48;
        else *p=b+55;
        p++;
        a=a/5;
    }while(a>0);
    *p='\0';
    puts(s);
    return 0;
}
```

10. 下面程序的运行结果是（　　）。

```
#include <stdio.h>
#include <string.h>
void func(char *w, int n)
{
    char t, *s1, *s2;
    s1 = w;
    s2 = w + n - 1;
    while (s1 < s2)
    {
        t = *s1++;
        *s1 = *s2--;
        *s2 = t;
    }
}
int main()
{
    char p[]="1234567";
    func(p, strlen(p));
    puts(p);
    return 0;
}
```

11. 下面程序的运行结果是（　　）。

```
int main()
{
    int x[5]={1,2,4,6,8}, *p, **pp;
    p=x;
    pp=&p;
    printf("%d", *(p++));
    printf("%3d\n", **pp);
    return 0;
}
```

12. 下面程序的运行结果是（　　　）。

```c
#include <stdio.h>
#include <stdlib.h>
void func(int **a, int p[2][3])
{
    **a=p[1][1];
}
int main()
{
    int x[2][3]={2,4,6,8,10,12}, *p;
    p=(int *)malloc(sizeof(int));
    func(&p, x);
    printf("%d\n", *p);
    return 0;
}
```

三、编程题

1. 编写一个交换两个数的函数 swap()，函数的形式参数使用指针变量。

2. 编写一个函数，用指针数组输入 10 个整型数字，按从小到大排序并输出。

3. 输入一行英文字符，找出其中大写字母、小写字母、空格、数字及其他字符的个数。

4. 编写一个函数，将一个 4×4 的整型矩阵转置。

5. 输入 3 个整数，按由小到大的顺序输出。

6. 编写一个程序，统计从键盘输入的命令行中第二个参数所包含的英文字符个数。

7. 输入 3 个字符串，按由小到大的顺序输出。

8. 输入 10 个整数，将其中最小的数与第一个数对换，把最大的数与最后一个数对换。

9. 编写一个函数，求一个字符串的长度。在 main() 函数中输入字符串，并输出其长度。

10. 有一个字符串，包含 n 个字符。写一个函数，将此字符串中从第 m 个字符开始的全部字符复制到另一个字符串。

11. 用字符指针定义函数 strmcpy(char *s, char *t, m)，将字符串 t 中从第 m 个字符开始的全部字符复制到字符串 s 中去。

12. 定义一个函数 search(int *list,int n,int x)，在数组 list 中查找元素 x，若找到则返回相应下标，否则返回-1。在 main() 函数中调用 search。

```c
#include <stdio.h>
int main()
{
    int i,x,a[10],res;
    for(i=0;i<10;i++) scanf("%d",&a);
    scanf("%d",&x);
    res=search(a,10,x);
    printf("%d",res);
    return 0;
}
```

13. 在下述代码中，findmax 函数将计算数组中的最大元素及其下标值和地址值。请编写 int*find(int *s, int t, int *k) 函数，使代码可以正常运行。

```c
#include <stdio.h>
void main()
{
```

```
    int a[10]={12,23,34,45,56,67,78,89,21,32}, k, *add;
    add = findmax(a, 10, &k);
    printf("%d,%d,%o\n", a[k], k, add);
}
```

14. 输入一个字符串，内有数字和非数字字符，例如：

A123x456t17956?x35tabdf246

将其中连续的数字作为一个整数，依次存放到数组 a 中。例如，123 放在 a[0]，456 放在 a[1]，…，统计共有多少个整数，并输出这些数。

第 10 章　结构体

【例 10-1】输入/输出一位学生信息，要求学生信息包含以下内容：学号、姓名、性别、年龄和成绩信息。

【任务分析】一个学生包含多项信息，且各项信息的数据类型不同，相当于需要表达集合中包含不同类型数据的情况。我们前面学过的数组适用于相同类型数据同属于一个集合的表达，因此，就目前我们掌握的知识而言，最直接的方法是定义 5 个对应类型变量，分别用于代表学生的相应 5 项信息，然后输入这 5 个变量值，最后输出。

【代码 1】

```c
#include <stdio.h>
#include <string.h>
int main()
{
    int num;
    char name[20];
    char sex;
    int age;
    float score;

    printf("请输入学生信息: \n");
    scanf("%d",&num);
    getchar();    //抵消换行字符
    gets(name);
    sex=getchar();
    scanf("%d",&age);
    scanf("%f",&score);
    printf("学生信息为: \n");
    printf("No.:%d\nname:%s\nsex:%c\nage:%d\nscore:%.1f\n",num,name,sex,age,score);
    return 0;
}
```

【运行结果】

```
请输入学生信息:
1
zhangsan
M
20
89.5
学生信息为:
No.:1
name:zhangsan
sex:M
age:20
score:89.5
```

【指点迷津】上述算法的确能实现题目所要求的功能，但是无法表达学生信息与学生之间的对应关系，特别是当学生人数增加时，代码编写容易混乱，如很难对应某个具体分数是学生"zhangsan"还是学生"lisi"的。这是由于 C 语言本身没有提供学生这一数据类型所导致的，它虽然提供了多种基本的数据类型供用户使用，但是由于实际问题的多样性和复杂性，无法提供所有实际应用中所需要的数据类型，这就需要用户根据实际应用自己构造类型。如此处，需要表达不同类型数据属于同一集合的情况，下面利用结构体构造学生数据类型对代码进行改进。

【代码 2】

```
#include <stdio.h>
#include <string.h>
struct student              /*定义一个结构体类型*/
{      int num;
       char name[20];
       char sex;
       int age;
       float score;
};


int main()
{
    struct student stu1;     /*定义结构体变量 stu1*/

    printf("请输入学生信息：\n");
    scanf("%d",&stu1.num);
    getchar();               //抵消换行字符
    gets(stu1.name);
    stu1.sex=getchar();
    scanf("%d",&stu1.age);
    scanf("%f",&stu1.score);
    printf("学生信息为：\n");
    printf("No.:%d\nname:%s\nsex:%c\nage:%d\nscore:%.1f\n",stu1.num,
stu1.name,stu1.sex,stu1.age,stu1.score);

    return 0;
}
```

10.1　结构体类型定义

结构体类型是一种构造数据类型，由若干数据项组成，组成结构体的各个数据项称为结构体成员。结构体各个成员的数据类型可以不同，它可以是基本数据类型也可以是已定义过的构造类型。

结构体类型定义语法如下所示：

```
struct  [结构体类型名]
 {
    成员列表;
};
```

【说明】

（1）struct 是关键字，不能省略，表示定义的类型是一个结构体类型；花括号外的分号不可省略。

（2）结构体类型名，遵循 C 语言标识符命名规则取名即可，可以省略。

注意："类型"与"变量"是两个不同的概念。类型用于变量定义；只能对变量赋值、存取或运算，不能对一个类型赋值、存取或运算；在编译时，系统对变量分配存储空间，而对类型是不分配空间的。

（3）花括号内的成员列表，用于声明组成该结构体的各个成员名及其类型，其声明格式为：

类型声明符　成员名;

成员名命名规则与变量名命名规则相同，也要求遵循 C 语言标识符命名规则。一个结构体类型中的各成员名之间不可相互重名，但是，不同结构体类型的成员允许重名，并且结构体的成员名还可以与程序中的变量重名。

（4）结构体类型的嵌套定义。结构体成员的类型可以是已经定义过的别的结构体类型，即结构体类型可以嵌套定义。

【例 10-2】自定义学生类型，要求学生信息包含以下内容：学号、姓名、性别、生日和成绩。

【任务分析】沿用例 10-1 中代码 2 的解题思路：只需要自定义学生结构体类型即可，成员包括学号、姓名、性别、生日和成绩。其中，学号、姓名、性别和成绩成员项，分别定义为整型、字符数组、字符型和单精度浮点型即可。但是，基本类型中没有日期类型，所以要表达学生信息中的生日，有两种选择：一是分别用年、月、日三个整型的成员项来表达；二是先定义日期类型，然后将已定义的日期类型用于定义学生结构体类型中的生日这一成员项即可。

按照以上解题思路，我们选用第二种选择，即先定义日期类型，后使用日期类型用于学生结构体类型中生日成员的定义。

自定义结构体代码：

```c
struct date
{
    int year;
    int month;
    int day;
};
struct student
{
    int num;
    char name[20];
    char sex;
    struct date birth; /*成员 birth 的类型为 struct date 类型*/
    float score;
};
```

【指点迷津】

（1）结构体类型对应变量空间占用情况说明。结构体类型定义用于描述结构的组织形式，它与 C 语言提供的基本类型相同，本身不占用空间，但是类型定义的变量要占用内存空间，类型决定了变量占用的空间大小（空间的具体占用情况与实际使用的系统有关）。

结构体类型变量占用的空间大小，不是简单的成员占用空间之和，还应遵循内存对齐规则（内存对齐相关知识请参阅相关资料）。特定系统下，要知道结构体变量占用空间大小，只需通过 sizeof 计算得到。例如，此例中，日期类型定义的变量，需占用 sizeof(struct date) 个字节的空间（设 int 型变量占用 4 个字节的空间，则日期变量占 3×4= 12 个字节）；学生类型变量占用 sizeof(truct student) 个字节的空间（见图 10-1，为 4+20+4+12+4=44 个字节。其中，sex 成员后 3 个字节被填充以遵循内存对齐规则）。

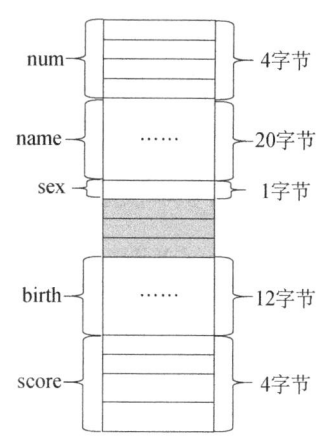

图 10-1　学生类型变量占用内存大小

（2）结构体类型的嵌套定义。struct student 成员说明如表 10-1 所示。其中，birth 成员的类型是已经自定义过的 struct date 结构体类型。也即，结构体成员的数据类型可以使用已定义过的结构体类型，即 struct date 和 struct student 之间构成了结构体类型的嵌套定义。

表 10-1　struct student 成员说明

成员名	成员类型
num	int
name	字符数组
sex	char
birth	struct date
score	float

（3）结构体成员类型的不同选择。结构体成员的类型，在实际应用中，可以根据具体的需要做特定的选择。在此例中，学生结构体类型只包含了一门课程成绩，定义为 score 成员。

现假设要求，将此例扩展到多门课程（以 3 门为例），一是可以将 score 成员定义为数组；二是直接定义三个成员分别代表各门课程。假设 struct date 已定义的前提下，相应代码片段如表 10-2 所示。

表 10-2　结构体成员类型比对

``
struct student
{
    int num;
    char name[20];
    char sex;
    struct date birth;
    float score[3];
};
``
	``
	struct student
	{
	    int num;
	    char name[20];
	    char sex;
	    struct date birth;
	    float math;
	    float cprogram;
	    float english;
	};
	``

说明：把 score 成员定义成数组	说明：用 math, cprogram, english 这 3 个成员分别代表三门课程，成员名互不相同

10.2 结构体变量的定义和使用

有了自定义的结构体类型后，在程序中就可以用其定义相应类型的结构体变量，在此基础上，变量可以参加相应的运算和操作。

10.2.1 结构体变量的定义

使用用户自定义的结构体类型定义的变量，称为结构体变量。结构体变量的定义语法，有三种形式，如表 10-3 所示。

表 10-3 结构体变量定义三种语法形式

语法形式一	语法形式二	语法形式三
先定义结构体类型，再定义结构体变量	定义结构体类型的同时定义结构体变量	直接定义结构体变量
struct 结构体名 变量名表列;	struct 结构体类型名 { 　　成员列表; }变量名表列;	struct { 　　成员列表; }变量名表列;

【说明】

（1）语法形式一：先定义结构体类型，再定义结构体变量。其中，"struct 结构体名"指定已定义过的结构体类型名；"变量名表列"可以是一个或多个变量名，多个变量名之间用逗号隔开。

（2）语法形式二：定义结构体类型的同时定义结构体变量。在结构体类型定义语法的"}"和";"之间增加变量名表列，同样，变量名表列可以是一个或多个变量名，多个变量名之间用逗号隔开。

（3）语法形式三：直接定义结构体变量。该形式省略了结构体类型名而直接指定结构体变量，且只定义一次该类型的结构体变量。省略了结构体类型名的结构体类型无法重复使用。

需要指出的是，三种结构体变量定义形式中，struct 关键字都必不可少。

结构体变量定义举例：利用三种语法形式，分别定义两个结构体变量 s1，s2，具体如表 10-4 所示。

表 10-4 结构体变量定义举例

变量定义语法形式	变量定义举例

struct 结构体名 变量名表列;	```struct student
	{ int num;
	  char name[20];
	  char sex;
	  int age;
	  float score;
	};
	struct student s1, s2;```

struct 结构体类型名
{
　　成员列表;
}变量名表列;
	``struct student
	{ int num;
	  char name[20];
	  char sex;
	  int age;
	  float score;
	}s1, s2;```

变量定义语法形式	变量定义举例
struct { 　　　成员列表; }变量名表列;	struct　　　　/*省略结构体类型名*/ {　int num; 　char name[20]; 　char sex; 　int age; 　float score; }s1, s2;

变量要占用内存空间。此例定义的变量 s1 和 s2 类型相同，占用的空间大小也一样。假设系统分配给 int 和 float 型变量的空间大小都是 4 个字节，则 s1 和 s2 所占用的空间大小为 36 个字节（即：4+20+4+4+4=36 字节，其中，为遵循内存对齐规则，sex 成员后 3 个字节需要被填充）。

【指点迷津】在实际应用中，假如要存储一个班级 30 个学生的信息，又该如何解决呢？实际上，用户自定义的结构体类型，不仅可以简单地用于定义结构体变量，与此同时，还可以用于定义结构体数组或结构体指针变量。

结构体数组的内容将在 10.3 节介绍；结构体指针变量的内容将在 10.4 节介绍。

10.2.2　结构体变量的初始化

和其他类型变量一样，在定义结构体变量的同时，可为其每个成员赋初值，称为结构体变量的初始化。与结构体变量定义的三种形式相对应，有三种形式的初始化方法。

结构体变量初始化的一般格式，如表 10-5 所示。

表 10-5　结构体变量初始化格式

变量初始化形式一	变量初始化形式二	变量初始化形式三
struct 结构体名 变量名={初值表};	struct 结构体类型名 { 　　　成员列表; }变量名={初值表};	struct { 　　　成员列表; }变量名={初值表};

初值表：是结构体变量各个成员的初值表达式，其类型应该与对应成员的类型一致；各初值表达式之间用逗号隔开。

结构体变量初始化举例：如表 10-6 所示。

表 10-6　结构体变量初始化形式及举例

变量初始化一般形式	变量初始化举例
struct 结构体名 变量名={初值表};	struct student {　int num; 　char name[20]; 　char sex; 　int age; 　float score; }; struct student s1={1,"wangwu",'M',18,92.5};

续表

变量初始化一般形式	变量初始化举例
struct 结构体类型名 { 成员列表; }变量名={初值表};	```struct student` `{ int num;` ` char name[20];` ` char sex;` ` int age;` ` float score;` `}s1={1,"wangwu",'M',18,92.5};```
struct { 成员列表; }变量名={初值表};	```struct` `{ int num;` ` char name[20];` ` char sex;` ` int age;` ` float score;` `}s1={1,"wangwu",'M',18,92.5};```

【指点迷津】

（1）结构体变量 s1 的 num 和 age 两个成员为 int 型，初始化时分别为其赋了整型值 1 和 18；s1 的 sex 成员为字符型，初始化为字符常量值'M'；s1 的 float 成员为单精度类型，初始化为实数常量 92.5；s1 的 name 成员为字符数组，初始化为字符串常量"wangwu"。

（2）同简单变量一样，若全局或静态结构体类型的变量，在定义的时候没有为其进行初始化，则系统自动为其各成员赋默认值；当自动结构体类型的变量未被初始化时，其成员值是随意的、不确定的，不可被引用。

（3）C 语言允许在定义结构体变量的同时，对其进行初始化；但是，不允许将一组常量通过赋值运算符直接赋给一个结构体变量，即：

```
struct student  s1={1,"wangwu",'M',18,92.5};
```

是正确的。

若改为：

```
struct student  s1;
s1={1,"wangwu",'M',18,92.5};
```

则是错误的。也即不允许试图通过赋值运算将一组常量直接赋给结构体变量 s1，而只能通过结构体成员的引用，逐个成员进行赋值。

10.2.3 结构体变量的引用

在定义结构体变量之后，便可以引用这个变量了，一般只对其成员进行直接操作，而不对结构体变量整体直接进行操作。

当结构体成员为基本类型变量时，成员引用的一般形式为：

结构体变量名.成员名

如果结构体变量属于一个嵌套的结构体类型，即某个成员本身又属于一个结构体类型，在引用该成员时需采用逐级引用的方法，要用若干个成员运算符，应一级一级地引用直到最低一级的成员。此时结构体成员引用的形式扩展为：

结构体变量名.成员名.子成员名.….最低一级子成员名

其中"."为结构体成员运算符，其结合性为自左至右，在所有运算符中优先级最高。

【例 10-3】输入/输出学生信息。要求学生信息包含以下内容：学号、姓名、性别、生日和成绩。

【任务分析】通过对比可以发现，此例题是例 10-1 和例 10-2 的扩展，也即，在具体实现上只需将例 10-1 输入/输出学生信息中的"年龄"项改为"生日"项，采用例 10-2 中定义结构体类型的方式实现即可。

【代码】

```
#include<stdio.h>
struct date
{    int year;
     int month;
     int day;
};
struct student
{    int num;
     char name[20];
     char sex;
     struct date birth;
     float score;
};
int main( )
{ struct student s1;
  printf("please input student information:\n");
  printf("no.  name  sex  birth  score\n");     //给出输入提示
  scanf("%d%s",&s1.num,s1.name);
  getchar();
  s1.sex =getchar();
  scanf("%d%d%d%f",&s1.birth.year,&s1.birth.month,&s1.birth.day,&s1.
score);
  printf("No.:%d\nname:%s\nsex:%c\n",s1.num,s1.name,s1.sex);
  printf("birth:%d-%d-%d\n",s1.birth.year,s1.birth.month,s1.birth.day);
  printf("score:%.1f\n",s1.score);
  return 0;
}
```

【运行结果】

```
please input student information:
no.  name  sex  birth  score
1 wangwu M 2000 10 1 92.5
No.: 1
name: wangwu
sex: M
birth: 2000-10-1
score: 92.5
```

【指点迷津】

（1）结构体成员的引用：s1 是结构体变量，代码中通过 s1.num、s1.name、s1.sex 和 s1.score，分别引用 s1 的 num、name、sex 和 score 成员。如：

```
scanf("%d%s",&s1.num, s1.name);
```

其作用是接收用户输入的整型值给 s1 变量的成员 num，接收字符串赋给 s1 的成员 name。需要指出的是，scanf 语句使用的格式控制符与成员类型之间要保持一致，s1 的 num 成员是 int 类型的，所以使用%d 格式控制符；s1 的 name 成员是字符数组类型的，所以使用%s 格式控制符。

（2）结构体成员本身又是结构体类型时，应采用逐级引用的方法：s1 的 birth 成员本身是结构体类型，就不能简单地通过 s1.birth 来访问它，必须通过逐级引用的方法。如要接收变量 s1 的出生年份，则表示为：

```
scanf("%d",&s1.birth.year);
```

同理，通过 s1.birth.month 和 s1.birth.day 这样逐级引用的方法，可以引用变量 s1 的出生月份和出生日。

（3）结构体变量的成员可以和普通变量一样进行各种运算：变量 s1 的 sex 成员是 char 类型，那么 s1.sex 可以作为一个整体来看待。凡是字符变量能参加的运算，s1.sex 都可参与，使用规则遵循字符变量的使用规则。如：

```
s1.sex=getchar();
```

其作用是将接收到的字符赋值给 s1.sex。

又如：

```
s1.birth.year++;
```

其作用是将 s1.birth.year 的值增加 1。

（4）可以将结构体变量作为一个整体赋值给另一个具有相同类型的结构体变量。结构体变量除了在定义时可以为其初始化之外，不能试图通过赋值运算符将一组常量直接赋给一个结构体变量。但是，同类型的结构体变量之间可以相互赋值。赋值方法的正确性比较如表 10-7 所示。

表 10-7　赋值方法的正确性比较

赋值方法	说明
struct student　s1={1,"wangwu",'M',18,92.5};	正确。结构体变量定义的同时进行初始化
struct student stu1={1,"wangwu",'M',18,92.5}, stu2; stu2=stu1;	正确。同类型结构体变量相互赋值
struct student　s1; s1={1,"wangwu",'M',18,92.5};	赋值语句错误。不能试图通过赋值运算将一组常量直接赋值给一个结构体变量

struct student　s1;
s1.num=1;
strcpy(s1.name, "wangwu");
s1.sex='M';
s1.age=18;
s1.score=92.5;
	正确。结构体变量定义后，对其成员逐项进行赋值

10.3　结构体数组

C 语言利用数组存储具有相同类型的一批数据，用于表达数学中的集合概念。数组中的每一个元素都是整型时，称为整型数组；数组中的每一个元素都是字符型时，这个数组就称为字符数组。数组元素当然也可以是结构体类型的变量，当限定数组中的每一个元素都是某一特定结构体类型时，就是结构体数组。在实际应用中，结构体数组常被用来表示一个群体，比如一个班的小学生、一个公司的员工等。

10.3.1　结构体数组的定义

定义结构体数组的方法和定义结构体变量方法相同，也可以有三种形式，这里只介绍一种（同结构体变量定义语法形式一）。

结构体数组定义的一般格式如下：

struct 结构体类型名 结构体数组名[长度];

语法说明：

（1）struct 结构体类型名：限定结构体数组元素的类型。

（2）结构体数组名：是一个合法的标识符。

（3）长度：可以是整型常量表达式，其值必须为正整数；表示数组元素的个数，指定数组大小。

如：

```
struct student
{   int num;
    char name[20];
    char sex;
    int age;
    float score;
};
struct student s[3];
```

定义了一个结构体数组，数组名为 s；数组长度为 3，即 s 中有 3 个数组元素，分别为 s[0], s[1], s[2]；每个数组元素本身是一个 struct student 类型的数据。

10.3.2　结构体数组的初始化

结构体数组也可以在定义的同时进行初始化，一般格式如下：

struct 结构体类型名 结构体数组名[长度]={初值列表};

语法说明：

（1）初值列表：初值类型应与数组元素的成员类型一致。

（2）长度：完全初始化时可以不指定长度，编译时系统会根据初值列表中初始数据的个数来确定数组元素的个数。

如：

```
struct student
{   int num;
    char name[20];
    char sex;
    int age;
    float score;
};
struct student s[3]={ {1,"zhangsan",'M',18,82}, {2,"lisi",'M',18,95.5},
{3,"wangwu",'M',18,92.5}};
```

定义结构体数组 s 的同时，为其 3 个数组元素依次赋值，如图 10-2 所示。

	num	name	sex	age	score
s[0]	1	zhangsan	M	18	82
s[1]	2	lisi	M	18	95.5
s[2]	3	wangwu	M	18	92.5

图 10-2　结构体数组 s 的数组元素

10.3.3　结构体数组的引用

结构体数组的引用主要是对结构体数组元素各个成员的引用，一般格式如下：

结构体数组名[下标].成员名

语法说明：

（1）下标：指定结构体数组中的元素，取值范围为 0～长度-1。

（2）成员名：指定数组元素的特定成员。

【例 10-4】根据给定的三个学生信息，求最高分。

【任务分析】一个结构体变量可以存放一个学生信息，如果是多个学生，则可以定义相应长度的结构体数组；由于学生信息是给定的，则在定义数组的同时直接对其进行初始化。

求最高分，可以先假设第一个学生的分数就是最高分，然后依次访问数组中的其余元素，若访问到某一元素的 score 成员值比 max 值大，就修改 max 的值，依次比较直到遍历所有元素为止。

【代码】

```c
#include <stdio.h>
struct student          /*结构体类型定义*/
{   int num;
    char name[20];
    char sex;
    int age;
    float score;
};

int main()
{
  struct student s[3]={{1,"zhangsan",'M',18,82},
                       {2,"lisi",'M',18,95.5},
                       {3,"wangwu",'M',18,92.5}};/*结构体数组 s 的定义及初始化*/
    float max;   /*变量 max 用于存放最高分*/
    int i;
    max=s[0].score;  /*求最高分*/
    for (i=1;i<3;i++)
    {
        if(s[i].score>max) max=s[i].score;
    }
    printf("The max score is: %f\n",max);      /*输出最高分*/
    return 0;
}
```

【运行结果】

The max score is:95.500000

【指点迷津】

（1）结构体数组也是数组。因此前面数组章节中介绍的数组相关知识在此一样适用，如定义时，需指定数组长度；可以在定义的同时进行初始化；通过数组名加下标的形式对数组元素进行引用，下标值范围为 0～长度-1；对数组元素的访问一般可以通过单重循环进行遍历等。

此程序定义了一个全局的结构体类型 struct student，共有包括 score 在内的 4 个成员。在主函数中定义结构体数组 s，其长度为 3，定义的同时对其进行了初始化。初始化值的个数与数组长度一样，也即进行了完全初始化，此时数组长度可以省略，即代码：

```
struct student  s[3]={ {1,"zhangsan",'M',18,82}, {2,"lisi",'M',18,95.5},
{3,"wangwu",'M',18,92.5}};
```

等价于：

```
struct student  s[]={ {1,"zhangsan",'M',18,82}, {2,"lisi",'M',18,95.5},
{3,"wangwu",'M',18,92.5}};
```

（2）结构体数组元素的成员引用。结构体数组是数组，但与前面介绍过的数值型数组不同之处在于：每个数组元素都是一个结构体类型的数据，包含成员项。因此在代码中往往通过下标引用数组元素外，还要通过点运算访问其成员。如代码：

```
max=s[0].score;
```

其中，s[0].score 表示第一位学生的分数，赋值给 max 变量，作为 max 的初值。s[0].score 可以看成一个整体，其使用规则遵循 float 类型变量的使用规则。

如要输入 s[0].score 的值，其输入语句如下：

```
scanf("%f",&s[0].score);
```

又如：

```
s[0].age++;
```

将 s[0].age 的值增加 1。

再如：

```
strcpy(s[0].name, "zhangsan")
```

使得结构体数组元素 s[0]的 name 成员值为"zhangsan"。

【例 10-5】编写程序，实现候选人得票统计。设有 3 位候选人（zhang, li, wang），每次输入一个得票的候选人的名字，投票 10 次，请统计候选人的得票数。

【任务分析】通过分析可以发现，代码首先需要解决候选人的表示问题。由于每位候选人，包括姓名和所得票数两个类型不同的信息，所以可以自定义 struct person 结构体类型，含 name 和 count 两个成员，分别描述候选人的姓名和所得票数。又因有多位候选人，且候选人姓名是已知的，选举开始前所有人的得票数目都为 0，因此定义 leader 结构体数组，数组长度为 3，分别代表每位候选人，定义的同时直接为其初始化，如图 10-3 所示。

	name	count
leader[0]	zhang	0
leader[1]	li	0
leader[2]	wang	0

图 10-3　结构体数组 leader 的数组元素

候选人得票统计过程，可以简化为如下步骤：

（1）输入被候选人姓名。

（2）依据输入的被选候选人姓名，在候选人数组 leader 中查找与输入的姓名相同的候选人，让其得票数加 1。

（3）重复（1）、（2），直到完成 10 次投票统计为止。

上述步骤通过一个 for 循环即可实现。其中步骤（2），查找得票候选人的过程，需要通过一个内部循环来遍历候选人数组：若提前匹配，则查找成功，对应候选人得票数加 1 后，无须继续查找，通过 break 语句提前结束内部循环；若选票投给最后一位候选人，需遍历整个候选人数组，即内部循环正常结束，需执行 3 次。例 10-5 的流程图如图 10-4 所示。

【代码】

```c
#include cstringk
#include <stdio.h>
struct person          /*结构体类型定义*/
{   char name[20];
     int count;
};
int main()
{
    int i,j;
    struct person leader[3]={{"zhang",0},{"li",0},{"wang",0}};
    char  leader_name[20];
    for(i=1;i<=10;i++)
    {   scanf("%s",leader_name);    /*输入得票的候选人名*/
        for(j=0;j<3;j++)                 /*查看是哪位候选人并计票*/
        {
            if(strcmp(leader_name,leader[j].name)==0)
            {
                leader[j].count++;
                break;
            }
        }
    }
    for(i=0;i<3;i++)
        printf("%5s:%d\n",leader[i].name,leader[i].count);
return 0;
}
```

【运行结果】

```
zhang
li
li
li
li
li
li
wang
wang
wang
zhang:1
li:6
wang:3
```

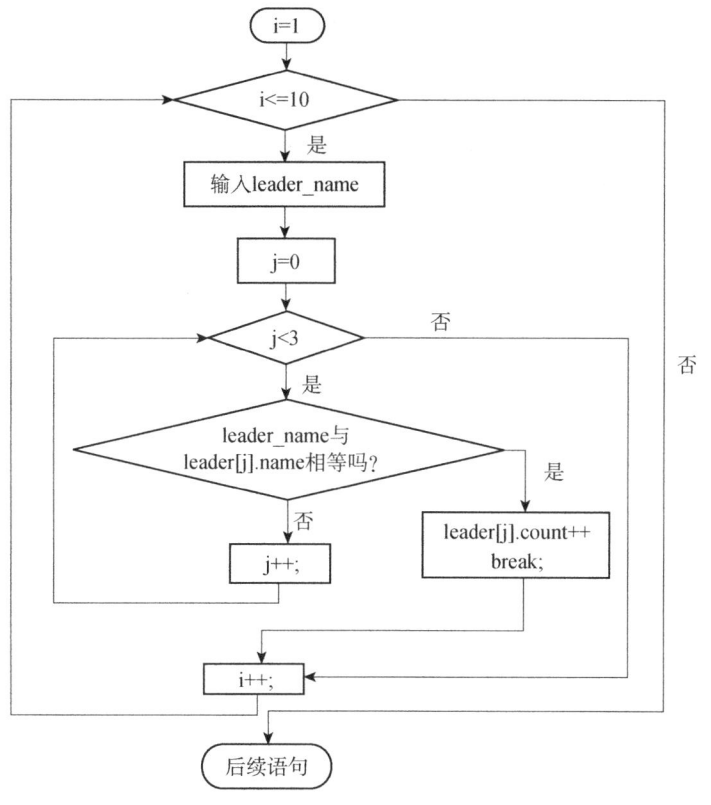

图 10-4　例 10-5 流程图

【指点迷津】

（1）结构体数组的多种初始化形式，如表 10-8 所示。

表 10-8　结构体数组的初始化形式

序号	初始化形式	正确与否
1	struct person leader[3]={{"zhang",0},{"li",0},{"wang",0}};	正确
2	struct person leader[3]={{"zhang"},{"li"},{"wang"}};	正确
3	struct person leader[3]={"zhang",0,"li",0,"wang",0};	正确
4	struct person leader[3]={"zhang","li","wang"};	错误

（2）结构体数组元素的遍历。对结构体数组元素的查找、输入和输出等，所有的操作都涉及结构体数组元素的遍历，需要逐个访问元素，因此在代码实现过程中往往需要通过循环来实现。如此例代码的最后用了一个单重 for 循环，以输出结构体数组 leader 的所有信息。

【例 10-6】编写程序，实现候选人得票统计。设有 3 个候选人，每次输入一个得票的候选人的名字，投票数不固定，分别统计候选人得票数及无效票数（输入的名字如果不是候选人，则为无效票）。

【任务分析】将此例与例 10-5 进行对比可以发现，两例中候选人的数据类型及得票统计过程完全相同。两者的不同之处在于：例 10-5 明确投票次数为 10 次，而此例中的投票次数不明确；例 10-5 没有对选票的有效性进行判断，即假定所有输入都是有效票，而此例中，要求统计出无效票数。

对于投票次数不明确的情况，可以采用以特定字符串的输入作为循环结束的标记。在此，假定当接收到"over"字符串后，不再接收输入。

增设变量 n 和 other，分别表示有效票数和无效票数。选票有效性的区分，通过增加中间变量 flag 进行标记即可。每轮选票统计开始时，先假设其为无效票，flag 设置为 0；若选票与 leader 数组中的候选人姓名匹配，则将 flag 设置为 1。

【代码】

```c
#include <stdio.h>
#include <string.h>
struct person
{   char name[20];
     int count;
};
int main()
{
    int i;
    struct person leader[3]={"zhang",0,"li",0,"wang",0};
    char  leader_name[20];
    int flag,other=0,n=0;

    scanf("%s",leader_name);
    while(strcmp(leader_name,"over")!=0)    /*投票结束判断*/
    {
        flag=0;                           /*无效票标记清 0*/
        for(i=0;i<3;i++)
        {
            if(strcmp(leader_name,leader[i].name)==0)
            {
                leader[i].count++;
                n++;                      /*有效票计数*/
                flag=1;
                break;
            }
        }
        if(flag==0) other++;              /*无效票计数*/
        scanf("%s",leader_name);
    }

    printf("无效票数：%d\n",other);
    printf("有效票数：%d\n",n);
    for(i=0;i<3;i++)
        printf("%5s:%d\n",leader[i].name,leader[i].count);
    return 0;
}
```

【运行结果】

```
zhang
eli
kk
li
li
li
li
```

```
wang
wang
over
```
无效票数：2
有效票数：7
```
zhang:1
li:4
wang:2
```

10.4　结构体和指针

前面章节已介绍指向基类型变量、数值型数组和字符型数组的指针变量的定义与使用，在本节中，将介绍指向结构体变量的指针变量及指向结构体数组的指针变量，这部分内容是链表处理的基础。

10.4.1　指向结构体变量的指针

一个结构体变量的起始地址就是这个结构体变量的指针；指向结构体变量的指针变量存储它所指向的结构体变量所占据的内存段的起始地址。指向结构体变量的指针变量的一般定义格式如下：

struct 结构体名 *结构体指针变量名；

语法说明：

（1）结构体指针变量名：遵循 C 语言标识符命名规则取名即可。

（2）*：表示这是一个指针变量。

（3）struct 结构体名：指针变量所指向的目标变量的类型。

【例 10-7】通过指向结构体变量的指针变量输入/输出一位学生信息，要求学生信息包含以下内容：学号、姓名、性别、年龄和成绩信息。

【任务分析】通过对比可以发现，此题是在例 10-1 的基础上，限定通过指向结构体变量的指针变量访问结构体变量中的成员。具体实现上，只需定义指向结构体变量的指针变量，并在输入/输出语句中，利用指针变量访问结构体变量的成员即可。

【代码】

```
#include <stdio.h>
#include <string.h>
struct student                /*结构体类型定义*/
{      int num;
       char name[20];
       char sex;
       int age;
       float score;
};
int main()
{
    struct student stu1;      /*定义结构体变量 stu1*/
    struct student *p;        /*定义指向结构体变量的指针变量 p*/

    p=&stu1;                  /*变量 p 指向 stu1*/
```

```
        printf("请输入学生信息: \n");
        scanf("%d",&(*p).num);
        getchar();
        gets((*p).name);
        (*p).sex=getchar();
        scanf("%d",&(*p).age);
        scanf("%f",&(*p).score);
        printf("学生信息为: \n");

        printf("No.:%d\nname:%s\nsex:%c\nage:%d\nscore:%.1f\n",(*p).num,
(*p).name,(*p).sex,(*p).age,(*p).score);

        return 0;
}
```

【运行结果】

请输入学生信息:
1
wangwu
M
19
92.5
学生信息为:
No.: 1
name: wangwu
sex: M
age: 92.5
score: 92.5

【指点迷津】

（1）指向结构体变量的指针变量的赋值。指针变量 p 是指向结构体变量的指针变量，stu1 是结构体类型的变量。如语句：

```
p=&stu1;
```

通过取地址运算符"&"，将变量 stu1 的地址赋给指针变量 p，p 指向 stu1。由此，除了可以通过变量名 stu1 直接访问其成员之外，还可以通过指针变量 p 对其进行间接访问。

（2）通过指向结构体变量的指针变量访问结构体变量中的成员。指针变量 p 指向结构体变量 stu1，因此可以通过 p 访问 stu1 的各成员，如使用(*p).num 的形式。其中，(*p)表示 p 指向的结构体变量，(*p).num 是 p 所指向的结构体变量中的成员 num，因为指针运算符"*"的优先级低于成员运算符"."，所以"( )"不可省。

（3）指向运算符"->"。为了使用方便，C 语言提供了指向运算符"->"（所有运算符中其优先级最高），可以将(*p).num 改写为 p->num。因此，以下 3 种形式等价：

● stu1.成员名

● (*p).成员名

● p->成员名

在实际应用中，第 3 种用法更常见。表 10-9 所示以输入为例，给出了 3 种成员访问形式对应的各成员值的输入语句。

表 10-9　成员访问形式对比

stu1.成员名	(*p).成员名	p->成员名
scanf("%d",&stu1.num);	scanf("%d",&(*p).num);	scanf("%d",&p->num);
gets(stu1.name);	gets((*p).name);	gets(p->name);
stu1.sex=getchar();	(*p).sex=getchar();	p->sex=getchar();
scanf("%d",&stu1.age);	scanf("%d",&(*p).age);	scanf("%d",&p->age);
scanf("%f",&stu1.score);	scanf("%f",&(*p).score);	scanf("%f",&p->score);

10.4.2　指向结构体数组的指针

　　结构体数组的每一个元素都是一个结构体类型的数据，因此，可以将结构体数组元素的地址赋值给指向结构体变量的指针变量。如果把结构体数组的首地址，赋给一个指向结构体变量的指针变量，就可以把这个指针变量称为指向结构体数组的指针。

　　结构体数组及指向结构体变量的指针变量，在前面章节中已介绍，在此，直接通过例子说明指向结构体数组的指针变量。

【例 10-8】输出结构体数组中所有学生信息。

【任务分析】通过分析可以发现，需要定义结构体数组，并访问结构体数组中所有元素，逐一输出学生信息。结构体类型、结构体数组定义及初始化沿用例 10-4 的实现方法即可。然后，可以采用指向结构体数组的指针来访问并输出所有学生信息。指针 p 指向数组 s 的首地址，如图 10-5 所示。

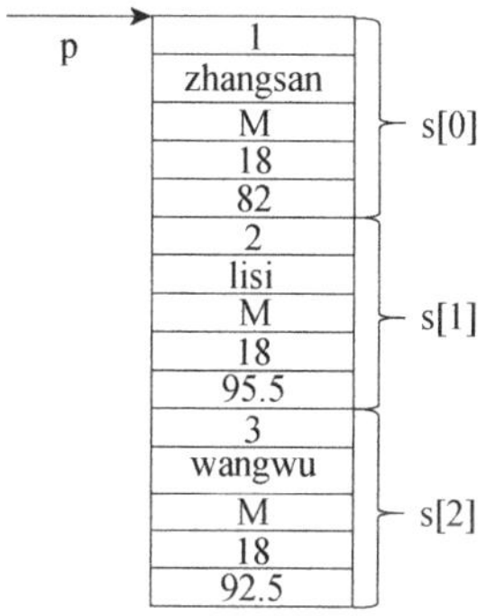

【代码】

```
#include <stdio.h>
struct student        /*结构体类型定义*/
{      int num;
       char name[20];
       char sex;
       int age;
       float score;
};

int main()
{
  struct student s[3]={{1,"zhangsan",'M',18,82},
                      {2,"lisi",'M',18,95.5},
                      {3,"wangwu",'M',18,92.5}};/*结构体数组 s 的定义及初始化*/
  struct student *p; /*指针定义*/

  for (p=s;p<s+3;p++)
  {
    printf("%d,%s,%c,%d,%f\n",p->num,p->name,p->sex,p->age,p->score);
  }

    return 0;
}
```

图 10-5　指针 p 指向数组 s 的首地址

【运行结果】

```
1,zhangsan,M,18,82.000000
2,lisi,M,18,95.500000
3,wangwu,18,92.500000
```

【指点迷津】本例中，p为指向struct student结构体数组s的指针变量。for循环中p初值为s，也就是s[0]的起始地址。所以第一次循环中输出的是s[0]的各个成员的值。p指向struct student结构体数组，所以p++后，p值为s+1，指向下一个数组元素即s[1]，所以第二次循环中输出的是s[1]的各个成员的值，以此类推，第三次循环输出s[2]各成员的值。再p++后，p值为s+3，循环条件不成立，退出循环。

设p初值为s，这里要注意区分表10-10中的几种形式。

表10-10　几种形式说明

形式	说明
p->age	p所指向的结构体数组元素s[0]的成员age的值，为18
p->age++	p所指向的结构体数组元素s[0]的成员age值自增1，即s[0].age值为19，而p->age++表达式值为18
++p->age	p所指向的结构体数组元素s[0]的成员age值自增1，即s[0].age值为19，而++p->age表达式值也为19
(++p)->age	先执行p指针自增1操作，即指向s[1]，再求p->age的值，所以(++p)->age相当于s[1].age即18
(p++)->age	先求p->age的值，所以(p++)->age相当于s[0].age的值即18，再执行p指针自增1，即指向s[1]

10.5　单向链表

由前面的学习可以知道：定义数组存储一批数据，必须确定数组长度，由此要求事先明确数据量。而在实际应用中，数据量的大小在一开始可能并不确定；另外随着一些插入、删除操作的进行，数据量在改变。例如，开发学校的学生成绩管理系统，可以用数组存放学生信息。但是，学校的学生人数无法确定，唯一办法是尽可能设定足够大的数组长度。如struct student s[20000]，它定义时就分配了固定的内存空间，数组s最多能存储20000个学生的信息。当实际人数大大小于20000的时候，该方法严重浪费了系统资源。当学生人数再增加，超过20000时，程序就不能正常工作，只能修改程序来改变数组长度以满足需求，对使用者造成巨大的麻烦。

链表是一种常见的重要的数据结构，可以根据实际需要动态地进行存储空间的分配。链表的具体形式有很多，本节以单向链表为例对其做一简单的介绍。

10.5.1　链表概述

单向链表的简单原理如图10-6所示。

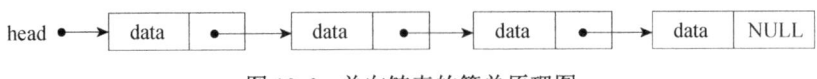

图10-6　单向链表的简单原理图

链表的每个元素称为一个节点（Node）。每个节点都包含两部分（第一部分 data，第二部分 next）。data 是用户需要的数据，可以是多个成员，称为链表的数据域；next 为下一个节点的地址，或称为指向下一个节点的指针，也称为链表的指针域。链表有一个头指针变量head，它指向存放链表的第一个元素，即指向第 1 个节点。这里涉及 3 个概念：链表的起始节点，链表的结束节点，链表的中间节点。

　　链表的头指针指向第 1 个节点，链表是一个节点链着一个节点，每个节点可以存储在内存的不同位置，只有找到第 1 个节点才能通过第 1 个节点的指针域找到第 2 个节点，由第 2个节点再找到第 3 个节点……所以指向第 1 个节点的指针必须保存，否则该链表将会丢失。此处将指向第 1 个节点的指针存放在 head 中。

　　链表尾部是链表在某一时刻的最后一个节点，将该节点的指针域 next 设置为空地址NULL，即链表的最后一个节点就是指针域为 NULL 的节点。链表的长度不是固定的，随时可以添加，如果添加到链表的尾部，则新的节点将成为链表的结尾。所以任何一个需要添加到链表尾部的新节点，其指针域 next 必须赋空值 NULL，并使原来链表的结尾指针域指向新的节点，从而使自己变成中间节点。

　　为了实现上述链表结构，可以使用结构体变量表示其节点结构。要注意的是，结构体成员除了基本的数据域之外，还应包含一个指针域，用它来存放下一个节点的地址，所以该指针必须是与结构体相同的数据类型。例如：

```
struct student
{
 int data;
 struct student *next
};
```

10.5.2　链表的基本操作原理及特点

　　链表的基本操作有以下几种：创建链表、节点的查找与输出、插入一个节点、删除一个节点。其中，插入和删除节点的方法如图 10-7 和图 10-8 所示。

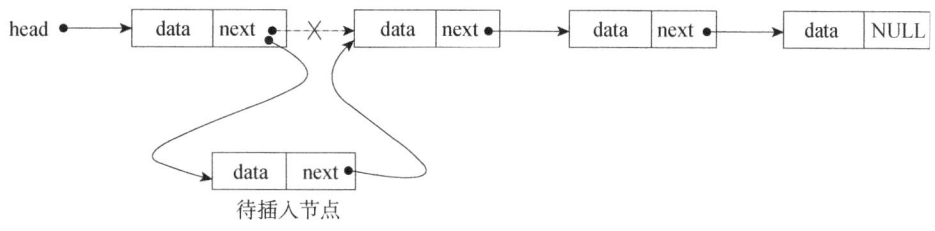

图 10-7　链表中插入新节点

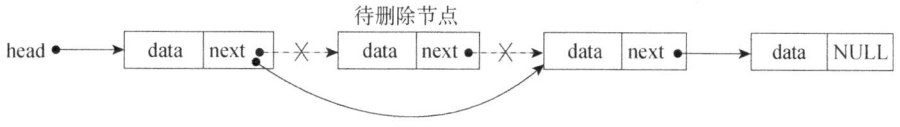

图 10-8　链表中删除一个节点

　　图 10-7 中显示，要在第 1 个和第 2 个节点之间插入一个新的节点，首先需要建立一个新的节点，并将第 2 个节点的数据赋值给新节点的 next，这样新节点的指针域 next 就指向第 2个节点；然后将第 1 个节点的指针域 next 指向新节点，原来第 1 个节点与第 2 个节点之间的链就断了。这样形成了新的链表。注意，这里两个步骤不能操作反了，否则第 2 个节点及其后所有的节点将丢失。

图 10-8 中显示，删除链表中的第 2 个节点只需将第 1 个节点中的指针域 next 直接指向第 3 个节点即可。这样第 2 个节点就从链表中脱离，若第 2 个节点没有用处了，则应释放该节点所占内存。

从以上分析可以看出，链表的优点在于：可以根据实际需要动态分配内存空间；可以在任意位置很方便地插入和删除节点。链表的缺点在于：不能进行随机存取操作，节点的访问只能从头开始，逐个查找；若链表中有 1 个链断链，则其后的所有节点都将丢失。

10.5.3　链表的建立

在程序执行过程中，从无到有，一个一个地分配节点空间和输入节点数据，并建立起前后节点间的链接关系，从而建立起一个链表，此建立链表的过程，称为动态链表。链表的动态建立过程，其实就是不断地动态申请内存空间建立新节点，然后将新节点插入到已建链表的特定位置的过程。

【例 10-9】建立一个 4 个节点的链表，用于存放学生数据。为简单起见，我们假定学生数据结构中只有学号和年龄两项。编写一个建立链表的函数 creat 和输出链表的函数 display。

【任务分析】首先，此例中的节点结构类型，只需将 data 域用学号 num 和年龄 age 两个整型的成员代替。其次，需要自定义 creat 函数用于建立指定节点数目的链表，这里有两种情况：

（1）若原链表为空表（head==NULL），则将新节点置为首节点（head=p;），如图 10-9 所示。

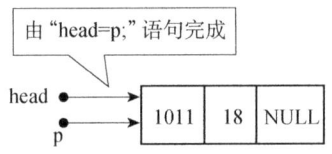

图 10-9　链表为空时添加新节点的过程

（2）若原链表为非空链表，则可以将新节点添加到表中某一指定位置。最简单的情况是，可以将新节点直接插入表头，如图 10-10 所示。

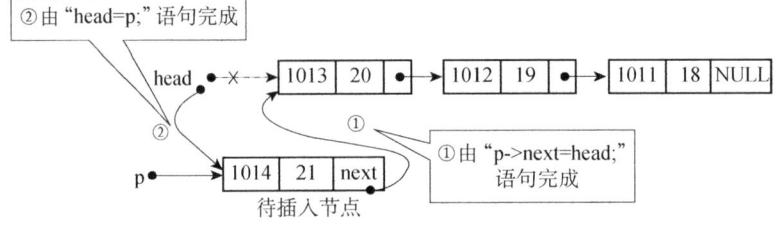

图 10-10　链表非空时添加新节点的过程

最后，自定义 print 函数输出所有节点的数据域，只需从头节点开始遍历链表即可。可以设置指针变量 p，先指向链表的第一个节点，并输出 p 所指节点的数据域，然后使 p 后移一个节点，再输出直到 p 为 NULL 位置，如图 10-11 所示。

【代码】

```
#include<stdio.h>
#include<stdlib.h>
struct student *creat(int n);
void display(struct student *head);
struct student
{
    int num;
```

```
        int age;
        struct student *next;
 };
int main()
 {
    int n;
    struct student *head=NULL;         /*链表头初始为空*/
    printf("how many nodes do you want to creat?\n");
    scanf("%d",&n);                    /*输入链表长度*/
    head=creat(n);
    printf("the linked table haven %d nodes has been created!\n",n);
    display(head);
  return 0;
}
 struct student *creat(int n)        /*函数功能：新建一个节点，并添加到表头*/
{
     struct student *head=NULL,*p;
     int i;
     for(i=0;i<n;i++)
     {
       p=(struct student*)malloc(sizeof(struct student));
       p->next=NULL;
       printf("input Number and Age\n");
       scanf("%d%d",&p->num,&p->age);

       if(head==NULL) {head=p;}
       else
       {
          p->next=head;
          head=p;
       }
     }
     return(head);
 }
void display(struct student *head) /*函数功能：显示链表中各个节点信息*/
 {
     struct student *p=head;
     int i=1;
     while(p!=NULL)
     {
         printf("%3d%10d%10d\n",i,p->num,p->age);
         p=p->next;
         i++;
     }
 }
```

【运行结果】

```
how many nodes do you want to creat?
4
input Number and Age
1011  18
input Number and Age
1012  19
input Number and Age
1013  20
input Number and Age
```

```
1014  21
the linked table haven 4 nodes has been created!
  1     1014     21
  2     1013     20
  3     1012     19
  4     1011     18
```

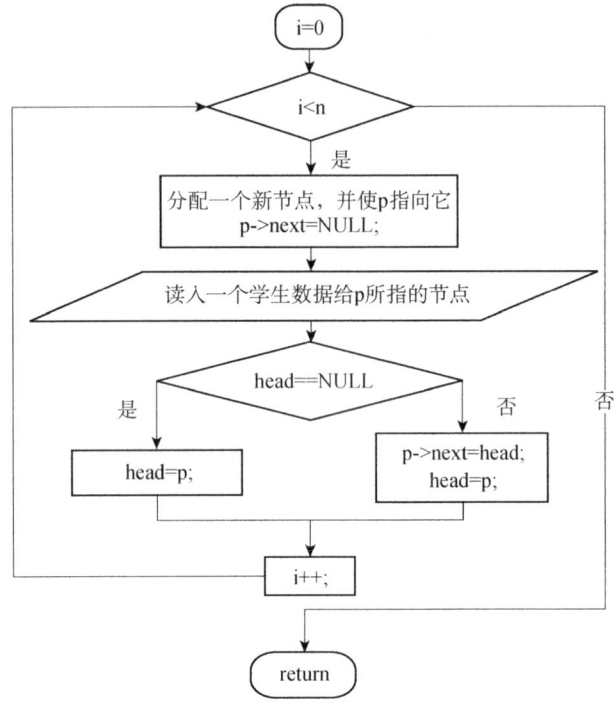

图 10-11 链表创建流程图

【指点迷津】链表的建立，需要用到系统提供的库函数来实现内存的动态分配。常用的内存分配函数有 malloc 和 calloc，它们都包含在头文件 stdlib.h 中。

（1）分配内存空间函数 malloc()。该函数的功能是在内存的动态存储区中分配一定字节的连续区域。函数的返回值为该区域的首地址。调用形式为：

```
(类型说明符*) malloc(size) ;
```

语法说明：

● 类型说明符：表示把该区域用于何种数据类型。

● (类型说明符*)：表示把返回值强制转换为该类型指针。

● size：是一个无符号整型值，表示分配空间的大小。

例如：

```
struct student *p;
p=(struct student *) malloc(sizeof(struct student));
```

程序中，用 malloc 函数申请 struct student 类型变量大小的空间；通过(struct student *)将申请的内存强制转换为结构体指针，因为函数 malloc()返回的是 void 型指针，如果不进行强制类型转换而直接赋值给 p 是错误的。

（2）分配内存空间函数 calloc。库函数 calloc 也用于分配内存空间，通过它可以在内存动态存储区中分配 n 块长度为 "size" 字节的连续区域，并返回该区域的首地址。调用形式为：

```
(类型说明符*) calloc(n,size) ;
```

语法说明：

● (类型说明符*)：用于强制类型转换。

● n, size：都是无符号整型值，表示分配 n 个长度为 size 的连续空间。

例如：

```
p=(struct student*)calloc(2,sizeof(struct student));
```

其中，sizeof(struct student)是求 student 的结构体长度。因此该语句的意思是：按 student 的长度分配 2 块连续区域，强制转换为 student 类型，并把其首地址赋予指针变量 p。

通过比较可以看出，calloc 函数与 malloc 函数的区别在于：前者一次可以分配 n 块连续区域，而后者一次只能分配 1 块区域。

10.5.4　链表的删除

链表的删除操作就是将一个待删除节点从链表中断开，并释放已删除节点的空间。

【例 10-10】在例 10-9 创建的链表基础上，自定义函数 deletenode 查找并删除某一指定学生信息的节点，并设计相应的主函数输出删除以后链表中所有的节点信息。

【任务分析】在例 10-9 的基础上，自定义函数 deletenode 实现链表节点的删除功能：

（1）如果链表为空，则无须删除，给出提示信息后直接返回头指针。

（2）如果链表不为空，从首节点开始，查找数据域成员等于给定信息的节点；若查找成功，删除之，否则给出查找不成功的提示信息，最后返回链表的头指针。

上述步骤中的第（2）步，若查找成功，删除节点的操作又分两种情况：

（1）如果找到的待删除节点是首节点，则只需将 head 指向首节点后面的一个节点，并释放已删除节点的空间，如图 10-12 所示。

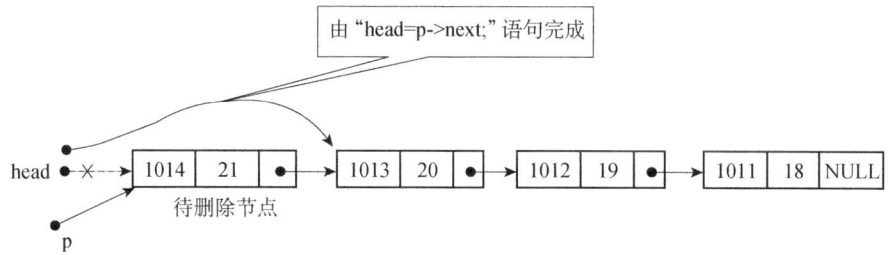

图 10-12　待删除节点是首节点的删除过程

（2）如果找到的待删节点非首节点，则需将待删节点前一节点的 next 域指向待删节点的后一节点，并释放已删除节点的空间，如图 10-13 所示。

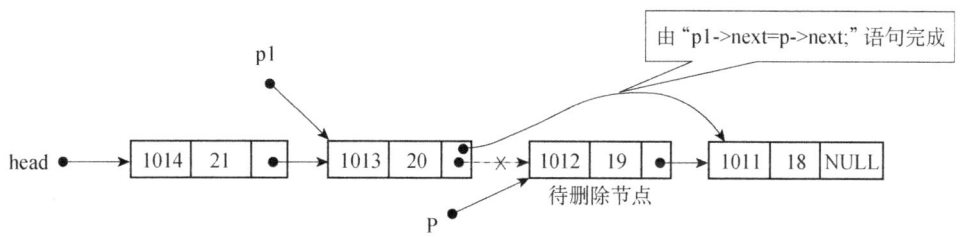

图 10-13　待删除节点非首节点的删除过程

【代码】

```c
#include<stdio.h>
#include<stdlib.h>
struct student *creat(int n);
void display(struct student *head);
struct student *deletenode(struct student *head,int nodenum);
struct student
{
    int num;
    int age;
    struct student *next;
};
int main()
{
    int n,num;
    struct student *head=NULL;          /*链表头指针初始为空*/
    printf("how many nodes do you want to creat?\n");
    scanf("%d",&n);                     /*输入链表长度*/
    head=creat(n);
    printf("the linked table haven %d nodes has been created!\n",n);
    display(head);

    printf("input the num you want to delete: ");
    scanf("%d",&num);
    head=deletenode(head,num);
    display(head);                      /*显示删除节点后的链表内容*/

    return 0;
}

/*此处的 creat 和 display 函数代码省略，可参照例 10-9*/

struct student *deletenode(struct student *head,int nodenum)

{                                       /*函数功能：查找并删除节点*/
    struct student *p=head,*p1=head;
    if(head==NULL)                      /*原链表为空的情况*/
    {
        printf("no linked table!\n");
        return(head);
    }
    while(nodenum!=p->num && p->next!=NULL) /*原链表非空的情况，查找待删节点*/
    {
        p1=p;
        p=p->next;
    }
    if(nodenum==p->num)                 /*若查找成功，删除节点；否则给出提示信息*/
    {
        if(p==head)head=p->next;
        else p1->next=p->next;
        free(p);
    }
    else printf("this node has not been found!\n");
```

```
    return head;
}
```

【运行结果】

```
how many nodes do you want to creat?
4
input Number and Age
1011  18
input Number and Age
1012  19
input Number and Age
1013  20
input Number and Age
1014  21
the linked table haven 4 nodes has been created!
  1      1014      21
  2      1013      20
  3      1012      19
  4      1011      18
input the num you want to delete: 1012
  1      1014      21
  2      1013      20
  3      1011      18
```

【指点迷津】语句"free(p);"表示释放 p 所指向的一块内存空间。其中，库函数 free 用于实现内存空间的释放，使这部分空间能重新被其他变量使用，它包含在头文件 stdlib.h 中。其函数原型为：

```
void free( void * p);
```

10.5.4　链表的插入

链表的插入操作就是将给定节点插入到指定链表的适当位置。

【例 10-11】在例 10-9 的基础上，实现在有序链表中插入节点信息功能的自定义函数 insertnode。

【任务分析】假设在操作过程中，链表始终按学号有序排列，这样对于链表的插入，只需要考虑 3 种情况：

（1）若原链表为空表，则新节点 p 就作为首节点，让 head 指向 p，并设置 p 的 next 域为空。

（2）若原链表不为空，而新节点 p 应插入在首节点前，则让新节点的 next 域指向原来的首节点（p->next=head），并设置 head 指向新节点（head=p），其插入方法同链表的建立。具体过程如图 10-14 所示。

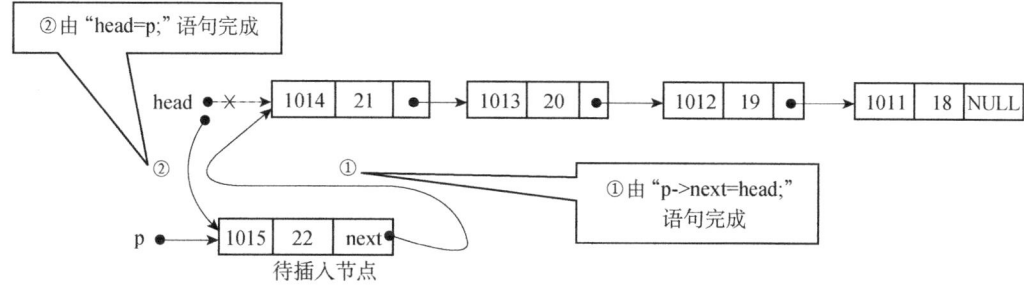

图 10-14　原链表首节点前插入新节点

（3）若原链表不为空，而新节点插入位置在链表的中间，则将新节点 p 的 next 域指向插入点的后一节点（p->next=p1->next），并设置前一节点的 next 域指向新节点（p1-> next=p）。这种情况包含了新节点插入位置在链表末尾的情况，如图 10-15 所示。

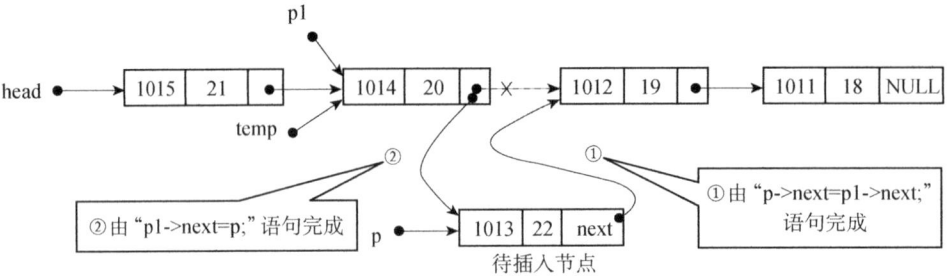

图 10-15　链表中间插入新节点情况

【函数代码】

```c
#include<stdio.h>
#include<stdlib.h>
struct student *creat(int n);
void display(struct student *head);
struct student *insertnode(struct student *head,int num,int age);
struct student
{
    int num;
    int age;
    struct student *next;
};
int main()
{
    int n,num,age;
    struct student *head=NULL;        /*链表头初始为空*/
    printf("how many nodes do you want to creat?\n");
    scanf("%d",&n);                   /*输入链表长度*/
    head=creat(n);
    printf("the linked table haven %d nodes has been created!\n",n);
    display(head);

    printf("input the num and age you want to insert: ");
    scanf("%d%d",&num, &age);
    head=insertnode(head,num,age);
    display(head);                    /*显示插入节点后的链表内容*/

    return 0;
}

/*此处的 creat 和 display 函数代码省略，可参照例 10-9*/

/* insertnode 函数功能：向链表中插入新节点，按降序排列*/
 struct student *insertnode(struct student *head,int num,int age)
{
    struct student *p1=head,*p,*temp=NULL;
    p=(struct student *)malloc(sizeof(struct student));
    p->next=NULL;
```

```
        p->num=num;
        p->age=age;
        if(head==NULL)head=p;          /*如果原链表为空，head 指向新节点 p*/
        else                           /*原链表为非空*/
        {
            while(p1->num>num &&p1->next!=NULL)
            {
                temp=p1;
                p1=p1->next;
            }
            if(p1->num<num)
            {   if(p1==head){            /*若在表头插入*/
                    p->next=head;
                    head=p;
                }
                else{                    /*若在表中间插入*/
                    p1=temp;
                    p->next=p1->next;
                    p1->next=p;
                }
            }
            else                         /*若在表尾插入*/
                p1->next=p;
        }
    return head;
}
```

【运行结果】

```
how many nodes do you want to creat?
4
input Number and Age
1011  18
input Number and Age
1012  19
input Number and Age
1013  20
input Number and Age
1014  21
the linked table haven 4 nodes has been created!
  1     1015      22
  2     1014      21
  3     1012      19
  4     1011      18
input the num and age you want to insert: 1013 22
  1     1015      22
  2     1014      21
  3     1013      22
  4     1012      19
  5     1011      18
```

链表的具体形式还有单向循环链表、双向链表和双向循环链表等，链表结构上的不同对于具体操作的实现上，也会有所区别。对于非计算机专业的初学者，对此有一定了解即可，今后若有需要可以查阅相关资料再进行进一步的学习。

10.6 共用体

共用体（union）是将不同类型的变量组合在一起，共享同一段内存空间的用户自定义数据类型。

10.6.1 共用体类型定义

共用体类型定义的一般形式如下所示：

```
union  [共用体类型名]
  {
      成员列表;
  };
```

【说明】

（1）union：是关键字，不能省略，表示定义的类型是一个共用体类型；花括号外的分号不可以省略。

（2）共用体类型名：遵循C语言标识符命名规则取名即可，可以省略。

（3）成员列表：用于声明组成该共用体的不同类型的成员名，其声明格式为：

类型声明符　成员名;

例如：

```
union number
{
   char x;
   float y;
};
```

【指点迷津】共用体类型number，包含两个成员，分别为字符型的 x 和单精度浮点型的 y。成员 x 和 y 共享同一段内存空间。用该共用体类型定义的共用体类型变量，所占用的内存空间大小由其所包含的最大长度成员所占的空间数决定，如此处定义的共用体类型，用其定义变量所占的空间是max(1,4)=4个字节。

共用体在同一时刻只有一个成员是有意义的，即共用体的成员具有唯一性，不能同时为共用体的成员进行赋值操作。

10.6.2 共用体变量的定义

使用自定义的共用体类型定义的变量，称为共用体变量。共用体变量的语法定义，其形式与结构体变量的语法定义形式类似，也有三种，如表 10-11 所示。

表 10-11　共用体变量定义几种语法形式

语法形式一	语法形式二	语法形式三
先定义共用体类型，再定义共用体变量	定义共用体类型的同时定义共用体变量	直接定义共用体变量

union　共用体类型名
{
成员列表;
};
union　共用体名 变量名表列;
	union　共用体类型名
	{
	成员列表;
	}变量名表列;
		union
		{
		成员列表;
		}变量名表列;

三种语法形式的说明如下。

（1）语法形式一：先定义共用体类型，再定义共用体变量。其中，"union 共用体名"指定已定义过的共用体类型名；"变量名表列"可以是一个或多个变量名，多个变量名之间用逗号隔开。

（2）语法形式二：定义共用体类型的同时定义共用体变量。在共用体类型定义语法的"}"和";"之间增加变量名表列，同样，变量名表列可以是一个或多个变量名，多个变量名之间用逗号隔开。

（3）语法形式三：直接定义共用体变量。该形式省略了共用体类型名而直接指定共用体变量，且只定义一次该类型的共用体变量。省略了共用体类型名的共用体类型无法重复使用。

需要指出的是：三种共用体变量定义形式中，union 关键字都必不可少。

共用体变量定义举例：利用三种语法形式，分别定义两个共用体变量 s1，s2，具体如表 10-12 所示。

表 10-12　共用体变量定义举例

变量定义语法形式	变量定义举例
union 共用体名 变量名表;	```union number { char x; float y; }; union number num1,num2;```
union 共用体类型名 { 成员列表; }变量名列表;	```union number { char x; float y; }num1,num2;```
union { 成员列表; }变量名列表;	```union /*省略共用体类型名*/ { char x; float y; }num1,num2;```

【指点迷津】同一内存段可以用来存放共用体变量的 char 类型 x 成员和 float 类型 y 成员，但是在任意具体时刻只能存放其中一个成员，而不能同时存放 x 和 y 两个成员。

10.6.3　共用体变量的初始化

可以在共用体变量定义的同时，对其进行初始化，但初始化表中只能有一个常量赋给第一个成员。直接以共用体变量定义的语法形式一为例，对变量进行初始化示例如表 10-13 所示。

表 10-13　变量初始化示例

```union number { char x; float y; }; union number p={'A'};```	```union number { char x; float y; }; union number p={'A', 3.14};```
正确，对 x 成员赋值	错误，不能初始化两个成员

10.6.4　共用体变量的引用

在定义共用体变量之后，便可以引用这个变量了，一般只对其成员进行直接操作，而不对共用体变量整体直接进行操作。

与结构体类似，可以使用"."运算符对共用体变量的成员进行引用，一般形式为：

共用体变量名.成员名

【例10-12】设某一学校的人员数据管理中，学生的数据包括姓名、号码、职业、班级；教师的数据包括姓名、号码、职业、职称。要求使用同一个表格存放学生和教师的信息，如表10-14所示。

表10-14　学校人员信息表

name	num	job	classnum zhicheng	
wang	20190101	S	201901	
zhang	1234	T	professor	

【任务分析】进过分析可以发现，学生和教师除最后一项属性类型不同之外，其余都相同。如果 job 项为 S（代表学生），则最后一项为 classnum（代表班级）；若为 T（代表教师），则最后一项为 zhicheng（代表职称）。现要求使用同一表格存放学生和教师信息，可以定义结构体类型 struct student 表示学校人员信息，显然对最后一项属性可以用共用体结构来处理。

【代码】

```
#include<stdio.h>
#include<string.h>
struct person
{
    char name[20];
    unsigned long num;
    char job;
    union
    {
        int classnum;
        char zhicheng[20];
    }category;
};
int main()
{
    struct person p1={"wang",20190101,'S'};
    struct person p2={"zhang",1234,'T'};

    p1.category.classnum=201901;
    strcpy(p2.category.zhicheng,"professor");

    printf("name    num    job  category\n");
    printf("%-7s  %-9d %-3c %-15d\n",p1.name,p1.num,p1.job,p1.category.
classnum);
    printf("%-7s  %-9d %-3c %-15s\n",p2.name,p2.num,p2.job,p2.category.
zhicheng);
```

```
    return 0;
}
```

【运行结果】

```
name    num       job  category
wang    20190101  S    201901
zhang   1234      T    professor
```

【指点迷津】变量 p1 本身是一个结构体变量，其成员 category 被定义成了共用体类型，因此在引用时，需要通过"."运算符逐级进行引用，如代码：

```
p1.category.classnum=201901;
```

10.7　枚举类型

在实际应用中，有些变量的取值被限定在一个有限的范围内。例如，一个星期 7 天，一年 12 个月，一年有 4 季等。C 语言提供了一种称为"枚举"的类型。在"枚举"类型的定义中列举出所有可能的取值，被声明为该"枚举"类型的变量取值不能超过定义的范围。

10.7.1　枚举类型的定义和枚举变量的说明

枚举类型定义的一般形式：

enum [枚举名]{枚举元素列表};

【说明】

（1）enum：关键字，不能省略。

（2）枚举名：应遵循 C 语言标识符命名规则，可以省略。

（3）枚举元素列表：用户指定的名字，罗列出所有可用值，相互间用逗号隔开。用什么名字代表什么含义，完全由用户根据自己的需要而定。

例如，定义一个枚举类型代表一周的 7 天：

enum DAY {MON, TUE, WED, THU, FRI, SAT, SUN};

【指点迷津】

（1）该枚举名为 DAY，枚举值共有 7 个，即一周中的 7 天。凡被声明为 enum DAY 类型变量的取值只能限定于花括号中列出的 7 天中的某一天。

（2）每个枚举元素对应一个整数常量值，一般情况下，从 0 开始顺序取值。以上枚举类型 DAY 的元素从 MON 到 SUN 分别取值为 0、1、2、3、4、5、6。也可以指定其他值，例如：

enum DAY {MON=1, TUE, WED, THU, FRI, SAT, SUN};

这里从 MON 到 SUN 分别取值为 1、2、3、4、5、6、7。

（3）枚举元素不是字符常量也不是字符串常量，使用时不要加单、双引号。如下定义方式：

enum DAY {"MON", "TUE", "WED", "THU", "FRI", "SAT", "SUN"};

是错误的。

枚举变量的定义，同结构体和共用体一样，枚举变量也有 3 种不同的方式定义：

```
enum 枚举名{枚举元素列表};
enum 枚举名 枚举变量名;
```

或者为：

```
enum 枚举名{枚举元素列表}枚举变量名;
```

或者为：

```
enum {枚举元素列表}枚举变量名;
```

设有变量 today 被声明为上述的 DAY 枚举类型，可采用下述任一种方式：

```
enum DAY {MON, TUE, WED, THU, FRI, SAT, SUN};
enum DAY today;
```

或者为：

```
enum DAY {MON, TUE, WED, THU, FRI, SAT, SUN}today;
```

或者为：

```
enum {MON, TUE, WED, THU, FRI, SAT, SUN}today;
```

10.7.2　枚举类型变量的赋值和使用

C 语言编译对枚举类型的枚举元素按常量处理，可以直接用于枚举类型变量的赋值。

【例 10-13】枚举某公司员工一周活动安排，输出该员工当天的安排。

【任务分析】定义枚举类型 DAY，限定枚举元素为一周中的 7 天；与此同时定义枚举类型 BODY，限定公司员工一周的活动安排为 WORK 和 REST。

定义枚举型变量 today，根据 today 的不同取值为枚举变量 x 赋不同的值，最后输出该员工当天的活动安排。

【代码】

```
#include <stdio.h>
enum DAY{MON=1, TUE, WED, THU, FRI, SAT, SUN};  /* 定义枚举类型 */
enum BODY{WORK,REST};
void main()
{
    enum DAY today = TUE; /* 枚举型变量定义及初始化 */
    enum BODY x;
    switch(today)
    {
        case MON:
        case TUE:
        case WED:
        case THU:
        case FRI: x=WORK;break;
        case SAT:
        case SUN: x=REST;break;
        default:break;
    }
    if(x==WORK)
        printf("%d,work!\n", today);
    else
        printf("%d,rest!\n", today);
}
```

第 10 章　结构体

【运行结果】

```
2, work!
```

【指点迷津】

（1）枚举变量可以在定义时用枚举元素为其初始化，也可以用赋值语句为其赋值。如本例中枚举变量today在定义时将其初始化为枚举元素TUE；而枚举变量x通过赋值语句进行赋值。

（2）枚举类型的枚举元素是整型常量，可以将某一枚举类型的枚举元素赋值给同类型的枚举变量。如本例中，可以将 DAY 类型的枚举变量 today，赋值为 MON 到 SUN 之间的任一枚举元素，但是不能将枚举元素 WORK 和 REST 赋给它。

（3）枚举元素因为是常量，因此不能在程序中修改它的值。例如，对枚举类型 DAY 的元素再做以下赋值：

```
MON =5;
```

则是错误的。

（4）只能把枚举元素赋予枚举变量，不能把元素的数值直接赋予枚举变量。如："today= MON;"是正确的。而"today=1;"是错误的。

如果一定要把数值赋予枚举变量，则必须用强制类型转换。如："today =(enum DAY)2;"，其意义是将顺序号为 2 的枚举元素赋予枚举变量 today，相当于"today =TUE;"。

（5）枚举元素可以参与关系运算，如：if (x==WORK)……。枚举元素的比较规则是按其在定义时指定的整型值来进行比较的。如此例中，MON<TUE。

10.8　使用 typedef 声明新类型名

在学习 C 语言之前，你可能之前已经学过其他的编程语言，以 VB 语言为例，你可能已经习惯了使用 VB 中的 Integer 来定义整型变量，而在编写 C 语言代码过程中，用 int 定义整型变量会觉得不适应。另外，C 语言程序中还会用到许多看起来比较复杂的类型，以自定义的结构体类型为例，假设定义了一个结构体的名字为 student，要想用其定义结构体变量就得用 struct student，这里的 struct 看起来有些累赘，对于初学者也很容易遗漏，若直接不写又会报错。在编程实践中，如果能够使用编程人员习惯的写法或者更加简练的命名类型，会给编程带来便利。

事实上，除了直接使用 C 语言提供的标准类型名（如：int、char、float 和 double 等）和程序编写者自己定义的结构体、共用体和枚举类型外，C 语言允许使用关键字 typedef 为数据类型起新的别名，就像给人起"绰号"一样。

使用 typedef，为类型定义别名的一般用法为：

```
typedef  原类型名   新类型名
```

【说明】

（1）原类型名：可以是 C 语言提供的标准类型名，也可以是程序编写者自己定义的类型。

（2）新类型名：为类型新起的别名。

例如：

```
typedef  int  Integer;
```

271

为 int 型变量定义别名 Integer，由此就可以使用新类型名定义变量，以下两行代码等价：

```
int  i;
Integer I;
```

通过此方法可以使熟悉 VB 的人能用 Integer 定义变量，以适应他们的习惯。为 C 语言提供的标准类型定义别名，只需将这里的原类型名 int 更改为你想要的类型名，再将这里的新类型名 Integer 用你喜欢的名字即可。

除了简单的标准类型之外，C 语言程序中还会用到许多看起来比较复杂的类型，包括结构体类型、共用体类型和枚举类型等。设有以下自定义的结构体类型：

```
struct  club
 {  char  name[20];
    int  year;
};
```

为了使用 typedef 为该结构体类型定义别名，可以编写如下代码：

```
typedef  struct club  GROUP;
```

由此，以下两行代码等价：

```
struct club a;
GROUP  a;
```

显然使用 GROUP 定义变量，比使用 struct club 要来得简洁。在实际编程中，经常在定义结构体类型的同时直接为其定义别名，也即表 10-15 所示两段代码完全等价。

表 10-15　使用 typedef 定义别名

代码 1	代码 2
```struct club { char name[20]; int year; }; typedef struct club GROUP;```	```typedef struct club { char name[20]; int year; } GROUP;```

需要指出的是，typedef 只是给数据类型起了别名，而没有增加新的数据类型定义。起别名的目的不是为了提高程序运行效率，而是为了编码方便。

10.9　应用举例

【例 10-14】定义一个表示日期的结构体类型，根据用户给定的两个日期，计算并输出两个日期之间相隔的天数。两个日期由键盘输入。

【任务分析】通过分析知道，可以自定义函数 get_days 实现功能：从公元 1 年 1 月 1 日算起，某年某月某日是第几天。这样把用户输入的两个日期分别作为实参调用该函数，两次调用返回值之差就是两个日期之间的间隔天数。

给定特定日期，计算并返回从公元 1 年 1 月 1 日开始算，给定日期是第几天，可以按如下步骤计算：

（1）先计算整年的部分：比如 2019 年，从公元 1 年 1 月 1 日开始算完整已经过了的年份有 2018 个，按非闰年算有 2018×365 天，但是其中闰年是 366 天，每个闰年少算了一天。而根据闰年的定义：能整除 400 的年份或者能整除 4，但是不能整除 100 的年份为闰年，那么，从公元 1 年至 2018 年间所有的闰年数量可以按以下公式计算。

闰年的数量=整除 4 的数量-整除 100 的数量+整除 400 的数量

所以整年部分的结果是：（2019-1）×365+闰年的数量

（2）再计算当前日期在当年是第几天：当前日期月份之前所有月份天数之和，加上当月天数，就是当年日期在当年是第几天。

将步骤（1）与（2）求和，便实现了从公元 1 年 1 月 1 日开始算，给定日期是第几天的计算。

【代码】

```c
#include<stdio.h>
int get_days(int, int, int);          //返回从公元元年算起，某年某月某日是第几天
int days_of_year(int, int, int);       //返回某年某月某日是当前年份第几天
int days_of_month(int, int);           //返回某年某月有几天
int is_leap_year(int);                 //返回当前年份是否为闰年

typedef struct date
{
    int year;
    int month;
    int day;
}Date;
int main()
{
    Date date1,date2;
    int temp1,temp2;
    printf("请输入第一个日期的年 月 日：");
    scanf("%d%d%d",&date1.year,&date1.month,&date1.day);
    printf("请输入第二个日期的年 月 日：");
    scanf("%d%d%d",&date2.year,&date2.month,&date2.day);

    temp1=get_days(date1.year,date1.month,date1.day);
    temp2=get_days(date2.year,date2.month,date2.day);

    printf("这两个日期之间间隔的天数为：%d\n", temp2-temp1);

    return 0;
}

//函数功能：给定某年某月某日，返回这一天从公元元年算起是第几天
int get_days(int year, int month, int day)
{
    int days;
    int temp=year-1;

    days=temp*365+temp/4-temp/100+temp/400;
    days+=days_of_year(year,month,day);
    return days;
}

//函数功能：给定某年某月某日，返回这一天在当年是第几天
int days_of_year(int year, int month, int day)
{
```

```
    int i;
    int days = 0;
    for(i=1;i<month;i++)
    {
        days+=days_of_month(year, i);

    }
    days=days+day;
    return days;
}

//函数功能：给定某年某月,返回这个月一共有多少天
int days_of_month(int year, int month)
{
    int d;
    switch(month)
    {
        case 1:
        case 3:
        case 5:
        case 7:
        case 8:
        case 10:
        case 12: d=31;break;
        case 4:
        case 6:
        case 9:
        case 11: d=30;break;
        case 2:if(is_leap_year(year))
                        d=29;      // 如果是闰年 2 月，29 天
                    else
                        d=28;
                    break;
    }
    return d;
}

//函数功能：判断是不是闰年
int is_leap_year(int year)
{
    int flag;
    if((year%400==0)||(year%4==0 && year%100!=0))
        flag=1;
    else
        flag=0;
    return flag;
}
```

【运行结果】

请输入第一个日期的年 月 日：2018 10 1
请输入第二个日期的年 月 日：2019 10 5
这两个日期之间间隔的天数为：369

10.10　本章小结与常见错误

10.10.1　本章小结

本章介绍了 C 语言中的几种自定义数据类型，主要包括结构体与共用体类型。对于用户自定义数据类型的使用一般有这样几个步骤：新数据类型的声明，新数据类型变量的定义，新数据类型变量的初始化，新数据类型变量的引用。

新数据类型的声明是指程序编写者根据具体的应用场景进行新的数据类型的设计，设计的好坏直接影响到编程结果。所以，编程者应该在设计新数据类型之前充分了解编程对象，对编程对象进行适当的抽象，抽象出关键的部分组成类型成员，然后对其进行合理的安排。

对于一个已经声明的新数据类型，只是告诉计算机一种新的数据类型的诞生。要想使用该数据类型，必须为数据类型定义变量，即将数据类型实例化。计算机会根据数据类型为其分配相应的内存空间，而内存空间如何分配、放置在内存中的何处，一般不需要用户干预，用户访问变量一般是通过变量名或指向该变量的指针来实现的。自定义数据类型一旦声明完成，其使用方法与 C 语言提供的标准数据类型是一致的。

自定义数据类型一般都是由基本数据类型组合而成的，组成自定义数据类型的基本数据类型变量称为成员。对数据类型的操作通常要细化到成员级别。因此本章中介绍了访问自定义数据类型成员变量的两种方法：成员访问法和指针访问法。读者必须清楚两种方法使用的不同。

最后为了书写的方便与提高程序的可读性，C 语言允许使用 typedef 为 C 语言提供的标准类型或本章所介绍的用户自定义类型起新的别名。

10.10.2　常见错误

（1）在定义结构体、共用体及联合体类型时，易漏掉"}"后的分号，如：

```
struct student
{
    int num;
    char name[20];
    char sex;
    float score[3];
}                        //此处漏掉";"
```

（2）定义结构体变量时，漏掉 struct 关键词，如：

```
struct student
{
    int num;
    char name[20];
    char sex;
    float score[3];
} ;
student stu;            //此处 student 前漏掉 struct 关键字
```

（3）结构体类型定义中含有自身成员，如：

```
struct student
{
```

```
    int num;
    struct student stu;         //非指针成员数据类型不能为自身结构体类型
                                //可修改为 struct student *stu;
};
```

（4）定义结构体类型时，对成员变量赋初值，如：

```
struct student
{
    int num=10;                 //定义类型时未分配内存，不能赋值
    char name[20];
    char sex;
    float score[3];
};
```

（5）对结构体变量进行直接比较，应比较结构体成员变量。

习题

一、选择题

1. 当定义一个结构体类型后，用它定义的结构体变量，系统为其分配的内存空间是（　　）。

    A. 结构体中任意一个成员所需的内存空间

    B. 结构体中第一个成员所需的内存空间

    C. 结构体中占内存空间最大的成员所需的空间

    D. 结构体中各个成员所需内存空间的总和

2. 下列定义中不正确的是（　　）。

```
A. struct person
   {
       char name[20];
       int age;
   }x;
B. struct person
   {
       char name[20];
       int age;
   };
   struct person x;
C. struct person
   {
       char name[20];
       int age;
   }x;
   person x;
D. struct
   {
       char name[20];
       int age;
   }x;
```

3. 设有结构体定义如下：

```
struct person
    {
        char name[20];
        int age;
    };
```

（1）如果有定义"struct person x;"，则对其中的结构分量 age 正确的引用是（　　）。

　　A. struct person.age=18;　　　　B. person.x.age=18;

　　C. struct.x.age=18;　　　　　　D. x.age=18;

（2）如果有定义"struct person x;"，对其中结构分量 name[ ]的正确引用是（　　）。

　　A. strcpy(person.x.name[ ],"zhangsan");　B. x.name[ ]={"zhangsan"};

　　C. strcpy(x.name,"zhangsan");　　　　　D. x.name[ ]=zhangsan;

4. 设有以下结构体定义

```
struct date
{
    int year;
    int month;
    int day;
};
struct person
{
    struct date birthday;
    char name[20];
} stu;
```

对其中所有成员正确赋值的语句是（　　）。

　　A. scanf("%d,%s",&stu.birthday, stu.name);

　　B. scanf("%d,%s",&stu.birthday,&stu.name);

　　C. scanf("%d,%d,%d,%s",&stu.birthday.year,&stu.birthday.month,&stu.birthday.day,
　　　　&stu.name);

　　D. scanf("%d,%d,%d,%s",&stu.birthday.year,&stu.birthday.month,&stu.birthday.day,
　　　　stu.name);

5. 根据下面的定义，能输出 Wangwu 的语句是（　　）。

```
struct person
{
        char name[20];
        int age;
};
```

struct person stu[4]={"Zhangsan",17,"Lisi",19,"Wangwu",18,"Maliu",16};

　　A. printf("%s\n", stu[1].name);

　　B. printf("%s\n", stu[2].name);

　　C. printf("%s\n", stu[3].name);

　　D. printf("%s\n", stu[0].name);

6. 运行下列程序，输出结果是（　　）。

```
#include <stdio.h>
```

```
struct  person
{
  int  num;
  char  name[20];
}stu[4]={1,"Zhangsan",2,"Lisi",3,"Wangwu",4,"Maliu"};
int main()
{
  int i;
  for  (i=2;i<4;i++)
     printf("%d%c",stu[i].num,stu[i].name[0]);
  return 0;
}
```

  A. 2L3W   B. 3W4M

  C. 2Lisi3Wangwu   D. 3Wangwu4Maliu

7. 如下定义：

```
struct  s
{
  int a;
  double b;
}data, *p;
p=&data;
```

则对 data 中成员 a 的正确引用是（   ）。

  A. p.a   B. *p.a   C. (*p).a   D. p->data.a

8. 如下定义：

```
struct  person
{
  int  a;
  struct  person * b;
}x, *p;
p=&x;
```

则对 x 中成员 b 的引用，不正确的是（   ）。

  A. x.b   B. (*x).b   C. (*p).b   D. p->b

9. 链表中，所有节点在内存中对应存储单元的地址（   ）。

  A. 一定是连续的   B. 部分地址必须是连续的

  C. 一定是非连续的   D. 连续或不连续都有可能

10. 在一个单链表中，若在 p 所指向的节点之后，插入 s 所指向的新分配节点，则执行（   ）。

  A. s->next=p; p->next=s;   B. p->next=s; s->next=p;

  C. s->next=p->next; p->next=s;   D. p->next=s->next; s->next=p;

11. 在一个单链表中，q 所指向的节点是 p 所指向节点的前驱，则删除 p 节点执行（   ）。

  A. q->next=p; free(p);   B. q->next=p->next; free(p);

  C. p=q->next;free(p);   D. p->next=q->next; free(p);

12. 当定义一个共用体类型后，用它定义的变量，系统为其分配的内存空间是（   ）。

  A. 共用体中任意一个成员所需的内存空间

  B. 共用体中第一个成员所需的内存空间

  C. 共用体中占内存空间最大的成员所需的空间

  D. 共用体中各个成员所需内存空间的总和

13. 共用体类型变量在某一定时刻，下列选项中描述正确的是（   ）。

  A. 所有成员一直驻留在内存中

  B. 只有一个成员驻留在内存中

  C. 部分成员驻留在内存中

  D. 没有成员驻留在内存中

14. 下列关于枚举类型的描述中不正确的是（   ）。

  A. 可以在定义枚举类型时对枚举元素进行初始化

  B. 在赋值时，不可以将一个整数值赋给枚举变量

  C. 枚举变量不可以进行关系运算

  D. 枚举变量只能取对应枚举类型的枚举元素表中的元素值

15. 以下对枚举名的定义中正确的是（   ）。

  A. enum a={red,blue, yellow};   B. enum a={"red","blue","yellow"};

  C. enum a{red=9,blue, yellow};   D. enum a{"red","blue","yellow"};

16. 设有如下定义：

```
enum DAY{MON=1, TUE, WED, THU, FRI, SAT, SUN};
```

则语句"printf("%d,%d",SAT,SUN);"的输出结果是（   ）。

  A. 6，7   B. 5，6   C. 0，0   D. 0，1

17. 设有如下定义：

```
enum DAY { n1,n2=5,n3,n4=9};
```

则枚举常量 n1 和 n3 的值分别是（   ）。

  A. 4，6   B. 0，6   C. 0，2   D. 1，3

18. 下面对 typedef 的叙述中不正确的是（   ）。

  A. 用 typedef 可以为 C 语言提供的标准类型定义别名，也可以为用户自定义的类型定义别名

  B. 用 typedef 可以增加新的数据类型

  C. 用 typedef 只是为原有数据类型定义新的别名，没有增加新的数据类型

  D. 用 typedef 有利于程序的通用和移植

19. 下列各选项企图说明一种新的类型名，其中正确的是（   ）。

  A. typedef Integer=int;   B. typedef Integer int;

  C. typedef   int   Integer;   D. typedef int= Integer;

20. 设有以下说明语句

```
typedef struct
{
    int num;
    char name[20];
}STUDENT;
```

则下面叙述中正确的是（   ）。

A. STUDENT 是结构体类型名   B. typedef struct 是结构体类型名

C. STUDENT 是结构体变量名   D. struct 是结构体类型名

二、编程题

1. 设有如下学生结构体类型定义：

```
struct student          /*结构体类型定义*/
{   int num;
    char name[20];
    char sex;
    int age;
    float score;
};
```

要求设计主函数定义一个此类型的结构体数组，并输入/输出所有学生信息，求得学生的平均成绩和最高分，实现查找功能。相关功能实现，要求自定义函数如下：

（1）自定义函数 createInformation，接收输入一批学生信息。

```
void createInformation(struct student *p,int n);
```

（2）自定义函数 printInformation，输出一批学生信息。

```
void printInformation(struct student *p,int n);
```

（3）自定义函数 averageScore，求所有学生的平均成绩。

```
float averageScore(struct student *p,int n);
```

（4）自定义函数 maxScore，求所有学生的最高分。

```
float maxScore(struct student *p,int n);
```

（5）自定义函数 averageScore，求所有学生的平均成绩。

```
struct student * searchStudent(struct student *p,int n,char x[]);
```

2. 请补充完整下列程序中的 sortWords 函数，实现英语单词表按字母序排序的目的。

```
#include <stdio.h>
#include <string.h>
#define N 5
typedef struct word
{
    int num;
    char name[10];
} WORD;
void sortWords(WORD *p,int n)
{
    //补充代码，对给定单词表中的单词按照字母序排序
}
int main()
{
    WORD x[N];
    int i;
    void sortWords(WORD *p,int n);
    printf("请输入所有单词，构建单词表：\n");
    for(i=0;i<N;i++)
    {
```

```
            x[i].num=i+1;
            gets(x[i].name);
    }
    printf("排序前的单词表：\n");
    for(i=0;i<N;i++)
    {
            printf("No: %d\tWord:%s\n",x[i].num,x[i].name);
    }
    sortWords(x,N);
    printf("排序后的单词表：\n");
    for(i=0;i<N;i++)
            printf("No: %d\tWord:%s\n",x[i].num,x[i].name);
    return 0;
}
```

第11章　文件

所谓"文件"是指一组相关数据的有序集合。这个数据集有一个名称，叫作文件名。实际上在前面的各章中我们已经多次使用了文件，如源程序文件、目标文件、可执行文件、库文件（头文件）等。文件通常是驻留在外部介质（如磁盘等）上的，在使用时才调入内存中来。从不同的角度可对文件做不同的分类。从用户的角度看，文件可分为普通文件和设备文件两种。

文本文件和
二进制文件

普通文件是指驻留在磁盘或其他外部介质上的一个有序数据集，可以是源文件、目标文件、可执行程序；也可以是一组待输入处理的原始数据，或者是一组输出的结果。对于源文件、目标文件、可执行程序可以称作程序文件，对输入/输出数据可称作数据文件。

设备文件是指与主机相连的各种外部设备，如显示器、打印机、键盘等。在操作系统中，把外部设备也看作是一个文件来进行管理，把它们的输入、输出等同于对磁盘文件的读和写。通常把显示器定义为标准输出文件，一般情况下在屏幕上显示有关信息就是向标准输出文件输出。如前面经常使用的 printf、putchar 函数就是这类输出。键盘通常被指定为标准的输入文件，从键盘上输入就意味着从标准输入文件上输入数据。scanf、getchar 函数就属于这类输入。

从文件编码的方式来看，文件可分为文本文件和二进制文件两种。

11.1　文本文件和二进制文件

文本文件是指由若干行字符构成的计算机文件，存在于计算机系统中。文本文件只能存储文件中的有效字符信息，不能存储图像、声音等信息。狭义上的二进制文件则指除了文本文件之外的文件，如图片、DOC 文档等。

事实上，无论是上面所定义的文本文件还是二进制文件，在计算机中都是以二进制的形式存储的，因此其本质并没有区别。所以广义上的二进制文件便指所有的文件。

通常意义下，我们所说的文本文件指只包含了纯文本信息的文件，在 C 语言中，文本信息用 ASCII 码格式存储，显示时把 ASCII 码转换为相应的字符。而二进制文件特指文件里面存储的是二进制代码的文件，它无法用 ASCII 码进行转换。例如，有一个 int 类型的变量值"5"，这个值在内存中是用 4 个字节表示的：00000000 00000000 00000000 00000101。现在我们要把这个值存入文件中，若采用文本文件存储，那就是 00110101，若采用二进制文件存储，那就是00000000 00000000 00000000 00000101。而 int 类型的变量值"34567"，用文本文件存储采用 ASCII 格式为：00110011　00110100　00110101　00110110　00110111

3　　　　　4　　　　　5　　　　　6　　　　　7

用二进制文件存储，则格式为：00000000 00000000 10000111 00000111。

11.2　文件操作原理

由于 CPU、内存和磁盘之间处理和存取数据的速度不一，因此为了能够加快处理数据的速度，需要将磁盘中的文件数据批量缓存到 I/O 数据缓存区内，应用程序对磁盘数据的操作实际上是对 I/O 缓存的操作。如图 11-1 所示，当应用程序需要读写文件时，首先需要创建一个文件指针变量 fp，fp 指向一个结构体，此结构体保存了文件在磁盘中的一些信息。程序需要读取文件信息时，操作系统先把相关数据批量读取到 I/O 缓存中，应用程序对磁盘文件的数据读取实际上是对 I/O 缓存数据的读取；程序需要对文件写入数据时，实际上是把数据写入到 I/O 缓存区中，操作系统会根据一定规则如缓冲区块满、程序发出关闭文件指令等自行决定什么时候把数据真正写入到磁盘文件中。

文件操作原理

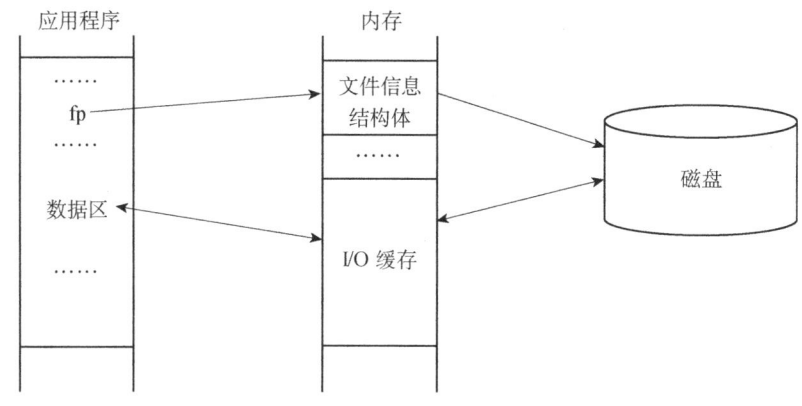

图 11-1　文件操作示意图

11.3　文件的打开与关闭

11.3.1　打开文件

根据前面所述，欲要读写文件，首先需要打开文件，建立 fp 指针变量。C 语言中，打开文件可使用 fopen 函数，此函数声明于"stdio.h"中，实际上与文件操作相关的函数都声明于本头文件中。下面是 fopen 函数调用的原型：

文件的打开与关闭

```
FILE *fopen( const char * filename, const char * mode );
```

在这里，filename 是字符串，用于指明文件的路径、文件名和扩展名。如："C：\\CProgramming\\Chapter11\\Dm01.txt"或"Chapter11\\Dm01.txt"。其中第一个采用的绝对路径，是从某个根目录（这里是 C 盘根目录）开始一路追溯到文件为止，两个反斜杠"\\"中的第一个表示转义字符，第二个表示反斜杠本身是路径格式的一部分；第二个采用的相对路径，是从应用程序的目录开始一路追溯到文件为止。因此上面两个路径不一定指向同一个位置，只有当应用程序位于 C 盘下的 CProgramming 目录（或叫 CProgramming 文件夹）时，上述两个路径指向同一个位置。

mode 表明文件的使用模式，它的值也是一个字符串，可以是表 11-1 所示值中的一个。

表 11-1　mode 的值及意义

文件使用方式	意义
r	只读，打开一个文本文件，只允许读数据
w	只写，打开或建立一个文本文件，只允许写数据
a	追加，打开一个文本文件，并在文件末尾写数据
rb	只读，打开一个二进制文件，只允许读数据
wb	只写，打开或建立一个二进制文件，只允许写数据
ab	追加，打开一个二进制文件，并在文件末尾写数据
r+	读写，打开一个文本文件，允许读和写
w+	读写，打开或建立一个文本文件，允许读写
a+	读写，打开一个文本文件，允许读，或在文件末追加数据
rb+	读写，打开一个二进制文件，允许读和写
wb+	读写，打开或建立一个二进制文件，允许读和写
ab+	读写，打开一个二进制文件，允许读，或在文件末追加数据

从表 11-1 可以看出：r（read）表示读，w（write）表示写，a（append）表示追加，b（banary）表示二进制文件，+表示读和写。需要注意的是：

（1）凡用"r"打开一个文件时，该文件必须已经存在，且只能从该文件读出。

（2）用"w"打开的文件只能向该文件写入。若打开的文件不存在，则以指定的文件名建立该文件，若打开的文件已经存在，则将该文件删除，重建一个新文件。

（3）若要向一个已存在的文件追加新的信息，只能用"a"方式打开文件。但此时该文件必须是存在的，否则将会出错。

（4）在打开一个文件时，如果出错，fopen 将返回一个空指针值 NULL。在程序中可以用这一信息来判别是否完成打开文件的工作，并做相应的处理。如：

```
if((fp=fopen("C:\\CProgramming\\Chapter11\\Dm01.txt ","r"))==NULL)
{
    printf("Error on open C:\\CProgramming\\Chapter11\\Dm01.txt!");
    exit(1);      //退出程序，1 表示非正常退出
}
```

11.3.2　关闭文件

为了关闭文件，需要使用 fclose 函数。函数的原型如下：

```
int fclose( FILE *fp );
```

如果成功关闭文件，fclose 函数返回零，如果关闭文件时发生错误，函数返回 EOF。这个函数实际上会清空 I/O 缓冲区中的数据，触发操作系统真正向磁盘文件写入数据的操作，关闭文件，并释放用于该文件的所有内存。EOF 是一个定义在头文件 stdio.h 中的常量。

11.4　文件的读写

对文件的读和写是最常用的文件操作。在 C 语言中提供了多种文件读写的函数。

文件读写 1

1. 文本文件的读写函数

● 字符读写函数：fgetc 和 fputc。

● 字符串读写函数：fgets 和 fputs。

● 格式化读写函数：fscanf 和 fprintf。

2. 二进制文件的读写函数

数据块读写函数：fread 和 fwrite。

使用以上函数都要求包含头文件 stdio.h。为了便于程序调试，以下每组函数讲解先介绍输出（写）函数再介绍输入（读）函数。

11.4.1　文本文件的读写

文件读写 2

1. 字符读写函数 fgetc 和 fputc

（1）fputc 函数。此函数用于把一个字符写入到文件中，其函数原型为：

```
int fputc( int c, FILE *fp );
```

函数 fputc 把参数 c 的字符值写入到 fp 所指向的文本文件中。如果写入成功，它会返回写入的字符，如果发生错误，则会返回 EOF。

（2）fgetc 函数。此函数用于从文件中读取单个字符，其函数原型为：

```
int fgetc( FILE * fp );
```

fgetc 函数从 fp 所指向的输入文件中读取一个字符。返回值是读取的字符，如果发生错误则返回 EOF。

【例 11-1】逐字符地写入一个字符串到文件中。

```
#include <stdlib.h>
#include <stdio.h>
int main( )
{
    FILE *fp;
    char ch;
    if((fp=fopen("Dm01.txt","w"))==NULL)
    {
        printf("Cannot open file press any key exit!\n");
        exit(1);
    }
    while((ch=getchar())!='\n')
        fputc(ch,fp);
    printf("Data Writing File Successful!\n");
    fclose(fp);
    return 0;
}
```

【例 11-2】逐字符地从文件中读取数据并在屏幕中输出。

```
#include <stdlib.h>
#include <stdio.h>
int main( )
{
    FILE *fp;
    char ch;
    if((fp=fopen("Dm01.txt","r"))==NULL)
```

```
    {
        printf("Cannot open file press any key exit!\n");
        exit(1);
    }
    while((ch=fgetc(fp))!=EOF)
        putchar(ch);
    fclose(fp);
    return 0;
}
```

2. 字符串读写函数 fgets 和 fputs

（1）fputs 函数。我们可以使用下面的函数来把一个以 NULL 结尾的字符串写入到文本文件中：

```
int fputs( const char *s, FILE *fp );
```

函数 fputs 把字符串 s 写入到 fp 所指向的文本文件中。如果写入成功，它会返回一个非负值，如果发生错误，则会返回 EOF。

（2）fgets 函数。fgets 函数允许我们从文本文件中读取一个字符串，其函数原型如下：

```
char *fgets( char *buf, int n, FILE *fp );
```

函数 fgets 从 fp 所指向的文本文件中读取 n-1 个字符。它会把读取的字符串复制到缓冲区 buf，并在最后追加一个 NULL 字符来终止字符串。如果这个函数在读取最后一个字符之前就遇到一个换行符'\n'或文件的末尾 EOF，则只会返回读取到的字符，包括换行符。

【例 11-3】把一个字符串写入到文件中。

文件读写 3

```
#include <stdlib.h>
#include <stdio.h>
int main( )
{
    FILE *fp;
    char s[100];
    if((fp=fopen("Dm02.txt","w"))==NULL)
    {
        printf("Cannot open file press any key exit!\n");
        exit(1);
    }
    gets(s);
    fputs(s,fp);
    fclose(fp);
    return 0;
}
```

【例 11-4】从文件中读取一个字符串，并在屏幕上输出。

```
#include <stdlib.h>
#include <stdio.h>
int main( )
{
    FILE *fp;
    char s[100];
    if((fp=fopen("Dm02.txt","r"))==NULL)
    {
        printf("Cannot open file press any key exit!\n");
        exit(1);
```

```
    }
    fgets(s,100,fp);
    fclose(fp);
    puts(s);
    return 0;
}
```

3. 格式化读写函数 fscanf 和 fprintf

函数 fscanf 和 fprintf 与函数 scanf 和 printf 在语法上基本一致，其唯一区别是后者的操作对象是键盘和屏幕，而前者的操作对象是 fp 所指向的文件。

（1）fprintf 函数。fprintf 函数是一个格式化输出函数，按照指定的格式把数据输出到文件中，其函数原型为：

```
int fprintf(FILE * fp, const char * format,…);
```

根据函数原型，其调用格式为 fprintf(文件指针,格式字符串,输出表列)，与 printf 函数相比就多了第一个参数，指向文件的指针变量。如需要向指定的文件中输出整型变量 a、b 和 c 的值，并且其输出格式为“a+b=c”，则函数调用为：

```
fprintf(fp,"%d+%d=%d",a,b,c);
```

（2）fscanf 函数。fscanf 函数是一个格式化输入函数，按照指定的格式把数据从某个文件中读取到内存变量中，其函数原型为：

```
int fscanf(FILE * fp, const char *format,…);
```

根据函数原型，其调用格式为 fscanf(文件指针,格式字符串,输入表列)，与 scanf 函数相比就多了第一个参数，指向文件的指针变量。如需要从指定的文件中读取整型变量 a、b 和 c 的值，并且其输入格式为“a,b,c”，则函数调用为：

```
fscanf (fp,"%d,%d,%d",&a,&b,&c);
```

【例 11-5】按照某种格式输出一组数据到文件中。

```
#include <stdlib.h>
#include <stdio.h>
int main( )
{
    FILE *fp;
    int a,b;
    float c,d;
    char e,f;
    if((fp=fopen("Dm03.txt","w"))==NULL)
    {
        printf("Cannot open file press any key exit!\n");
        exit(1);
    }
    scanf("%d,%d,%f,%f,%c,%c",&a,&b,&c,&d,&e,&f);
    fprintf(fp,"%d,%d,%f,%f,%c,%c",a,b,c,d,e,f);
    fclose(fp);
    return 0;
}
```

【例 11-6】从文件中按照某种格式读取一组数据到变量中，并在屏幕中显示。

```
#include <stdlib.h>
#include <stdio.h>
```

```
int main( )
{
    FILE *fp;
    int a,b;
    float c,d;
    char e,f;
    if((fp=fopen("Dm03.txt","r"))==NULL)
    {
        printf("Cannot open file press any key exit!\n");
        exit(1);
    }
    fscanf(fp,"%d,%d,%f,%f,%c,%c",&a,&b,&c,&d,&e,&f);
    fclose(fp);
    printf("%d,%d,%f,%f,%c,%c",a,b,c,d,e,f);
    return 0;
}
```

11.4.2 二进制文件的读写

C 语言还提供了用于整块数据的读写函数，可用来读写一组数据，如一个数组元素，一个结构变量的值等。而这些数据的读写都是以字节为单位的，即采用二进制格式读写。

（1）fwrite 函数。fwrite 函数功能是向指定的文件中写入若干数据块，如成功执行则返回实际写入的数据块数目。该函数以二进制形式对文件进行操作，其函数原型为：

```
int fwrite(const void *ptr, int size, int nmemb, FILE *fp);
```

【参数】

ptr：这是指向要被写入的元素数组的指针。

size：这是要被写入的每个元素的大小，以字节为单位。

nmemb：这是元素的个数，每个元素的大小为 size 字节。

fp：这是指向 FILE 对象的指针，该 FILE 对象指定了一个输出流，即一个文件。

例如："fwrite(fa,4,5,fp);"其意义是：从 fa 数组中，向 fp 所指的文件中写入 5 组每组 4 个字节（可能是一个 int 类型的整数）的数据。

（2）fread 函数。fread 函数的原型如下：

```
int fread( void * buffer, int size, int count, FILE *fp );
```

【参数】

buffer：指向要读取的数组中首个元素的指针。

size：每个元素的大小（单位是字节）。

count：要读取的对象个数。

fp：输入流，即指向一个文件的指针。

该函数从给定输入流（即 fp 所指向的文件）中读取最多 count 个元素到数组 buffer 中，每个元素的大小为 size 个字节。返回成功读取的元素个数，若出现错误或到达文件末尾，则可能小于 count。若 size 或 count 为零，则 fread 函数返回零且不进行其他动作。例如："fread(fa,4,5,fp);"其意义是从 fp 所指的文件中，每次读 4 个字节（可能是一个 int 类型的整数）送入数组 fa 中，连续读 5 次，即读 5 个数据到 fa 中。

【**例 11-7**】按二进制格式输出一个数组到文件中。

```c
#include <stdlib.h>
#include <stdio.h>
int main( )
{
    FILE *fp;
    int a[10],i;
    if((fp=fopen("Dm04.txt","wb"))==NULL)
    {
        printf("Cannot open file press any key exit!\n");
        exit(1);
    }
    for(i=0;i<10;i++)
        scanf("%d",&a[i]);
    fwrite(a,sizeof(int),10,fp);
    fclose(fp);
    printf("Data output is successful!");
    return 0;
}
```

【**例 11-8**】从二进制文件中读取一组数据到数组中，并在屏幕中显示这组数据。

```c
#include <stdlib.h>
#include <stdio.h>
int main( )
{
    FILE *fp;
    int a[10],i;
    if((fp=fopen("Dm04.txt","rb"))==NULL)
    {
        printf("Cannot open file press any key exit!\n");
        exit(1);
    }
    fread(a,sizeof(int),10,fp);
    fclose(fp);
    for(i=0;i<10;i++)
        printf("%d ",a[i]);
    return 0;
}
```

11.5 本章小结及常见错误

11.5.1 本章小结

小结

　　文件是一组相关数据的有序集合，这个数据集有一个名称，叫作文件名。文件通常是驻留在外部介质（如磁盘等）上的，在使用时才调入内存中来。从不同的角度可对文件做不同的分类。从文件编码的方式来看，文件可分为文本文件和二进制文件两种，文本文件用ASCII 码存储，二进制文件用字节流存储。

　　在 C 语言中，文件操作都是由库函数来完成的，因此使用时需要先声明"stdio.h"。打开文件可用 fopen 函数，可对文本文件和二进制文件进行只读、只写、追加、读写、写读操作。文件操作的第一步就是打开文件，获取一个指向文件的指针，后续的读写和关闭文件操作都是利用此指针来完成的。

文本文件的读写操作主要包括 fgetc、fgets、fscanf、fputc、fputs 和 fprintf 函数，前 3 个函数分别可对字符、字符串和格式化数据进行读操作，后 3 个函数分别可对字符、字符串和格式化数据进行写操作。二进制文件的读写操作主要包括 fread 和 fwrite 函数，fread 函数可以从二进制文件中读出若干字节的数据，fwrite 函数可以把若干字节的数据流写入到二进制文件中。

文件操作结束需要调用 fclose 函数来关闭文件。此处需要注意的是：若是对文件进行了写操作，则文件操作结束后必须使用 fclose 函数关闭文件，否则可能会出现文件数据丢失的问题，且此问题是一个逻辑错误，编译器不会报错；若是只对文件进行了读操作，文件操作结束后未使用 fclose 函数关闭文件，则程序和数据都不会出错，但是可能会产生内存"垃圾"。

11.5.2　常见错误

（1）文件读写操作完成后，未进行关闭操作。

（2）文件的操作（读、写）与打开方式不一致，如：

```
FILE *fp;
float f;
fp=fopen("a.txt","w");       //创建文件为写入操作做准备
fscanf(fp,"%f",&f);          //进行文件的读取操作，出错
```

（3）打开文件，文件路径出错，如：

```
fp=fopen("c:\a.txt","a+");   //应修改为 fp=fopen("c:\\a.txt","a+");
```

习题

一、选择题

1. 系统的标准输入文件是指（　　　）。

  A. 键盘   B. 显示器   C. 软盘   D. 硬盘

2. 若执行 fopen 函数时发生错误，则函数的返回值是（　　　）。

  A. 地址值   B. 0   C. 1   D. EOF

3. 若要用 fopen 函数打开一个新的二进制文件，该文件要既能读也能写，则文件打开方式字符串应是（　　　）。

  A. "ab+"   B. "wb+"   C. "rb+"   D. "ab"

4. fscanf 函数的正确调用形式是（　　　）。

  A. fscanf(fp,格式字符串,输出表列)

  B. fscanf(格式字符串, 输出表列,fp);

  C. fscanf(格式字符串,文件指针,输出表列);

  D. fscanf(文件指针,格式字符串,输入表列);

5. fgetc 函数的作用是从指定文件读入一个字符，该文件的打开方式必须是（　　　）。

  A. 只写   B. 追加

  C. 读或读写   D. 答案 B 和 C 都正确

6. 下列关于 C 语言数据文件的叙述中正确的是（　　　）。

  A. 文件由 ASCII 码字符序列组成，C 语言只能读写文本文件

　　B. 文件由二进制数据序列组成，C 语言只能读写二进制文件

　　C. 文件由记录序列组成，可按数据的存放形式分为二进制文件和文本文件

　　D. 文件由数据流形式组成，可按数据的存放形式分为二进制文件和文本文件

7. C 语言中，能识别处理的文件为（　　　）。

　　A. 文本文件和数据块文件　　　　　　　B. 文本文件和二进制文件

　　C. 流文件和文本文件　　　　　　　　　D. 数据文件和二进制文件

8. 若调用 fputc 函数输出字符成功，则其返回值是（　　　）。

　　A. EOF　　　　　　　B. 1　　　　　　　C. 0　　　　　　　D. 输出的字符

9. 当顺利执行了文件关闭操作时，fclose 函数的返回值是（　　　）。

　　A. −1　　　　　　　B. TRUE　　　　　　C. 0　　　　　　　D. 1

10. 如果需要打开一个已经存在的非空文件"Demo"进行修改，下面正确的选项是（　　　）。

　　A. fp=fopen("Demo","r");　　　　　　　B. fp=fopen("Demo","ab+");

　　C. fp=fopen("Demo","w+");　　　　　　D. fp=fopen("Demo","r+");

11. 下面关于文件的理解中不正确的是（　　　）。

　　A. C 语言把文件看作是字节的序列，即由一个个字节的数据顺序组成

　　B. 所谓文件一般指存储在外部介质上数据的集合

　　C. 系统自动地在内存区为每一个正在使用的文件开辟一个缓冲区

　　D. 每个打开文件都和文件结构体变量相关联，程序通过该变量访问该文件

12. 下面关于二进制文件和文本文件描述中正确的是（　　　）。

　　A. 文本文件把每一个字节存放成一个 ASCII 代码的形式，只能存放字符或字符串数据

　　B. 二进制文件把内存中的数据按其在内存中的存储形式原样输出到磁盘上存放

　　C. 二进制文件可以节省外存空间和转换时间，不能存放字符形式的数据

　　D. 一般中间结果数据需要暂时保存在外存上，以后又需要输入内存，常用文本文件保存

13. 系统的标准输入文件操作的数据流向为（　　　）。

　　A. 从键盘到内存　　　　　　　　　　　B. 从显示器到磁盘文件

　　C. 从硬盘到内存　　　　　　　　　　　D. 从内存到 U 盘

14. 利用 fopen (fname, mode)函数实现的操作不正确的是（　　　）。

　　A. 正常返回被打开文件的文件指针，若执行 fopen 函数时发生错误则返回 NULL

　　B. 若找不到由 fname 指定的相应文件，则按指定的名字建立一个新文件

　　C. 若找不到由 fname 指定的相应文件，且 mode 规定按读方式打开文件则产生错误

　　D. 为 fname 指定的相应文件开辟一个缓冲区，调用操作系统提供的打开或建立新文件功能

15. 下面对 fwrite (buffer, sizeof(Student), 3, fp)函数的描述中不正确的是（　　　）。

　　A. 将 3 个学生的数据块按二进制形式写入文件

　　B. 将由 buffer 指定的数据缓冲区内的 3*sizeof(Student)个字节的数据写入指定文件

　　C. 返回实际输出数据块的个数，若返回 0 值表示输出结束或发生了错误

　　D. 若由 fp 指定的文件不存在，则返回 0 值

16. 以下可以作为文件打开函数 fopen 中的第一个参数的正确格式是（　　　）。

　　A. "file1.txt"　　　　　　　　　　　B. file1.txt

　　C. file1.txt,w　　　　　　　　　　　D. "file1.txt,w"

17. 若 fp 是指向某文件的指针，文件操作结束之后，关闭文件指针应使用下列（　　　）语句。

　　A. fp=fclose()；　　　　　　　　　　B. fp=fclose；

　　C. fclose；　　　　　　　　　　　　 D. fclose(fp)；

18. 以下叙述中错误的是（　　　）。

　　A. C 语言中对二进制文件的访问速度比文本文件快

　　B. C 语言中，随机文件以二进制代码形式存储数据

　　C. 语句 "FILE fp;" 定义了一个名为 fp 的文件指针

　　D. C 语言中的文本文件以 ASCII 码形式存储数据

二、编程题

1. 一条学生的记录包括学号、姓名和成绩等信息。

（1）格式化输入多个学生记录。

（2）利用 fwrite 将学生信息按二进制方式写到文件中。

（3）利用 fread 从文件中读出成绩并求平均值。

（4）对文件中的信息按成绩排序，将成绩单写入文本文件中。

2. 编写程序统计某文本文件中包含句子的个数。

3. 编写函数实现单词的查找，对于已打开的文本文件，统计其中包含某单词的个数。

附录 A 常用字符的 ASCII 码

表 A-1 ASCII 控制字符

ASCII 值	缩写/字符	说明	ASCII 值	缩写/字符	说明
0	NULL(null)	空字符（NULL）	19	DC3(device control 3)	设备控制三（XOFF 停用软件速度控制）
1	SOH(start of headling)	标题开始	20	DC4(device control 4)	设备控制四
2	STX(start of text)	本文开始	21	NAK(negative acknowledge)	确认失败回应
3	ETX(end of text)	本文结束	22	SYN(synchronous idle)	同步用暂停
4	EOT(end of transmission)	传输结束	23	ETB(end of trans. block)	区块传输结束
5	ENQ(enquiry)	请求	24	CAN(cancel)	取消
6	ACK(acknowledge)	确认回应	25	EM(end of medium)	连接介质中断
7	BEL(bell)	响铃	26	SUB(substitute)	替换
8	BS(backspace)	退格	27	ESC(escape)	跳出
9	HT(horizontal tab)	水平定位符号	28	FS(file separator)	文件分隔符
10	LF(NL line feed, new line)	换行键	29	GS(group separator)	组群分隔符
11	VT(vertical tab)	垂直定位符号	30	RS(record separator)	记录分隔符
12	FF(NP form feed, new page)	换页键	31	US(unit separator)	单元分隔符
13	CR(carriage return)	归位键	127		删除
14	SO(shift out)	取消变换（Shift out）			
15	SI(shift in)	启用变换（Shift in）			
16	DLE(data link escape)	跳出数据通信			
17	DC1(device control 1)	设备控制一			
18	DC2(device control 2)	设备控制二			

表 A-2 ASCII 可显示字符

ASCII 值	符号	ASCII 值	符号	ASCII 值	符号	ASCII 值	符号	ASCII 值	符号
32	（空格）	40	(	48	0	56	8	64	@
33	!	41	)	49	1	57	9	65	A
34	"	42	*	50	2	58	:	66	B
35	#	43	+	51	3	59	;	67	C
36	$	44	,	52	4	60	<	68	D
37	%	45	-	53	5	61	=	69	E
38	&	46	.	54	6	62	>	70	F
39	'	47	/	55	7	63	?	71	G

C 语言程序设计（第 3 版）

续表

ASCII 值	符号	ASCII 值	符号	ASCII 值	符号	ASCII 值	符号	ASCII 值	符号
72	H	87	W	102	f	117	u		
73	I	88	X	103	g	118	v		
74	J	89	Y	104	h	119	w		
75	K	90	Z	105	i	120	x		
76	L	91	[	106	j	121	y		
77	M	92	\	107	k	122	z		
78	N	93	]	108	l	123	{		
79	O	94	^	109	m	124	|		
80	P	95	_	110	n	125	}		
81	Q	96	`	111	o	126	~		
82	R	97	a	112	p				
83	S	98	b	113	q				
84	T	99	c	114	r				
85	U	100	d	115	s				
86	V	101	e	116	t				

294

附录 B C 语言中的关键字

表 B-1 C 语言中的关键字

关键字	说明	关键字	说明
auto	定义自动变量，可省略	static	定义静态变量
break	结束整个循环	struct	定义结构体变量或函数
case	开关语句分支	switch	用于开关语句
char	定义字符型变量或函数	typedef	为一种数据类型定义一个新名字
const	定义只读变量	union	定义共用体数据类型
continue	结束当前循环，开始下一个循环	unsigned	定义无符号类型变量或函数
default	开关语句中的"其他"分支	void	定义无返回值或无参数函数，定义无类型指针等
do	循环语句的循环体	volatile	定义变量在程序执行中可被隐含地改变
double	定义双精度变量或函数	while	循环语句的循环条件
else	条件语句否定分支（与 if 连用）		
enum	定义枚举类型		
extern	定义外部变量		
float	定义浮点型变量或函数		
for	循环语句		
goto	跳转语句（一般不用）		
if	选择结构语句		
int	定义整型变量或函数		
long	定义长整型变量或函数		
register	定义寄存器变量		
return	返回语句（可以带参数或不带参数）		
short	定义短整型变量或函数		
signed	定义有符号类型变量或函数		
sizeof	计算数据类型长度		

附录 C 运算符的优先级与结合性

表 C-1 运算符的优先级与结合性

优先级	运算符	含义	操作对象的个数	结合方向
1	( )	括号		自左向右
	[ ]	下标运算符		
	->	指向结构体成员运算符		
	.	结构体成员运算符		
2	!	逻辑非运算符	1	自右向左
	~	按位取反运算符		
	++	自增运算符		
	--	自减运算符		
	-	负号运算符		
	（类型名）	类型转换运算符		
	*	指针运算符		
	&	地址与运算符		
	sizeof	长度运算符		
3	*	乘法运算符	2	自左向右
	/	除法运算符		
	%	求余运算符		
4	+	加法运算符	2	自左向右
	-	减法运算符		
5	<<	左移运算符	2	自左向右
	>>	右移运算符		
6	< <= > >=	关系运算符	2	自左向右
7	==	等于运算符	2	自左向右
	!=	不等于运算符		
8	&	按位与运算符	2	自左向右
9	^	按位异或运算符	2	自左向右
10	¦	按位或运算符	2	自左向右
11	&&	逻辑与运算符	2	自左向右
12	‖	逻辑或运算符	2	自左向右
13	? :	条件运算符	3	自右向左

优先级	运算符	含义	操作对象的个数	结合方向
14	= += -= *= /= %= >>= <<= &= ^= |=	赋值运算符	2	自右向左
15	,	逗号运算符		自左向右

说明：

1. 运算符按照优先级大小由上向下排列，优先级的数值越小，运算符的优先级越高，优先级 1 最高，15 最低。执行运算时，在同一行的运算符具有相同优先级，此时运算顺序取决于结合方向。

2. 优先级相同，则按结合性计算，一般单目运算符、条件运算符及赋值运算符采用自右向左结合，其他为自左向右结合。

3. 注意不同的运算符其操作对象的个数不同，只有 1 个操作对象的运算符，通常称为单目运算符，有 2 个操作对象的运算符，称为双目运算符，有 3 个操作对象的运算符，称为三目运算符。

附录 D   常用标准库函数

编译系统根据一般用户的需要编制了丰富的库函数，不同编译系统所提供的库函数的数量和函数名及函数功能不完全相同，本附录仅列出 ANSI C 建议的常用库函数。

1. 数学函数

使用数学函数时，应包含头文件：math.h。

表 D-1   数学函数

函数名	函数原型	功能	返回值
abs	int abs(int i);	返回 i 的绝对值	计算结果
acos	double acos(double x);	计算 arccos x 的值，其中 $-1 \leqslant x \leqslant 1$	计算结果
asin	double asin(double x);	计算 arcsin x 的值，其中 $-1 \leqslant x \leqslant 1$	计算结果
atan	double atan(double x);	计算 arctan x 的值	计算结果
atan2	double atan2(double x, double y);	计算 arctan x/y 的值	计算结果
ceil	double ceil(double x) ;	计算不小于 x 的最小整数	计算结果
cos	double cos(double x);	计算 cos x 的值，其中 x 的单位为弧度	计算结果
cosh	double cosh(double x);	计算 x 的双曲余弦 cosh x 的值	计算结果
exp	double exp(double x);	求 e^x 的值	计算结果
fabs	double fabs(double x);	求 x 的绝对值	计算结果
floor	double floor(double x);	求出不大于 x 的最大整数	该整数的双精度实数
fmod	double fmod(double x, double y);	求整除 x/y 的余数	返回余数的双精度实数
frexp	double frexp(double val, int *eptr);	把双精度数 val 分解成数字部分（尾数）和以 2 为底的指数，即 $val=x*2^n$，n 存放在 eptr 指向的变量中	数字部分 x $0.5<=x<1$
log	double log(double x);	求 lnx 的值	计算结果
log10	double log10(double x);	求 $\log_{10}x$ 的值	计算结果
modf	double modf(double val, int *iptr);	把双精度数 val 分解成数字部分和小数部分，把整数部分存放在 ptr 指向的变量中	val 的小数部分
pow	double pow(double x, double y);	求 x^y 的值	计算结果
sin	double sin(double x);	求 sin x 的值，其中 x 的单位为弧度	计算结果
sinh	double sinh(double x);	计算 x 的双曲正弦函数 sinh x 的值	计算结果
sqrt	double sqrt (double x);	计算 $\sqrt{x}$，其中 $x \geqslant 0$	计算结果
tan	double tan(double x);	计算 tan x 的值，其中 x 的单位为弧度	计算结果
tanh	double tanh(double x);	计算 x 的双曲正切函数 tanh x 的值	计算结果

2. 字符函数

在使用字符函数时，应包含头文件：ctype.h。

表 D-2 字符函数

函数名	函数原型	功能	返回值
isalnum	int isalnum(int ch);	检查 ch 是否字母或数字	是字母或数字返回 1，否则返回 0
isalpha	int isalpha(int ch);	检查 ch 是否字母	是字母返回 1，否则返回 0
Iscntrl	int iscntrl(int ch);	检查 ch 是否为控制字符（其 ASCII 码在 0 和 0xlF 之间）	是控制字符返回 1，否则返回 0
isdigit	int isdigit(int ch);	检查 ch 是否为数字	是数字返回 1，否则返回 0
isgraph	int isgraph(int ch);	检查 ch 是否为图形字符	是图形字符返回 1，否则返回 0
islower	int islower(int ch);	检查 ch 是否为小写字母（a~z）	是小字母返回 1，否则返回 0
isprint	int isprint(int ch);	检查 ch 是否为可打印字符（其 ASCII 码在 0x21 和 0x7e 之间），不包括空格	是可打印字符返回 1，否则返回 0
ispunct	int ispunct(int ch);	检查 ch 是否为标点字符（不包括空格）即除字母、数字和空格以外的所有可打印字符	是标点字符返回 1，否则返回 0
isspace	int isspace(int ch);	检查 ch 是否为空格、跳格符（制表符）或换行符	是这些字符返回 1，否则返回 0
isupper	int isupper(int ch);	检查 ch 是否为大写字母（A~Z）	是大写字母返回 1，否则返回 0
isxdigit	int isxdigit(int ch);	检查 ch 是否为一个十六进制数字（即 0~9，或 A 到 F，a~f）	是这些字符返回 1，否则返回 0
tolower	int tolower(int ch);	将 ch 字符转换为小写字母	返回 ch 对应的小写字母
toupper	int toupper(int ch);	将 ch 字符转换为大写字母	返回 ch 对应的大写字母

3. 字符串函数

使用字符串中函数时，应包含头文件：string.h。

表 D-3 字符串函数

函数名	函数原型	功能	返回值
memchr	void memchr(void *buf, char ch, unsigned count);	在 buf 的前 count 个字符里搜索字符 ch 首次出现的位置	返回指向 buf 中 ch 的第一次出现的位置指针。若没有找到 ch，返回 NULL
memcmp	int memcmp(void *buf1, void *buf2, unsigned count);	按字典顺序比较由 buf1 和 buf2 指向的数组的前 count 个字符	buf1<buf2，为负数 buf1=buf2，返回 0 buf1>buf2，为正数
memcpy	void *memcpy(void *to, void *from, unsigned count);	将 from 指向的数组中的前 count 个字符复制到 to 指向的数组中。from 和 to 指向的数组不允许重叠	返回指向 to 的指针
memove	void *memove(void *to, void *from, unsigned count);	将 from 指向的数组中的前 count 个字符复制到 to 指向的数组中。from 和 to 指向的数组不允许重叠	返回指向 to 的指针
memset	void *memset(void *buf, char ch, unsigned count);	将字符 ch 复制到 buf 指向的数组前 count 个字符中	返回 buf
strcat	char *strcat(char *str1, char *str2);	把字符 str2 接到 str1 后面，取消原来 str1 最后面的串结束符'\0'	返回 str1
strchr	char *strchr(char *str,int ch);	找出 str 指向的字符串中第一次出现字符 ch 的位置	返回指向该位置的指针，如找不到，则应返回 NULL
strcmp	int *strcmp(char *str1, char *str2);	比较字符串 str1 和 str2	若 str1<str2，为负数 若 str1=str2，返回 0 若 str1>str2，为正数
strcpy	char *strcpy(char *str1, char *str2);	把 str2 指向的字符串复制到 str1 中去	返回 str1

续表

函数名	函数原型	功能	返回值
strlen	unsigned intstrlen(char *str);	统计字符串 str 中字符的个数（不包括终止符'\0'）	返回字符个数
strncat	char *strncat(char *str1, char *str2, unsigned count);	把字符串 str2 指向的字符串中最多 count 个字符连到串 str1 后面，并以 NULL 结尾	返回 str1
strncmp	int strncmp(char *str1,*str2, unsigned count);	比较字符串 str1 和 str2 中至多前 count 个字符	若 str1<str2，为负数 若 str1=str2，返回 0 若 str1>str2，为正数
strncpy	char *strncpy(char *str1,*str2, unsigned count);	把 str2 指向的字符串中最多前 count 个字符复制到串 str1 中去	返回 str1
strnset	void *setnset(char *buf, char ch, unsigned count);	将字符 ch 复制到 buf 指向的数组前 count 个字符中	返回 buf
strset	void *setset(void *buf, char ch);	将 buf 所指向的字符串中的全部字符都变为字符 ch	返回 buf
strstr	char *strstr(char *str1,*str2);	寻找 str2 指向的字符串在 str1 指向的字符串中首次出现的位置	返回 str2 指向的字符串首次出现的地址，否则返回 NULL

4. 输入/输出函数

在使用输入/输出函数时，应包含头文件：stdio.h。

表 D-4　输入/输出函数

函数名	函数原型	功能	返回值
clearerr	void clearer(FILE *fp);	清除文件指针错误指示器	无
close	int close(int fp);	关闭文件（非 ANSI 标准）	关闭成功返回 0，不成功返回-1
creat	int creat(char *filename, int mode);	以 mode 所指定的方式建立文件（非 ANSI 标准）	成功返回正数，否则返回-1
eof	int eof(int fp);	判断 fp 所指的文件是否结束	文件结束返回 1，否则返回 0
fclose	int fclose(FILE *fp);	关闭 fp 所指的文件，释放文件缓冲区	关闭成功返回 0，不成功返回非 0
feof	int feof(FILE *fp);	检查文件是否结束	文件结束返回非 0，否则返回 0
ferror	int ferror(FILE *fp);	测试 fp 所指的文件是否有错误	无错返回 0，否则返回非 0
fflush	int fflush(FILE *fp);	将 fp 所指的文件的全部控制信息和数据存盘	存盘正确返回 0，否则返回非 0
fgets	char *fgets(char *buf, int n, FILE *fp);	从 fp 所指的文件读取一个长度为（n-1）的字符串，存入起始地址为 buf 的空间	返回地址 buf。若遇文件结束或出错则返回 EOF
fgetc	int fgetc(FILE *fp);	从 fp 所指的文件中取得下一个字符	返回所得到的字符。出错返回 EOF
fopen	FILE *fopen(char *filename, char *mode);	以 mode 指定的方式打开名为 filename 的文件	成功，则返回一个文件指针，否则返回 0
fprintf	int fprintf(FILE *fp, char *format,args,…);	把 args 的值以 format 指定的格式输出到 fp 所指的文件中	实际输出的字符数
fputc	int fputc(char ch, FILE *fp);	将字符 ch 输出到 fp 所指的文件中	成功则返回该字符，出错返回 EOF
fputs	int fputs(char str, FILE *fp);	将 str 指定的字符串输出到 fp 所指的文件中	成功则返回 0，出错返回 EOF

函数名	函数原型	功能	返回值
fread	int fread(char *pt, unsigned size, unsigned n, FILE *fp);	从 fp 所指定文件中读取长度为 size 的 n 个数据项，存到 pt 所指向的内存区	返回所读的数据项个数，若文件结束或出错返回 0
fscanf	int fscanf(FILE *fp, char *format, args,…);	从 fp 指定的文件中按给定的 format 格式将读入的数据送到 args 所指向的内存变量中（args 是指针）	已输入的数据个数
fseek	int fseek(FILE *fp, long offset, int base);	将 fp 指定的文件的位置指针移到 base 所指出的位置为基准、以 offset 为位移量的位置	返回当前位置，否则返回-1
ftell	long ftell(FILE *fp);	返回 fp 所指定的文件中的读写位置	返回文件中的读写位置，否则返回 0
fwrite	int fwrite(char *ptr, unsigned size, unsigned n, FILE *fp);	把 ptr 所指向的 n*size 个字节输出到 fp 所指向的文件中	写到 fp 文件中的数据项的个数
getc	int getc(FILE *fp);	从 fp 所指向的文件中的读出下一个字符	返回读出的字符，若文件出错或结束返回 EOF
getchar	int getchar();	从标准输入设备中读取下一个字符	返回字符，若文件出错或结束返回 -1
gets	char *gets(char *str);	从标准输入设备中读取字符串存入 str 指向的数组	成功返回 str，否则返回 NULL
open	int open(char *filename, int mode);	以 mode 指定的方式打开已存在的名为 filename 的文件（非 ANSI 标准）	返回文件号（正数），如打开失败返回-1
printf	int printf(char *format,args,…);	在 format 指定的字符串的控制下，将列表 args 输出到标准输出设备	输出字符的个数。若出错返回负数
prtc	int prtc(int ch, FILE *fp);	把一个字符 ch 输出到 fp 所值的文件中	输出字符 ch，若出错返回 EOF
putchar	int putchar(char ch);	把字符 ch 输出到 fp 标准输出设备	返回输出字符转换为的 unsignedint 值，若失败返回 EOF
puts	int puts(char *str);	把 str 指向的字符串输出到标准输出设备，将'\0'转换为回车行	返回换行符，若失败返回 EOF
putw	int putw(int w, FILE *fp);	将一个整数 i（即一个字）写到 fp 所指的文件中（非 ANSI 标准）	返回读出的字符，若文件出错或结束返回 EOF
read	int read(int fd, char *buf, unsigned count);	从文件号 fp 所指定文件中读 count 个字节到由 buf 指示的缓冲区（非 ANSI 标准）	返回真正读出的字节个数，如文件结束返回 0，出错返回-1
remove	int remove(char *fname);	删除以 fname 为文件名的文件	成功返回 0，出错返回-1
rename	int remove(char *oname, char *nname);	把 oname 所指的文件名改为由 nname 所指的文件名	成功返回 0，出错返回-1
rewind	void rewind(FILE *fp);	将 fp 指定的文件指针置于文件头，并清除文件结束标志和错误标志	无
scanf	int scanf(char *format,args,…);	从标准输入设备按 format 指示的格式，输入数据给 args 所指示的单元。args 为指针	读入并赋给 args 数据个数。如文件结束返回 EOF，若出错返回 0
write	int write(int fd, char *buf, unsigned count);	从 buf 指示的缓冲区输出 count 个字符到 fd 所指的文件中（非 ANSI 标准）	返回实际写入的字节数，如出错返回-1

5. 动态存储分配函数

在使用动态存储分配函数时，应包含头文件：stdlib.h。

表 D-5　动态存储分配函数

函数名	函数原型	功能	返回值
callloc	void *calloc(unsigned n, unsigned size);	分配 n 个数据项的内存连续空间，每个数据项的大小为 size	分配内存单元的起始地址，如不成功，返回 0
free	void free(void *p);	释放 p 所指内存区	无
malloc	void *malloc(unsigned size);	分配 size 字节的内存区	所分配的内存区地址，如内存不够，返回 0
realloc	void *realloc(void *p, unsigned size);	将 p 所指的以分配的内存区的大小改为 size。size 可以比原来分配的空间大或小	返回指向该内存区的指针。若重新分配失败，返回 NULL

6. 其他函数

有些函数由于不便归入某一类，所以单独列出。使用这些函数时，应包含头文件：stdlib.h。

表 D-6　其他函数

函数名	函数原型	功能	返回值
abs	int abs(int num);	计算整数 num 的绝对值	返回计算结果
atof	double atof(char *str);	将 str 指向的字符串转换为一个 double 型的值	返回双精度计算结果
atoi	int atoi(char *str);	将 str 指向的字符串转换为一个 int 型的值	返回转换结果
atol	long atol(char *str);	将 str 指向的字符串转换为一个 long 型的值	返回转换结果
exit	void exit(int status);	终止程序运行。将 status 的值返回调用的过程	无
itoa	char *itoa(int n, char *str, int radix);	将整数 n 的值按照 radix 进制转换为等价的字符串，并将结果存入 str 指向的字符串中	返回一个指向 str 的指针
labs	long labs(long num);	计算 long 型整数 num 的绝对值	返回计算结果
ltoa	char *ltoa(long n, char *str, int radix);	将长整数 n 的值按照 radix 进制转换为等价的字符串，并将结果存入 str 指向的字符串	返回一个指向 str 的指针
rand	int rand();	产生 0 到 RAND_MAX 之间的伪随机数。RAND_MAX 在头文件中定义	返回一个伪随机(整)数
random	int random(int num);	产生 0 到 num 之间的随机数	返回一个随机(整)数
randomize	void randomize();	初始化随机函数，使用时包括头文件 time.h	

参考文献

［1］ 易晓梅，赵芸.C 语言程序设计[M]. 北京：中国铁道出版社，2011.

［2］ 易晓梅，赵芸.C 语言程序设计[M]. 2 版. 北京：中国铁道出版社，2011.

［3］ 谭浩强.C 语言程序设计[M]. 5 版. 北京：清华大学出版社，2017.

［4］ 谭浩强.C 语言程序设计（第 5 版）学习辅导[M]. 北京：清华大学出版社，2017.

［5］ 王敬华，林萍，张清国.C 语言程序设计教程[M]. 2 版. 北京：清华大学出版社，2005.

［6］ 苏小红，王宇颖，孙志岗.C 语言程序设计教程[M]. 2 版. 北京：高等教育出版社，2011.

［7］ 巨同升，李业刚，李增详.C 语言程序设计项目式教程[M]. 北京：清华大学出版社，2018.

［8］ 黑马程序员.C 语言程序设计案例式教程[M]. 北京：人民邮电出版社，2017.

［9］ 张丽华.C 语言程序设计案例教程[M]. 北京：清华大学出版社，2015.